柔性并网逆变器控制技术

Control Techniques for Flexible Grid-Connected Inverter

曾　正　赵荣祥　杨　欢　著

U0263510

科学出版社

北京

内 容 简 介

　　并网逆变器是可再生能源与电网之间的桥梁和纽带。随着可再生能源渗透率的不断提高,功能更加多样、控制更加灵活的柔性并网逆变器具有重要的研究价值和应用前景。围绕并网逆变器的电网辅助服务功能,本书系统介绍了柔性并网逆变器的控制技术,详细阐述了并网逆变器的基础理论,建立了并网逆变器的数学模型,分析了并网逆变器的控制策略。针对可再生能源电网的电能质量治理问题,提出了柔性并网逆变器的电能质量定制补偿控制技术。针对多台柔性并网逆变器的协同运行,提出了分散自治的电能质量协调控制技术。针对可再生能源电网的惯性缺失问题,提出了柔性并网逆变器的虚拟同步发电机控制技术。针对可再生能源电网的谐波谐振问题,提出了柔性并网逆变器输出阻抗重塑控制技术。

　　本书是一本理论基础和工程实践相结合的专著,可作为高校电力电子技术及相关专业本科生、研究生和教师的参考书,也可供从事并网逆变器研究的工程技术人员参考使用。

图书在版编目(CIP)数据

柔性并网逆变器控制技术 = Control Techniques for Flexible Grid-Connected Inverter / 曾正,赵荣祥,杨欢著. —北京:科学出版社,2020.7
　ISBN 978-7-03-065530-1

　Ⅰ. ①柔… Ⅱ. ①曾… ②赵… ③杨… Ⅲ. ①逆变器–研究
Ⅳ. ①TM464

　中国版本图书馆CIP数据核字(2020)第102519号

责任编辑:范运年　王楠楠 / 责任校对:王萌萌
责任印制:吴兆东 / 封面设计:铭轩堂

科 学 出 版 社 出版
北京东黄城根北街 16 号
邮政编码:100717
http://www.sciencep.com
北京建宏印刷有限公司 印刷
科学出版社发行　各地新华书店经销
*
2020 年 7 月第 一 版　开本:720×1000 1/16
2023 年 1 月第三次印刷　印张:15 1/4
字数:307 000
定价:138.00 元

前　言

能源是人类赖以生存的基础，可再生能源是能源结构的重要组成部分。类似于交流电网中的同步发电机，并网逆变器作为可再生能源与电网的桥梁和纽带，在电能变换方面具有不可替代的作用。随着可再生能源渗透率的不断提高，电网越来越电力电子化。然而，传统并网逆变器只能刚性地向电网注入纯正弦电流。诸多新兴的技术问题给并网逆变器提出了严峻的挑战，如电能质量、惯性缺失、谐波谐振等。但是，相对于同步发电机，并网逆变器控制灵活、升级方便，给电网带来了崭新的控制自由度。近年来，调节频段更宽、功能更加多样、电网更加友好的柔性并网逆变器成为一大研究方向。

近十年来，本书作者及团队持续从事柔性并网逆变器控制方面的研究，在并网逆变器的电能质量治理、虚拟同步发电机、谐振阻尼等控制方面，积累了较为丰富的研究经验，在 IEEE/IET 会刊、中国电机工程学报等国内外顶级期刊上发表了丰硕的研究成果。本书内容是作者过去十年工作的总结和凝练，系统介绍柔性并网逆变器的建模、仿真和实验结果，期待能为从事并网逆变器研发的科研人员和工程师提供参考。

本书共 7 章。第 1 章介绍并网逆变器的现状，揭示并网逆变器剩余容量开发的潜力，评估并网逆变器参与电网服务的可行性，简述柔性并网逆变器的研究现状和发展趋势。第 2 章介绍并网逆变器建模和控制的基础理论，论证瞬时功率计算方法在不同坐标系中的一致性，构建锁相环的非线性动力学模型，评估不同谐波和无功电流检测方法的性能。第 3 章介绍并网逆变器的建模和控制方法，以三相两电平并网逆变器和三相组式并网逆变器为例，介绍并网逆变器的状态空间平均模型和动态相量模型，综述逆变器的并网、离网和离-并网同步控制方法，揭示 PI 和 PR 控制的数学与物理本质。第 4 章介绍并网逆变器在容量受限条件下电能质量优化补偿控制，介绍电能质量综合评估和电能质量定制的概念，以三相组式并网逆变器和三相两电平并网逆变器为例，论证并网逆变器参与电网电能质量治理的可行性，在并网逆变器剩余容量有限的情况下，给出以电能质量综合评估为依据的定制补偿控制方法。第 5 章介绍多台并网逆变器参与电网电能质量治理的协调控制，以一个典型的微电网为背景，给出基于瞬时值限幅、电导电纳限幅和下垂的三种控制方法，并进行对比分析。第 6 章介绍并网逆变器的虚拟同步发电机控制，详细阐释虚拟同步发电机的数学模型和参数影响规律，给出其储能的优化配置方法，展示惯性和阻尼的自适应控制方法，论证转动惯量和阻尼的在线辨识方法，介绍不平衡工况下的增强型控制策略。第 7 章介绍并网逆变器谐波谐振的控制方法，分析多台并网逆变器谐波谐振的产生机理，介绍并网逆变器的输出阻抗控制方法，探讨有源阻尼器的数学模型和控制方法。

本书内容得到了国家自然科学基金（50907060、51607016）、国家 863 计划（2011AA05020）、国家重点研发计划（2017YFB0102303）、重庆市自然科学基金（cstc2016jcyjA0108）、中央高校基本科研业务费项目（106112015CDJXY150005、2020CDJQY-A024）、国家电网公司科技项目（PDB51201403289、SGHADK00PJJS-1500060）的资助。

在编写过程中，参考了大量国内外的相关书籍和论文，主要文献资料已列于章后，但难免会有遗漏，在此一并表示衷心的感谢。

由于作者水平有限，书中难免存在不足之处，恳请读者批评指正。

作　者

2020 年 7 月于嘉陵江畔

目　　录

前言

第1章　绪论 ……………………………………………………………… 1

1.1　我国可再生能源开发的现状与趋势 ……………………………… 1

1.2　并网逆变器的技术问题 …………………………………………… 2

    1.2.1　可再生能源并网的基本结构 ……………………………… 2

    1.2.2　并网逆变器所面临的问题 ………………………………… 4

1.3　并网逆变器的柔性控制 …………………………………………… 6

    1.3.1　电能质量治理 ……………………………………………… 6

    1.3.2　独立自治运行 ……………………………………………… 8

    1.3.3　谐波谐振抑制 ……………………………………………… 9

1.4　本章小结 …………………………………………………………… 10

参考文献 …………………………………………………………………… 10

第2章　并网逆变器的建模分析基础 …………………………………… 16

2.1　瞬时功率 …………………………………………………………… 16

    2.1.1　自然坐标系下的瞬时功率 ………………………………… 16

    2.1.2　时空相量下的瞬时功率 …………………………………… 17

    2.1.3　常见坐标系下的瞬时功率 ………………………………… 18

    2.1.4　坐标系定向后的瞬时功率 ………………………………… 20

    2.1.5　非理想电网条件下的瞬时功率 …………………………… 21

2.2　锁相环 ……………………………………………………………… 22

    2.2.1　常见的锁相环 ……………………………………………… 22

    2.2.2　锁相环的非线性动力学模型 ……………………………… 25

    2.2.3　基于隐式 PI 的锁相环 …………………………………… 28

    2.2.4　非理想电网条件的影响机理 ……………………………… 29

    2.2.5　锁相环的物理本质 ………………………………………… 33

2.3　谐波和无功电流的检测方法 ……………………………………… 38

    2.3.1　基于频域的检测方法 ……………………………………… 38

    2.3.2　基于瞬时功率理论的检测方法 …………………………… 39

    2.3.3　基于智能算法的检测方法 ………………………………… 45

    2.3.4　对比分析 …………………………………………………… 53

2.4　本章小结 …………………………………………………………… 53

参考文献 ·· 54

第3章 并网逆变器的建模与控制 ·· 55

3.1 状态空间平均模型 ·· 55
3.1.1 三相两电平并网逆变器 ·· 55
3.1.2 三相组式并网逆变器 ·· 58

3.2 动态相量模型 ·· 65
3.2.1 动态相量的基本原理 ·· 65
3.2.2 并网逆变器的动态相量建模 ·· 66
3.2.3 仿真结果 ·· 69

3.3 逆变器的控制 ·· 71
3.3.1 并网控制 ·· 71
3.3.2 离网控制 ·· 76
3.3.3 离-并网同步 ·· 77

3.4 PI 和 PR 控制器 ·· 84
3.4.1 数学模型 ·· 84
3.4.2 物理模型 ·· 90
3.4.3 实验结果 ·· 100

3.5 本章小结 ··· 102

参考文献 ·· 102

第4章 并网逆变器的电能质量定制补偿控制 ·································· 104

4.1 电能质量的评估与定制 ··· 104
4.1.1 电能质量综合评估 ··· 104
4.1.2 电能质量柔性定制 ··· 109

4.2 并网逆变器的电能质量治理功能验证 ·································· 110
4.2.1 三相组式柔性并网逆变器 ·· 110
4.2.2 三相两电平柔性并网逆变器 ······································· 120

4.3 并网逆变器的电能质量定制补偿 ······································· 126
4.3.1 三相组式柔性并网逆变器 ·· 126
4.3.2 三相两电平柔性并网逆变器 ······································· 134

4.4 本章小结 ··· 140

参考文献 ·· 141

第5章 并网逆变器的电能质量协调控制 ······································· 142

5.1 柔性并网逆变器的无互联线协调控制 ·································· 142
5.2 基于瞬时值限幅的协调控制 ··· 143
5.2.1 方法原理 ·· 143

　　　5.2.2　实验结果 ·· 145
　5.3　基于电导电纳限幅的协调控制 ··· 149
　　　5.3.1　方法原理 ·· 149
　　　5.3.2　实验结果 ·· 153
　5.4　基于下垂的协调控制 ··· 157
　　　5.4.1　方法原理 ·· 157
　　　5.4.2　实验结果 ·· 164
　5.5　本章小结 ·· 169
　参考文献 ··· 169
第6章　并网逆变器的虚拟同步发电机控制 ····································· 171
　6.1　虚拟同步发电机的原理 ··· 171
　　　6.1.1　数学模型 ·· 171
　　　6.1.2　参数整定方法 ·· 176
　6.2　储能的优化配置 ·· 180
　　　6.2.1　优化配置方法 ·· 180
　　　6.2.2　仿真与实验结果 ·· 186
　6.3　参数自适应控制 ·· 190
　　　6.3.1　控制原理 ·· 190
　　　6.3.2　仿真结果 ·· 192
　6.4　转动惯量和阻尼的识别 ··· 195
　　　6.4.1　识别方法 ·· 195
　　　6.4.2　仿真与实验结果 ·· 200
　6.5　不平衡电压控制 ·· 203
　　　6.5.1　控制策略 ·· 203
　　　6.5.2　实验结果 ·· 211
　6.6　本章小结 ·· 213
　参考文献 ··· 213
第7章　并网逆变器的谐波谐振控制 ··· 215
　7.1　多台并网逆变器谐波谐振的机理 ·· 215
　　　7.1.1　单台并网逆变器的谐波谐振分析 ··································· 215
　　　7.1.2　多台并网逆变器谐波谐振的开环模型 ···························· 217
　　　7.1.3　多台并网逆变器谐波谐振的闭环模型 ···························· 218
　7.2　并网逆变器的输出阻抗重塑 ··· 221
　　　7.2.1　理论分析 ·· 221
　　　7.2.2　仿真与实验结果 ·· 224
　7.3　并网逆变器的有源阻尼控制 ··· 227

7.3.1　理论分析···227

7.3.2　仿真结果···230

7.4　本章小结···232

参考文献···232

第1章 绪 论

1.1 我国可再生能源开发的现状与趋势

人类文明飞速发展,同时化石能源持续消耗,全球能源危机和环境污染问题日益加剧。近年来,高效、低碳、绿色的电力供给得到广泛关注;可再生能源利用技术获得大力发展[1]。

我国作为能源消耗大国,在能源结构调整方面有了明显的转变,可再生能源开发利用得到了更多的重视。我国可再生能源开发主要遵循"集中式并网"与"分散式接入"相结合的原则,以"三北"地区和沿海地区为中心建设大型风电基地,在西南和西北地区建设多个大型光伏电站,而分布式电源主要集中在经济活跃、负荷集中的东南、华南和华北地区[2]。

在"集中式并网"方面,机遇与挑战并存。我国幅员辽阔,风电、光伏可再生能源富集区域与负荷中心之间呈现逆向分布,需依靠高压远距离输电连接。由于可再生能源的波动性和不确定性等不利特征,大型风光电站的接入给电力系统的稳定运行带来了不小冲击。频繁的"弃风""弃光"不但影响了投资成本的回收,还造成了巨大的资源浪费[3]。

在"分散式接入"方面,潜力和后劲十足。由于分布式可再生能源靠近负荷侧,省却了大规模远距离输电过程。单个分布式电源容量较小,对电网的冲击比风光电站小。因此,可再生能源的分散式接入是集中式并网的有效补充,具有巨大的发展空间。

图 1.1 给出了我国风电和光伏的装机容量、年发电量和运行时间的基本情况。在政策和市场的引导下,风电和光伏的装机容量呈指数增长。但是,风电和光伏并网发电单元的年平均运行小时数分别约为 2000h 和 1000h。以 2019 年为例,三峡电站的年发电量为 969 亿 kW·h,而风电和光伏的闲置容量分别是 14 个和 16 个三峡电站的年发电量[4]。

并网逆变器是可再生能源与电网之间的桥梁和纽带。拓展并网逆变器的功能,充分利用并网逆变器的闲置容量,对于降低可再生能源对电网的不利影响、提升电网对可再生能源的接纳能力,都具有重要的意义。

并网逆变器与电网之间的交互作用机制一直是可再生能源研究领域最基础和最重要的科学问题之一。一方面,传统并网逆变器大多缺乏柔性,只能向电网注入纯正弦的基波有功电流,暴露出了诸多技术局限,难以满足众多的新兴技术需

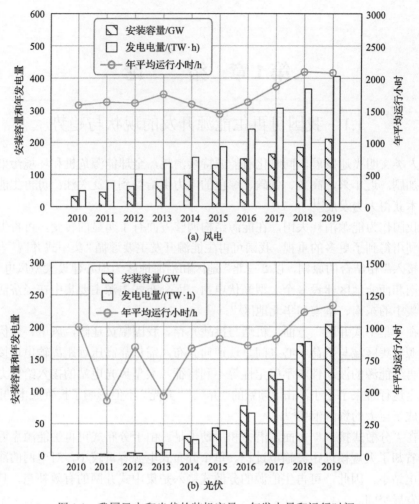

图 1.1   我国风电和光伏的装机容量、年发电量和运行时间

求；另一方面，电网迫切要求并网逆变器提供更多的辅助服务功能，如电能质量治理、独立自治运行、谐波谐振抑制等，提升电网的安全、高效、经济运行能力。因此，控制更加灵活、服务更加多样、电网更加友好的柔性并网逆变器，成为可再生能源领域富有创新性和挑战性的研究方向之一。

1.2   并网逆变器的技术问题

1.2.1   可再生能源并网的基本结构

可再生能源并网的典型结构如图 1.2 所示，并网逆变器可以分为单级和多级两大类[5]。并网逆变器级数越多，所用的元部件越多，系统的效率越低，因此多级并网逆变器通常只含有两级。

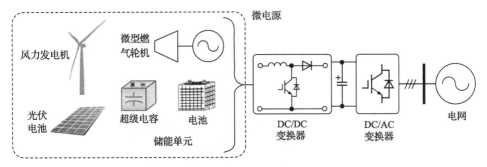

图 1.2 可再生能源并网的典型结构

两级并网逆变器由 DC/DC 变换器和 DC/AC 变换器组成,如图 1.2 所示。DC/DC 变换器用于实现风力发电机或光伏电池的最大功率点跟踪(maximum power point tracking,MPPT)或控制储能单元的双向能量流动。DC/AC 变换器用于控制注入电网的功率和电流。单级并网逆变器仅包括 DC/AC 变换器,并完成两级并网逆变器的所有功能。

单级和两级并网逆变器各具优势,具有各自的应用场合。与两级并网逆变器相比,单级并网逆变器没有 DC/DC 变换器,具有体积小、效率高、成本低、可靠性高的优势。两级并网逆变器的 DC/DC 变换器和 DC/AC 变换器分别独立控制,控制简单,此外,由于 DC/DC 变换器的升压功能,两级并网逆变器的直流输入电压范围更宽。

对于如图 1.3 所示的光伏并网发电系统,两级结构通常应用于小容量的单相系统,而单级结构通常应用于大容量的三相系统。

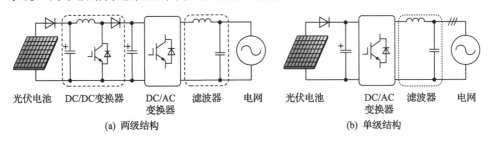

(a) 两级结构   (b) 单级结构

图 1.3 光伏并网发电系统中的逆变器

对于风力并网发电系统,双馈感应发电机(doubly fed induction generator,DFIG)的网侧变流器可以看作一个单级并网逆变器,如图 1.4 所示。小容量的直驱式永磁同步发电机(permanent magnet synchronous generator,PMSG)通常采用如图 1.5(a)所示的两级结构,利用二极管整流后接入 DC/DC 变换器,实现 MPPT 控制。大容量的直驱风力发电机通常采用如图 1.5(b)所示的背靠背变流器,其中网侧变流器可以看作单级并网逆变器。

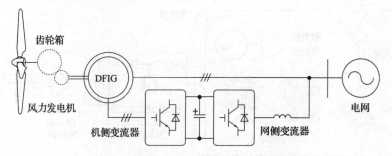

图 1.4 双馈风力并网发电系统中的逆变器

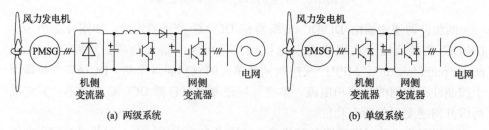

(a) 两级系统　　　　　　　　　　　　(b) 单级系统

图 1.5 永磁风力并网发电系统中的逆变器

如图 1.6 所示，储能并网发电系统中，单级和两级并网逆变器在不同的场合都有应用。当储能单元的输出电压足够高时，该系统可以通过单级并网逆变器接入电网。当储能单元的输出电压较低，不能满足并网逆变的电压要求时，该系统需要采用额外的双向 DC/DC 变换器，对其输出电压进行泵升，并控制能量的双向流动。

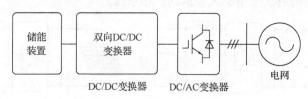

图 1.6 储能并网发电系统中的逆变器

1.2.2 并网逆变器所面临的问题

传统并网逆变器大多只能刚性地向电网输出纯正弦的工频基波有功电流，随着大规模可再生能源接入电网，这类刚性并网逆变器面临三大技术难题。

第一，电能质量问题。电网中含有大量的电力电子装置[6, 7]，另外，局部负荷中也可能含有大量的非线性、不平衡和无功负荷，这都极大地恶化了电网公共耦合点(point of common coupling, PCC)处的电能质量[8]。电网的电能质量直接关系到可再生能源发电系统的安全稳定和经济运行。

一方面，PCC 处的电能质量直接影响负荷和并网逆变器的稳定运行[9]。除了会使敏感负荷、关键负荷不能正常工作，恶劣的电能质量环境还会危及并网逆变器自身的稳定运行。并网逆变器一般连接在变压器的低压侧，若电网含有较多的非线性负荷，则 PCC 处的电压可能会存在较大的谐波畸变，这将直接影响并网逆变器的电压控制环和电流控制环，使其输出电流含有较大的谐波分量，在严重情况下，甚至会导致并网逆变器失稳跳闸。近年来，并网逆变器在不平衡、谐波电网条件下的适应性控制方法得到了广泛的研究[10-13]。

另一方面，电能的"按质定价""优质优价"将是电力市场的发展趋势[14]。PCC 处电能质量的优劣，将直接关系到可再生能源的售电价格，并影响其经济效益[15]。为了缓解并网逆变器对电能质量的影响，电网要求 PCC 处电能质量(如无功和谐波等)必须符合相应的技术规范。对于 PCC 处电能质量，若不进行必要的治理，就会给电网电能质量带来巨大的压力。以国家电网公司为例，其正在积极引导和激励 PCC 处电能质量的治理。在电能质量市场的环境下，可再生能源的上网电价将会与其电能质量直接挂钩，因此，发电方也迫切要求并网逆变器对其并网点电能质量的治理有所作为。可见，电能质量问题是发电方和电网运营方都迫切需要解决的问题，并网逆变器被寄予厚望。

第二，并网逆变器与电网之间的协调问题。传统集中式大型风光电站，容量大、数量少，便于实现集中、统一的通信和调度。但是，分布式发电单元，容量小、数量众多，难以实现统一的通信和调度[16]。按渗透率20%计算，我国可再生能源的并网容量将突破 200GW，按单个并网单元 2MW 计算，将新增 10 万个电源[2]。然而，截至 2019 年底，全国大型水、火电机组的总数才几千个。因此，传统集中式的通信和调度并不适合分散接入的并网单元，开发适用可再生能源的、分散自治的运行控制方案显得十分必要。此外，传统刚性并网逆变器的响应速度快，几乎没有惯性，也不参与电网的调频和调压。随着分布式并网单元在电网中的渗透率越来越大，传统同步发电机所占的容量比例越来越小，对电网惯性和阻尼的贡献也会越来越小，其调压和调频的能力也将变得越来越低。

第三，可再生能源电网的谐波谐振问题。可再生能源电网中含有大量的并网逆变器和本地负荷，其网络阻抗非常复杂，包含各种串并联谐振回路。作为典型的电力电子装置，并网逆变器中 IGBT 的开关过程会带来丰富的谐波，极易激发串并联谐波谐振，在严重情况下，这会导致逆变器的无故障跳闸，甚至进一步引发连锁故障，危及可再生能源电网的安全稳定运行[17]。早在 2004 年，荷兰 Nieuwland 微电网就观察到由谐波谐振引起的并网逆变器跳闸现象[18]。

总之，可再生能源分散接入对传统刚性并网逆变器提出了新的技术需求。为了实现可再生能源的柔性并网，并向电网提供辅助服务功能，电能质量治理、分散自治运行、谐波谐振抑制是并网逆变器所要面临的几大关键技术难题。

如图 1.7 所示，无论是单级还是两级并网逆变器都存在一个 DC/AC 变换器，拥有和传统有源电能质量治理装置一样的电路结构。得益于快速的开关过程和灵活的控制策略，DC/AC 变换器在实现可再生能源并网的同时，还能提供电能质量治理、独立自治运行、谐波谐振抑制等一系列的辅助服务功能，这就出现了柔性并网逆变器的概念。

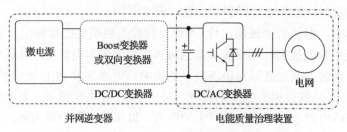

图 1.7 并网逆变器与电能质量治理装置的比较

1.3 并网逆变器的柔性控制

1.3.1 电能质量治理

为了提升电网的电能质量，电网可以安装无源的或有源的电能质量治理装置。其中，无源的无功补偿电容、调谐滤波器等装置结构简单、可靠性高、成本低，但是可能会引发电网的谐振。因此，静止无功发生器、有源滤波器、动态电压调节器等有源电能质量治理装置，以其控制方式灵活、功能多样而获得了越来越多的应用[19, 20]。但是，这些电能质量治理装置会带来额外的投资成本和运行维护费用，增大了电网设施的体积，降低了电力系统的可靠性。

并网逆变器拥有和电能质量治理装置一样的电路拓扑，在可再生能源并网发电的同时，具有治理电能质量问题的潜力。并且，为了适应可再生能源的波动性和不确定性，并网逆变器的容量都留有一定的功率裕量。如果能利用这些功率裕量来治理电能质量问题，那么可以提高并网逆变器的性价比，避免安装额外的电能质量治理装置[21]。

具有电能质量治理功能的柔性并网逆变器，可以分为单相和三相两大类。

单相柔性并网逆变器大多采用全桥电路，如图 1.8 所示，也可以采用半桥电路，将一个桥臂的 IGBT 替换为直流电容，降低成本。该类并网逆变器的基本控制框图如图 1.9 所示，主要由电流指令计算、输出电流跟踪和调制三部分组成，有别于传统并网逆变器之处在于电流指令计算部分。在图 1.9 中，"电流指令计算

2：电能质量治理部分"，引入了本地负荷谐波和无功电流分量，使并网逆变器输出谐波和无功电流，以补偿本地负荷，进而提高 PCC 处的电能质量水平。不少文献研究了该类单相并网逆变器的谐波电流检测方法[22-29]和改进电路拓扑[30-42]等。

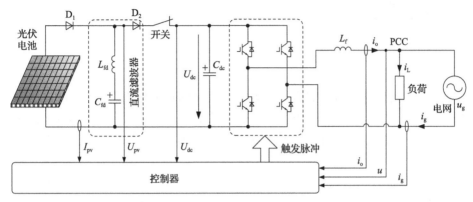

图 1.8　单相柔性并网逆变器的典型电路拓扑

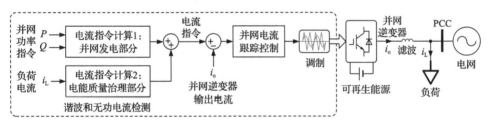

图 1.9　单相柔性并网逆变器的典型控制框图

三相柔性并网逆变器大多采用三相两电平电路，如图 1.10 所示，其典型控制框图如图 1.11 所示。与传统并网逆变器相比，其主要差异也体现在电流指令计算部分。也有大量文献研究了三相柔性并网逆变器的谐波电流检测算法[43-51]和电路拓扑[52-73]等。

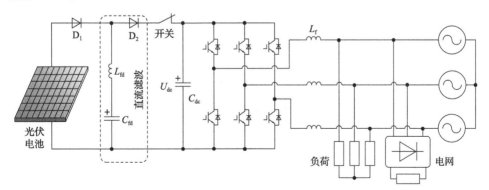

图 1.10　三相柔性并网逆变器的典型电路拓扑

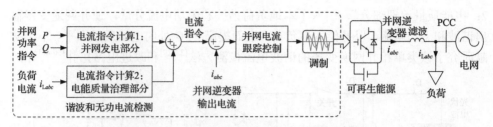

图 1.11 三相柔性并网逆变器的典型控制框图

柔性并网逆变器的电能质量治理功能所关注的是工频整数倍的谐波电流和基波频率的无功电流，实现可再生能源并网发电和本地负荷电能质量的统一控制。现有针对该类柔性并网逆变器的研究主要集中在单台并网逆变器实现电能质量治理功能的验证上，很少有文献注意到单台并网逆变器所能投入的补偿容量往往是有限的。当所能提供的功率裕量不足以补偿电能质量时，研究人员需要扩展控制方法，优化地实施电能质量补偿。此外，电网含有大量的并网逆变器，如果将这些并网逆变器都升级为柔性并网逆变器，那么电网对电能质量的治理能力会更强；但是，需要先进的控制策略优化协调这些物理和电气上都相对分散的并网逆变器。

1.3.2 独立自治运行

传统电力系统经过百余年的发展，形成了一套安全、稳定、高效和经济运行的技术体系。然而，基于并网逆变器的可再生能源并网发电单元，其运行控制与传统同步发电机迥然不同，传统电力系统的运行经验在并网逆变器中难以施展，电力系统研究人员需要对其进行全新的认识。并网逆变器暂态响应速度快，且几乎没有惯性，也不参与电网的调频和调压，很难像同步发电机那样独立自治运行。随着分布式电源的容量越来越大，并网逆变器给电力系统带来的挑战与日俱增。近来，有学者发现并网逆变器和传统同步发电机在物理结构上存在对偶，若能通过先进的控制技术，使得并网逆变器和同步发电机在数学上实现等效，即可将并网逆变器虚拟为传统的同步发电机。显然，这将提高电网对分布式电源的适应性和接纳能力。这也就催生了虚拟同步发电机(virtual synchronous generator，VSG)技术的诞生[74-76]。

虚拟同步发电机技术最早由荷兰学者在 VSYNC(virtual synchronous machines)项目中提出[77, 78]，由荷兰能源研究中心、埃因霍温理工大学和比利时鲁汶大学等共同完成。在 VSYNC 项目中，研究人员提出并仿真测试了并网逆变器的虚拟同步发电机控制策略，并在实验室样机上验证了其性能[79]，项目还分两步测试了虚拟同步发电机的实际运行效果：其一，在荷兰搭建了 10 台 5kW 的虚拟同步发电机测试系统；其二，在罗马尼亚安装了一台 100kW 的虚拟同步发电机。随后，加拿大多伦多大学[80]、德国克劳斯塔尔工业大学[81, 82]、日本京都大学[83]、日本大阪大学[84, 85]、英国谢菲尔德大学[86, 87]、合肥工业大学[88-90]、中国电力科学研究院[91, 92]、浙江大学[93, 94]、清华大学[95, 96]、南京航空航天大学[97]、湖南大学[98]等相继对虚拟同步发电机进行了深入研究，并提出了相应的控制策略。

具有虚拟惯性、调频特性和励磁功能的虚拟同步发电机技术主要关注的是同步发电机的机电暂态过程，其动态时间常数为秒级。可见，柔性并网逆变器采用虚拟同步发电机控制后，对其几赫兹频率范围内的动态特性具有很好的调节能力，且能参与电网调频和调压，增强电网的惯性和阻尼。

现有关于虚拟同步发电机的探索，主要集中在虚拟惯性等同步发电机功能的模拟，但是，急需虚拟同步发电机的数学模型及其参数整定方法，以及建立虚拟同步发电机直流侧储能单元的设计方法。这些都是虚拟同步发电机实用化过程中所面临的关键技术问题。

1.3.3 谐波谐振抑制

并网逆变器的输出电压为脉冲电平，为了避免高频谐波注入电网，其输出侧需添加无源低通滤波器，常用的滤波器包括 L/LC/LCL 滤波器[99-101]。LCL 滤波器高频衰减能力强，可以降低并网逆变器的体积和成本，得到了广泛的应用。LCL 滤波器的数学模型阶数高，存在高频谐振的可能，大量文献研究了滤波器的参数设计方法[102-104]、谐振阻尼方法[105-107]。目前，单台并网逆变器的谐波谐振问题得到了有效解决。

电网中含有大量的并网逆变器，现场经验表明：虽然单台并网逆变器能稳定运行，但是多台并网逆变器之间的交互耦合仍然可能引发谐波谐振，并导致并网逆变器无故障跳闸[108, 109]。因此，研究人员急需掌握多台并网逆变器之间的谐波交互机制及应对措施。

并网逆变器的输出特性与控制器密切相关，可以利用控制器来重塑并网逆变器的输出阻抗，改变电网的网络阻抗。若并网逆变器能提供足够的阻性输出阻抗，谐波谐振现象就可以得到很好的抑制[110-112]。

具有谐波谐振抑制功能的阻抗重塑技术所关注的是几百赫兹至几千赫兹谐振频率处的动态。采用阻抗重塑技术后，柔性并网逆变器调控的频率范围得到拓展，功能上也变得更加灵活多样。

关于谐波谐振的研究，主要集中在多台并网逆变器谐波谐振的建模及抑制。然而，谐波谐振问题的根源在于网络阻抗失配及所形成的串并联谐振回路。在电网阻尼不够的情况下，并网逆变器的开关过程激发谐振回路，形成谐波谐振。因此，研究人员利用柔性并网逆变器的阻抗重塑技术来改造电网的网络阻抗，可以从根源上解决电网的谐波谐振问题。

1.4　本章小结

以风电和光伏为例，本章简要介绍了我国的可再生能源发展现状。在未来很长一段时期内，我国的可再生能源利用模式，仍将呈现出集中并网和分散并网并存的特征。此外，本章还介绍了并网逆变器的发展状况，归纳了并网逆变器所面临的技术挑战：①电能质量要求高，难以控制；②数量众多，难以调度；③谐波谐振，难以稳定。针对这些广泛关注的问题，本章详细阐述了柔性并网逆变器控制技术的研究现状，包括电能质量主动治理、独立自治运行控制、谐波谐振主动抑制。

参 考 文 献

[1] 刘吉臻. 新能源电力系统建模与控制[M]. 北京: 科学出版社, 2015.

[2] 周孝信. 能源革命中电网及技术发展预测和对策[M]. 北京: 科学出版社, 2016.

[3] 曾正, 赵荣祥, 汤胜清, 等. 可再生能源分散接入用先进并网逆变器研究综述[J]. 中国电机工程学报, 2013, 33(24): 1-12.

[4] Zeng Z, Li X, Shao W. Multi-functional grid-connected inverter: Upgrading distributed generator with ancillary services[J]. IET Renewable Power Generation, 2018, 12(7): 797-805.

[5] Blaabjerg F, Teodorescu R, Liserre M, et al. Overview of control and grid synchronization for distributed power generation systems[J]. IEEE Transactions on Industrial Electronics, 2006, 53(5): 1398-1409.

[6] 张文亮, 汤广福, 查鲲鹏, 等. 先进电力电子技术在智能电网中的应用[J]. 中国电机工程学报, 2010, 30(4): 1-7.

[7] Blaabjerg F, Chen Z, Kjaer S B. Power electronics as efficient interface in dispersed power generation systems[J]. IEEE Transactions on Power Electronics, 2004, 19(5): 1184-1194.

[8] 曾正, 赵荣祥, 杨欢, 等. 多功能并网逆变器及其在微电网电能质量定制中的应用[J]. 电网技术, 2012, 36(5): 58-67.

[9] 王斯然, 吕征宇. LCL 型并网逆变器中重复控制方法研究[J]. 中国电机工程学报, 2010, 30(27): 69-75.

[10] 贺益康, 胡家兵, 徐烈. 并网双馈异步风力发电机运行控制[M]. 北京: 中国电力出版社, 2012.

[11] 年珩, 潘再平. 双馈风力发电机变流控制技术[M]. 北京: 科学出版社, 2015.

[12] Hu J, Xu H, He Y. Coordinated control of DFIG's RSC and GSC under generalized unbalanced and distorted grid voltage conditions[J]. IEEE Transactions on Industrial Electronics, 2013, 60(7): 2808-2819.

[13] Xu H, Hu J, He Y. Operation of wind-turbine-driven DFIG systems under distorted grid voltage conditions: Analysis and experimental validations[J]. IEEE Transactions on Power Electronics, 2012, 27(5): 2354-2366.

[14] 金广厚, 李庚银, 周明. 电能质量市场理论的初步探讨[J]. 电力系统自动化, 2004, 28(12): 1-6.

[15] 曾正, 杨欢, 赵荣祥. 基于突变决策的分布式发电系统电能质量综合评估[J]. 电力系统自动化, 2011, 35(21): 52-57.

[16] Zhong Q C, Hornik T. Control of Power Inverters in Renewable Energy and Smart Grid Integration[M]. New York: Wiley-IEEE Press, 2013.

[17] Bollen M H, Hassan F. Integration of Distributed Generation in the Power System[M]. New York: Wiley-IEEE Press, 2011.

[18] Enslin J H R, Heskes P J M. Harmonic interaction between a large number of distributed power inverters and the distribution network[J]. IEEE Transactions on Power Electronics, 2004, 19(6): 1586-1593.

[19] 罗安. 电能质量治理和高效用能技术与装备[M]. 北京: 中国电力出版社, 2015.

[20] 王兆安, 刘进军, 王跃, 等. 谐波抑制和无功功率补偿[M]. 北京: 机械工业出版社, 2015.

[21] Zeng Z, Zhao R, Yang H, et al. Topologies and control strategies of multi-functional grid-connected inverters for power quality enhancement: A comprehensive review[J]. Renewable and Sustainable Energy Reviews, 2013, 24: 223-270.

[22] Kuo Y, Liang T, Chen J. Novel maximum-power-point-tracking controller for photovoltaic energy conversion system[J]. IEEE Transactions on Industrial Electronics, 2001, 48(3): 594-601.

[23] Wu T F, Chang C H, Chen Y K. A multi-function photovoltaic power supply system with grid-connection and power factor correction features[C]. IEEE Power Electronics Specialists Conference, Galway, 2000: 1185-1190.

[24] Calleja H, Jimenez H. Performance of a grid connected PV system used as active filter[J]. Energy Conversion and Management, 2004, 45(15-16): 2417-2428.

[25] Seo H R, Jang S J, Kim G H, et al. Hardware based performance analysis of a multi-function single-phase PV-AF system[C]. IEEE Energy Conversion Congress and Exposition, San Jose, 2009: 2213-2217.

[26] Dasgupta S, Sahoo S K, Panda S K. Single-phase inverter control techniques for interfacing renewable energy sources with microgrid-part I: Parallel-connected inverter topology with active and reactive power flow control along with grid current shaping[J]. IEEE Transactions on Power Electronics, 2011, 26(3): 717-731.

[27] Bojoi R I, Limongi L R, Roiu D, et al. Enhanced power quality control strategy for single-phase inverters in distributed generation systems[J]. IEEE Transactions on Power Electronics, 2011, 26(3): 798-806.

[28] Cirrincione M, Pucci M, Vitale G. A single-phase DG generation unit with shunt active power filter capability by adaptive neural filtering[J]. IEEE Transactions on Industrial Electronics, 2008, 55(5): 2093-2110.

[29] Macken K J P, Vanthournout K, van den Keybus J, et al. Distributed control of renewable generation units with integrated active filter[J]. IEEE Transactions on Power Electronics, 2004, 19(5): 1353-1360.

[30] Hirachi K, Mii T, Nakashiba T, et al. Utility-interactive multi-functional bidirectional converter for solar photovoltaic power conditioner with energy storage batteries[C]. IEEE International Conference on Industrial Electronics, Control and Instrumentation, Taiwan, 1996: 1693-1698.

[31] Kirawanich P, O'Connell R M. Fuzzy logic control of an active power line conditioner[J]. IEEE Transactions on Power Electronics, 2004, 19(6): 1574-1585.

[32] Hosseini S H, Danyali S, Goharrizi A Y. Single stage single phase series-grid connected PV system for voltage compensation and power supply[C]. IEEE PES General Meeting, Galgary, 2009: 1-7.

[33] Mastromauro R A, Liserre M, Dell'Aquila A. PV system power quality enhancement by means of a voltage controlled shunt-converter[C]. IEEE Power Electronics Specialists Conference, Rhodes, 2008: 2358-2363.

[34] Vasquez J C, Mastromauro R A, Guerrero J M, et al. Voltage support provided by a droop-controlled multifunctional inverter[J]. IEEE Transactions on Industrial Electronics, 2009, 56(11): 4510-4519.

[35] Dasgupta S, Sahoo S K, Panda S K, et al. Single-phase inverter-control techniques for interfacing renewable energy sources with microgrid-part II: Series-connected inverter topology to mitigate voltage-related problems along with active power flow control[J]. IEEE Transactions on Power Electronics, 2011, 26(3): 732-746.

[36] Chi K L, Chaudhuri N R, Chaudhuri B, et al. Droop control of distributed electric springs for stabilizing future power grid[J]. IEEE Transactions on Smart Grid, 2013, 4(3): 1558-1566.

[37] Shu Y H, Lee C K, Wu F F. Electric springs-a new smart grid technology[J]. IEEE Transactions on Smart Grid, 2012, 3(3): 1552-1561.

[38] Tan S, Lee C K, Hui S Y. General steady-state analysis and control principle of electric springs with active and reactive power compensations[J]. IEEE Transactions on Power Electronics, 2013, 28(8): 3958-3969.

[39] Lee C K, Chaudhuri B, Shu Y H. Hardware and control implementation of electric springs for stabilizing future smart grid with intermittent renewable energy sources[J]. IEEE Journal of Emerging and Selected Topics in Power Electronics, 2013, 1(1): 18-27.

[40] Lin B R, Yang T Y. Implementation of active power filter with asymmetrical inverter legs for harmonic and reactive power compensation[J]. Electric Power Systems Research, 2005, 73(2): 227-237.

[41] De Souza K C A, Dos Santos W M, Martins D C. A single-phase grid-connected PV system with active power filter[J]. International Journal of Circuits, Systems and Signal Processing, 2008, 2(1): 50-55.

[42] Wu T F, Shen C L, Chang C, et al. 1Φ3W grid-connection PV power inverter with partial active power filter[J]. IEEE Transactions on Aerospace and Electronic Systems, 2003, 39(2): 635-646.

[43] Wu T F, Shen C L, Nei H S. A 1Φ3W grid-connection PV power inverter with APF based on nonlinear programming and FZPD algorithm[C]. IEEE Applied Power Electronics Conference and Exposition, Miami Beach, 2003: 546-552.

[44] Yu H, Pan J, Xiang A. A multi-function grid-connected PV system with reactive power compensation for the grid[J]. Solar Energy, 2005, 79(1): 101-106.

[45] Marei M I, El-Saadany E F, Salama M M A. A novel control algorithm for the DG interface to mitigate power quality problems[J]. IEEE Transactions on Power Delivery, 2004, 19(3): 1384-1392.

[46] Kim S, Gwonjong Y, Jinsoo S. A bifunctional utility connected photovoltaic system with power factor correction and UPS facility[C]. IEEE Photovoltaic Specialists Conference, Washington, 1996: 1363-1368.

[47] Luo S, Luo A, Lv Z, et al. Power quality active control research of building integrated photovoltaic[C]. IEEE Power Electronics for Distributed Generation Systems, Hefei, 2010: 796-801.

[48] Marei M I, Abdel Galil T K, El Saadany E F, et al. Hilbert transform based control algorithm of the DG interface for voltage flicker mitigation[J]. IEEE Transactions on Power Delivery, 2005, 20(2): 1129-1133.

[49] Prodanovic M, Brabandere K D, Keybus J V D, et al. Harmonic and reactive power compensation as ancillary services in inverter-based distributed generation[J]. IET Generation, Transmission and Distribution, 2007, 1(3): 432-438.

[50] Pogaku N, Green T C. Harmonic mitigation throughout a distribution system: A distributed-generator-based solution[J]. IET Proceedings: Generation, Transmission and Distribution, 2006, 153(3): 350-358.

[51] Cheng L, Cheung R, Leung K H. Advanced photovoltaic inverter with additional active power line conditioning capability[C]. IEEE Power Electronics Specialists Conference, Soint Louis, 1997: 279-283.

[52] Chen Z, Blaabjerg F, Pedersen J K. A multi-functional power electronic converter in distributed generation power systems[C]. IEEE Power Electronics Specialists Conference, Reife, 2005: 1738-1744.

[53] Abolhassani M T, Enjeti P, Toliyat H. Integrated doubly fed electric alternator active filter (IDEA), a viable power quality solution, for wind energy conversion systems[J]. IEEE Transactions on Energy Conversion, 2008, 23(2): 642-650.

[54] He J W, Li Y W, Munir M S. A flexible harmonic control approach through voltage-controlled DG - grid interfacing converters[J]. IEEE Transactions on Industrial Electronics, 2012, 59(1): 444-455.

[55] Cheng P, Chen C, Lee T, et al. A cooperative imbalance compensation method for distributed-generation interface converters[J]. IEEE Transactions on Industry Applications, 2009, 45(2): 805-815.

[56] Chandhaket S, Yoshida M, Eiji H, et al. Multi-functional digitally-controlled bidirectional interactive three-phase soft-switching PWM converter with resonant snubbers[C]. IEEE Power Electronics Specialists Conference, 2001: 589-593.

[57] Gajanayake C J, Vilathgamuwa D M, Poh C L, et al. Z-source-inverter-based flexible distributed generation system solution for grid power quality improvement[J]. IEEE Transactions on Energy Conversion, 2009, 24(3): 695-704.

[58] Tsengenes G, Adamidis G. A multi-function grid connected PV system with three level NPC inverter and voltage oriented control[J]. Solar Energy, Vancouver, 2011, 85(11): 2595-2610.

[59] Sawant R R, Chandorkar M C. Methods for multi-functional converter control in three-phase four-wire systems[J]. IET Power Electronics, 2009, 2(1): 52-66.

[60] Shahnia F, Majumder R, Ghosh A, et al. Operation and control of a hybrid microgrid containing unbalanced and nonlinear loads[J]. Electric Power Systems Research, 2010, 80(8): 954-965.

[61] Majumder R, Ghosh A, Ledwich G, et al. Load sharing and power quality enhanced operation of a distributed microgrid[J]. IET Renewable Power Generation, 2009, 3(2): 109-119.

[62] Wang F, Duarte J L, Hendrix M A M. Pliant active and reactive power control for grid-interactive converters under unbalanced voltage dips[J]. IEEE Transactions on Power Electronics, 2011, 26(5): 1511-1521.

[63] Han B, Bae B, Kim H, et al. Combined operation of unified power-quality conditioner with distributed generation[J]. IEEE Transactions on Power Delivery, 2006, 21(1): 330-338.

[64] Wang F, Duarte J L, Hendrix M A M. Grid-interfacing converter systems with enhanced voltage quality for microgrid application-concept and implementation[J]. IEEE Transactions on Power Electronics, 2011, 26(12): 3501-3513.

[65] Li Y, Vilathgamuwa D, Loh P. Microgrid power quality enhancement using a three-phase four-wire grid-interfacing compensator[J]. IEEE Transactions on Industry Applications, 2005, 41(6): 1707-1719.

[66] Li Y, Vilathgamuwa D, Loh P. A grid-interfacing power quality compensator for three-phase three-wire microgrid applications[J]. IEEE Transactions on Power Electronics, 2006, 21(4): 1021-1031.

[67] 张强, 刘建政, 李国杰. 单相光伏并网逆变器瞬时电流检测与补偿控制[J]. 电力系统自动化, 2007, 31(10): 50-54.

[68] 汪海宁, 苏建徽, 张国荣, 等. 光伏并网发电及无功补偿的统一控制[J]. 电工技术学报, 2005, 20(9): 114-118.

[69] 张国荣, 张铁良, 丁明, 等. 光伏并网发电与有源电力滤波器的统一控制[J]. 电力系统自动化, 2007, 31(8): 61-66.

[70] 汪海宁, 苏建徽, 丁明, 等. 光伏并网功率调节系统[J]. 中国电机工程学报, 2007, 27(2): 75-79.

[71] 周林, 张林强, 李怀花, 等. 光伏并网逆变器负序分量补偿法控制策略[J]. 高电压技术, 2013, 39(5): 1197-1203.

[72] 张国荣, 张铁良, 丁明, 等. 具有光伏并网发电功能的统一电能质量调节器仿真[J]. 中国电机工程学报, 2007, 27(14): 82-86.

[73] 吴理博, 赵争鸣, 刘建政, 等. 具有无功补偿功能的单级式三相光伏并网系统[J]. 电工技术学报, 2006, 21(1): 28-32.

[74] Zhong Q C. Virtual synchronous machines: A unified interface for grid integration[J]. IEEE Power Electronics Magazine, 2016, 3(4): 18-27.

[75] Bevrani H, Ise T, Miura Y. Virtual synchronous generators: A survey and new perspectives[J]. International Journal of Electrical Power and Energy Systems, 2014, 54: 244-254.

[76] 张兴, 朱德斌, 徐海珍. 分布式发电中的虚拟同步发电机技术[J]. 电源学报, 2012, (3): 1-6.

[77] Van T V, Woyte A, Albu M, et al. Virtual synchronous generator laboratory scale results and field demonstration[C]. IEEE Bucharest Power Tech Conference, Burcharest, 2009: 1-6.

[78] Van T V, Visscher K, Diaz J, et al. Virtual synchronous generator: An element of future grids[C]. IEEE Innovative Smart Grid Technologies Conference Europe, Gothenberg, 2010: 1-7.

[79] Loix T, De Breucker S, Vanassche P, et al. Layout and performance of the power electronic converter platform for the VSYNC project[C]. IEEE Bucharest Power Tech Conference, Burcharest, 2009: 1-8.

[80] Gao F, Iravani M R. A control strategy for a distributed generation unit in grid-connected and autonomous modes of operation[J]. IEEE Transactions on Power Delivery, 2008, 23(2): 850-859.

[81] Hesse R, Turschner D, Beck H P. Micro grid stabilization using the Virtual Synchronous Machine (VISMA)[C]. International Conference on Renewable Energies and Power Quality, Valencia, 2009: 1-6.

[82] Chen Y, Hesse R, Turschner D, et al. Comparison of methods for implementing virtual synchronous machine on inverters[C]. International Conference on Renewable Energies and Power Quality, Santiago de Compostela, 2012: 1-6.

[83] Hikihara T, Sawada T, Funaki T. Enhanced entrainment of synchronous inverters for distributed power sources[J]. IEICE Transactions Fundamentals, 2007, 90(11): 2516-2525.

[84] Alipoor J, Miura Y, Ise T. Distributed generation grid integration using virtual synchronous generator with adoptive virtual inertia[C]. IEEE Energy Conversion Congress and Exposition, Denver, 2013: 4546-4552.

[85] Shintai T, Miura Y, Ise T. Oscillation damping of a distributed generator using a virtual synchronous generator[J]. IEEE Transactions on Power Delivery, 2014, 29(2): 668-676.

[86] Zhong Q C, Weiss G. Synchronverters: Inverters that mimic synchronous generators[J]. IEEE Transactions on Industrial Electronics, 2011, 58(4): 1259-1267.

[87] Zhong Q C, Nguyen P L, Ma Z Y, et al. Self-synchronised synchronverters: Inverters without a dedicated synchronisation unit[J]. IEEE Transactions on Power Electronics, 2014, 29(2): 617-630.

[88] 丁明, 杨向真, 苏建徽. 基于虚拟同步发电机思想的微电网逆变电源控制策略[J]. 电力系统自动化, 2009, 33(8): 89-93.

[89] 朱丹, 苏建徽, 吴蓓蓓. 基于虚拟同步发电机的微电网控制方法研究[J]. 电气自动化, 2010, 32(4): 59-62.

[90] 苏建徽, 汪长亮. 基于虚拟同步发电机的微电网逆变器[J]. 电工电能新技术, 2010, 29(3): 26-29, 43.

[91] 吕志鹏, 盛万兴, 钟庆昌, 等. 虚拟同步发电机及其在微电网中的应用[J]. 中国电机工程学报, 2014, 34(16): 2591-2603.

[92] 吕志鹏, 盛万兴, 刘海涛. 虚拟同步机技术在电力系统中的应用与挑战[J]. 中国电机工程学报, 2017, 37(2): 349-359.

[93] 程冲, 杨欢, 曾正. 虚拟同步发电机的转子惯量自适应控制方法[J]. 电力系统自动化, 2015, (19): 82-89.

[94] 李武华, 王金华, 杨贺雅, 等. 虚拟同步发电机的功率动态耦合机理及同步频率谐振抑制策略[J]. 中国电机工程学报, 2017, 37(2): 381-390.

[95] 陈来军, 王任, 郑天文, 等. 基于参数自适应调节的虚拟同步发电机暂态响应优化控制[J]. 中国电机工程学报, 2016, 36(21): 5724-5731.

[96] 郑天文, 陈来军, 刘炜, 等. 考虑源端动态特性的光伏虚拟同步机多模式运行控制[J]. 中国电机工程学报, 2017, 37(2): 454-463.

[97] Wu H, Ruan X, Yang D, et al. Small-signal modeling and parameters design for virtual synchronous generators[J]. IEEE Transactions on Industrial Electronics, 2016, 63 (7) : 4292-4303.

[98] Shuai Z, Shen C, Liu X, et al. Transient angle stability of virtual synchronous generators using Lyapunov's direct method[J]. IEEE Transactions on Smart Grid, 2019, 10 (4) : 4648-4661.

[99] Teodorescu R, Liserre M, Rodriguez P. 光伏与风力发电系统并网变换器[M]. 周克亮, 王政, 徐青山译. 北京: 机械工业出版社, 2012.

[100] 阮新波, 王学华, 潘冬华, 等. LCL 型并网逆变器的控制技术[M]. 北京: 科学出版社, 2015.

[101] 张兴, 曹仁贤. 太阳能光伏并网发电及其逆变控制[M]. 北京: 机械工业出版社, 2017.

[102] Liserre M, Blaabjerg F, Dell'Aquila A. Step-by-step design procedure for a grid-connected three-phase PWM voltage source converter[J]. International Journal of Electronics, 2004, 91 (8) : 445-460.

[103] Wu W, He Y, Blaabjerg F. An LLCL power filter for single-phase grid-tied inverter[J]. IEEE Transactions on Power Electronics, 2012, 27 (2) : 782-789.

[104] 刘飞, 查晓明, 段善旭. 三相并网逆变器 LCL 滤波器的参数设计与研究[J]. 电工技术学报, 2010, 25 (3) : 110-116.

[105] Wiseman J C, Wu B. Active damping control of a high-power PWM current-source rectifier for line-current THD reduction[J]. IEEE Transactions on Industrial Electronics, 2005, 52 (3) : 758-764.

[106] 郭小强, 邬伟扬, 顾和荣, 等. 并网逆变器 LCL 接口直接输出电流控制建模及稳定性分析[J]. 电工技术学报, 2010, 25 (3) : 102-109.

[107] 伍小杰, 孙蔚, 戴鹏, 等. 一种虚拟电阻并联电容有源阻尼法[J]. 电工技术学报, 2010, 25 (10) : 122-128.

[108] Sun J. Impedance-based stability criterion for grid-connected inverters[J]. IEEE Transactions on Power Electronics, 2011, 26 (11) : 3075-3078.

[109] Cespedes M, Sun J. Impedance modeling and analysis of grid-connected voltage-source converters[J]. IEEE Transactions on Power Electronics, 2014, 29 (3) : 1254-1261.

[110] Wang X, Harnefors L, Blaabjerg F. Unified impedance model of grid-connected voltage-source converters[J]. IEEE Transactions on Power Electronics, 2018, 33 (2) : 1775-1787.

[111] Yang D, Ruan X, Wu H. Impedance shaping of the grid-connected inverter with lcl filter to improve its adaptability to the weak grid condition[J]. IEEE Transactions on Power Electronics, 2014, 29 (11) : 5795-5805.

[112] 曾正, 赵荣祥, 吕志鹏, 等. 光伏并网逆变器的阻抗重塑与谐波谐振抑制[J]. 中国电机工程学报, 2014, 34 (27) : 4547-4558.

第 2 章 并网逆变器的建模分析基础

并网逆变器由硬件和软件两部分构成，在并网逆变器的硬件电路建模和控制回路设计方面，需要大量使用相关的数学分析工具。本章分析瞬时功率的计算方法，并从时空相量的角度，揭示瞬时功率计算方法在 abc、$\alpha\beta0$ 和 $dq0$ 坐标系中的一致性，随后分析锁相环的数学模型，并给出其非线性动力学模型，揭示锁相环的物理本质，最后详细分析谐波和无功电流的检测方法。

2.1 瞬 时 功 率

瞬时功率计算是并网逆变器运行控制中不可或缺的环节。本节以自然坐标系下的功率定义为切入点，从时空相量和坐标系变换的角度，阐释瞬时功率的计算方法，最后结合坐标系定向、非理想电网等特殊条件，扩展瞬时功率计算的其他形式。

2.1.1 自然坐标系下的瞬时功率

对于三相对称的电网电压，有

$$\begin{cases} u_a = U_m \sin(\omega t + \varphi_u) \\ u_b = U_m \sin(\omega t + \varphi_u - 2\pi/3) \\ u_c = U_m \sin(\omega t + \varphi_u + 2\pi/3) \end{cases} \tag{2.1}$$

式中，$U_m = \sqrt{2}U$ 为相电压幅值，U 为相电压有效值；φ_u 为电压相位；ω 为电网角频率。同理，对于三相电流，有

$$\begin{cases} i_a = I_m \sin(\omega t + \varphi_i) \\ i_b = I_m \sin(\omega t + \varphi_i - 2\pi/3) \\ i_c = I_m \sin(\omega t + \varphi_i + 2\pi/3) \end{cases} \tag{2.2}$$

式中，$I_m = \sqrt{2}I$ 为电流幅值，I 为相电流有效值；φ_i 为电流相位。电压与电流的瞬时有功功率和瞬时无功功率关系为

$$\begin{cases} p = u_a i_a + u_b i_b + u_c i_c \\ q = \left[(u_b - u_c) i_a + (u_c - u_a) i_b + (u_a - u_b) i_c \right] / \sqrt{3} \end{cases} \tag{2.3}$$

记电压和电流相量分别为 $\boldsymbol{u} = [u_a,\ u_b,\ u_c]$ 和 $\boldsymbol{i} = [i_a,\ i_b,\ i_c]$。那么，电流相量在电压相量(法向)上的投影为有功(无功)，也即有

$$\begin{cases} p = \boldsymbol{u} \cdot \boldsymbol{i}^{\mathrm{T}} = u_a i_a + u_b i_b + u_c i_c \\ q = |\boldsymbol{u} \times \boldsymbol{i}| / \sqrt{3} = \big[(u_b - u_c)i_a + (u_c - u_a)i_b + (u_a - u_b)i_c\big] / \sqrt{3} \end{cases} \quad (2.4)$$

将式(2.1)和式(2.2)代入式(2.3)后，有

$$\begin{cases} p = 1.5 U_{\mathrm{m}} I_{\mathrm{m}} \cos(\varphi_u - \varphi_i) \\ q = 1.5 U_{\mathrm{m}} I_{\mathrm{m}} \sin(\varphi_u - \varphi_i) \end{cases} \quad (2.5)$$

写为常见形式，有

$$\begin{cases} p = 3UI \cos(\varphi_u - \varphi_i) \\ q = 3UI \sin(\varphi_u - \varphi_i) \end{cases} \quad (2.6)$$

瞬时功率的有效值 P 和 Q 可表示为

$$\begin{cases} P = \dfrac{1}{T} \sqrt{\displaystyle\int_t^{t+T} p^2 \mathrm{d}t} \\ Q = \dfrac{1}{T} \sqrt{\displaystyle\int_t^{t+T} q^2 \mathrm{d}t} \end{cases} \quad (2.7)$$

式中，T 为工频周期。若三相对称，且没有谐波畸变，瞬时功率 p 和 q 为常数，则其有效值可以用瞬时值直接代替。

2.1.2　时空相量下的瞬时功率

从时空相量的角度，电压和电流可以写为

$$\begin{cases} \boldsymbol{U} = \sqrt{3}U \mathrm{e}^{\mathrm{j}(\omega t + \varphi_u)} = u_\alpha + \mathrm{j}u_\beta = (u_d + \mathrm{j}u_q)\mathrm{e}^{\mathrm{j}\omega t} \\ \boldsymbol{I} = \sqrt{3}I \mathrm{e}^{\mathrm{j}(\omega t + \varphi_i)} = i_\alpha + \mathrm{j}i_\beta = (i_d + \mathrm{j}i_q)\mathrm{e}^{\mathrm{j}\omega t} \end{cases} \quad (2.8)$$

式中，u_α 和 u_β 为电压相量在 $\alpha\beta0$ 坐标系下的投影；u_d 和 u_q 为电压相量在同步旋转 $dq0$ 坐标系下的投影。电流也有类似定义。

以电压相量为例，根据式(2.8)，其模为

$$\left| \sqrt{3}U \mathrm{e}^{\mathrm{j}(\omega t + \varphi_u)} \right| = \left| u_\alpha + \mathrm{j}u_\beta \right| = \left| (u_d + \mathrm{j}u_q)\mathrm{e}^{\mathrm{j}\omega t} \right| = \sqrt{3}U \quad (2.9)$$

电压和电流的视在功率为

$$S = \boldsymbol{U}\boldsymbol{I}^* = \sqrt{3}U\mathrm{e}^{\mathrm{j}(\omega t+\varphi_u)}[\sqrt{3}I\mathrm{e}^{\mathrm{j}(\omega t+\varphi_i)}]^* = \sqrt{3}U\sqrt{3}I\mathrm{e}^{\mathrm{j}(\varphi_u-\varphi_i)}$$
$$= 3UI\cos(\varphi_u-\varphi_i) + \mathrm{j}3UI\sin(\varphi_u-\varphi_i) \tag{2.10}$$
$$= p + \mathrm{j}q$$

上标 "*" 表示复数的共轭。同理，也可以利用 $\alpha\beta0$ 坐标系的相量来计算视在功率，即

$$S = \boldsymbol{U}\boldsymbol{I}^* = (u_\alpha + \mathrm{j}u_\beta)(i_\alpha + \mathrm{j}i_\beta)^*$$
$$= (u_\alpha i_\alpha + u_\beta i_\beta) + \mathrm{j}(u_\beta i_\alpha - u_\alpha i_\beta) \tag{2.11}$$

瞬时功率可以表示为

$$\begin{cases} p = u_\alpha i_\alpha + u_\beta i_\beta \\ q = u_\beta i_\alpha - u_\alpha i_\beta \end{cases} \tag{2.12}$$

同理，$dq0$ 坐标系也有类似的结果，即

$$\begin{cases} p = u_d i_d + u_q i_q \\ q = u_q i_d - u_d i_q \end{cases} \tag{2.13}$$

此外，类似于自然坐标系下的结果，$\alpha\beta0$ 坐标系下有

$$\begin{cases} p = \boldsymbol{u}\cdot\boldsymbol{i}^\mathrm{T} = [u_\alpha \quad u_\beta \quad u_0][i_\alpha \quad i_\beta \quad i_0]^\mathrm{T} = u_\alpha i_\alpha + u_\beta i_\beta + u_0 i_0 \\ q = |\boldsymbol{u}\times\boldsymbol{i}| = \begin{vmatrix} u_\alpha & u_\beta & u_0 \\ i_\alpha & i_\beta & i_0 \end{vmatrix} = (u_\beta - u_0)i_\alpha + (u_0 - u_\alpha)i_\beta + (u_\alpha - u_\beta)i_0 \end{cases} \tag{2.14}$$

式中，$\boldsymbol{u}=[u_\alpha, u_\beta, u_0]$ 和 $\boldsymbol{i}=[i_\alpha, i_\beta, i_0]$。

同理，$dq0$ 坐标系下有

$$\begin{cases} p = \boldsymbol{u}\cdot\boldsymbol{i}^\mathrm{T} = [u_d \quad u_q \quad u_0][i_d \quad i_q \quad i_0]^\mathrm{T} = u_d i_d + u_q i_q + u_0 i_0 \\ q = |\boldsymbol{u}\times\boldsymbol{i}| = \begin{vmatrix} u_d & u_q & u_0 \\ i_d & i_q & i_0 \end{vmatrix} = (u_q - u_0)i_d + (u_0 - u_d)i_q + (u_d - u_q)i_0 \end{cases} \tag{2.15}$$

对于三相对称、无畸变的系统，无论是 $\alpha\beta0$ 坐标系还是 $dq0$ 坐标系，其 0 轴分量均为零。因此，式 (2.14) 和式 (2.15) 可以化简为式 (2.12) 和式 (2.13) 的形式。

2.1.3　常见坐标系下的瞬时功率

此外，本节还可以从坐标变换的角度，对以上结果进行分析。式 (2.1) 所示的电压在 $\alpha\beta0$ 坐标系可表示为

$$\begin{bmatrix} u_\alpha \\ u_\beta \\ u_0 \end{bmatrix} = \boldsymbol{T}_{abc/\alpha\beta0} \begin{bmatrix} u_a \\ u_b \\ u_c \end{bmatrix} = \sqrt{\frac{2}{3}} \begin{bmatrix} 1 & -1/2 & -1/2 \\ 0 & \sqrt{3}/2 & -\sqrt{3}/2 \\ \sqrt{2}/2 & \sqrt{2}/2 & \sqrt{2}/2 \end{bmatrix} \begin{bmatrix} U_m \sin(\omega t + \varphi_u) \\ U_m \sin(\omega t + \varphi_u - 2\pi/3) \\ U_m \sin(\omega t + \varphi_u + 2\pi/3) \end{bmatrix} \tag{2.16}$$

$$= \frac{\sqrt{6}}{2} U_m \begin{bmatrix} \sin(\omega t + \varphi_u) \\ -\cos(\omega t + \varphi_u) \\ 0 \end{bmatrix}$$

式 (2.2) 所示的电流，在 $\alpha\beta0$ 坐标系可表示为

$$\begin{bmatrix} i_\alpha \\ i_\beta \\ i_0 \end{bmatrix} = \boldsymbol{T}_{abc/\alpha\beta0} \begin{bmatrix} i_a \\ i_b \\ i_c \end{bmatrix} = \frac{\sqrt{6}}{2} I_m \begin{bmatrix} \sin(\omega t + \varphi_i) \\ -\cos(\omega t + \varphi_i) \\ 0 \end{bmatrix} \tag{2.17}$$

将式 (2.16) 和式 (2.17) 代入式 (2.12)，化简有

$$\begin{cases} p = u_\alpha i_\alpha + u_\beta i_\beta = 1.5 U_m I_m \cos(\varphi_u - \varphi_i) \\ q = u_\beta i_\alpha - u_\alpha i_\beta = 1.5 U_m I_m \sin(\varphi_u - \varphi_i) \end{cases} \tag{2.18}$$

类似地，在 $dq0$ 坐标系中，有

$$\begin{bmatrix} u_d \\ u_q \\ u_0 \end{bmatrix} = \boldsymbol{T}_{abc/dq0} \begin{bmatrix} u_a \\ u_b \\ u_c \end{bmatrix}$$

$$= \sqrt{\frac{2}{3}} \begin{bmatrix} \cos\theta & \cos(\theta - 2\pi/3) & \cos(\theta + 2\pi/3) \\ -\sin\theta & -\sin(\theta - 2\pi/3) & -\sin(\theta + 2\pi/3) \\ \sqrt{2}/2 & \sqrt{2}/2 & \sqrt{2}/2 \end{bmatrix} \begin{bmatrix} U_m \sin(\omega t + \varphi_u) \\ U_m \sin(\omega t + \varphi_u - 2\pi/3) \\ U_m \sin(\omega t + \varphi_u + 2\pi/3) \end{bmatrix} \tag{2.19}$$

$$= \frac{\sqrt{6}}{2} U_m \begin{bmatrix} \sin(\varphi_u - \theta_0) \\ -\cos(\varphi_u - \theta_0) \\ 0 \end{bmatrix}$$

式中，$\theta = \int \omega \mathrm{d}t + \theta_0$，为 $dq0$ 坐标系的参考相位；θ_0 为初始相位。

类似地，电流也有

$$\begin{bmatrix} i_d \\ i_q \\ i_0 \end{bmatrix} = \boldsymbol{T}_{abc/dq0} \begin{bmatrix} i_a \\ i_b \\ i_c \end{bmatrix} = \frac{\sqrt{6}}{2} I_m \begin{bmatrix} \sin(\varphi_i - \theta_0) \\ -\cos(\varphi_i - \theta_0) \\ 0 \end{bmatrix} \tag{2.20}$$

将式 (2.19) 和式 (2.20) 代入式 (2.13)，仍然有

$$\begin{cases} p = u_d i_d + u_q i_q = 1.5 U_m I_m \cos(\varphi_u - \varphi_i) \\ q = u_q i_d - u_d i_q = 1.5 U_m I_m \sin(\varphi_u - \varphi_i) \end{cases} \tag{2.21}$$

2.1.4 坐标系定向后的瞬时功率

电压或电流在各个坐标系下的分量是旋转相量沿着特定坐标轴的投影，在 abc 和 $\alpha\beta0$ 坐标系下的投影为交流量，在 $dq0$ 坐标系下的投影为直流量，投影的大小和所选坐标系的位置密切相关。由式 (2.19) 可知，当同步旋转 $dq0$ 坐标系的初始位置 θ_0 不同时，电压相量沿 d 轴和 q 轴的投影 u_d 和 u_q 会发生变化。选择合适的坐标系位置，有时可以简化计算。

通常，$dq0$ 坐标系的 q 轴定位到电压相量的反方向上，如图 2.1(a) 所示，也即 $\theta_0 = \varphi_u$。此时，$u_d = 0$，$u_q = -\sqrt{3}U$，使得功率计算变得更加简洁，即

$$\begin{cases} p = u_q i_q \\ q = u_q i_d \end{cases} \tag{2.22}$$

此时，有功功率仅由 q 轴电流决定，而无功仅与 d 轴电流有关，实现了功率解耦。

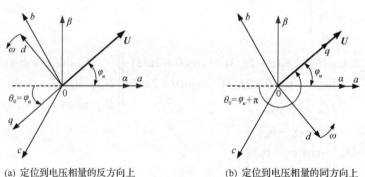

(a) 定位到电压相量的反方向上   (b) 定位到电压相量的同方向上

图 2.1 q 轴与电压相量之间的定位关系

当然，$dq0$ 坐标系的 q 轴也可以定位到其他位置，有时也能简化分析。譬如，q 轴定位到电压相量同方向上，即 $\theta_0 = \varphi_u + \pi$，如图 2.1(b) 所示，那么 $u_d = 0$，$u_q = \sqrt{3}U$，同样有式 (2.22) 所示的结果。

同理，d 轴还可以定位到电压相量的正方向或反方向上，如图 2.2 所示。此时，Park 变换的初始相位角分别为 $\theta_0 = \varphi_u + 3\pi/2$ 和 $\theta_0 = \varphi_u + \pi/2$，$q$ 轴分量恒为零，仍然可以简化问题的分析。

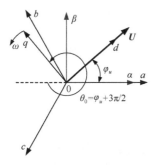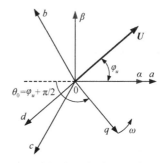

(a) 定位到电压相量的同方向上 (b) 定位到电压相量的反方向上

图 2.2 d 轴与电压相量之间的定位关系

2.1.5 非理想电网条件下的瞬时功率

受到非线性和不平衡负荷的影响，电网电压通常含有谐波和不平衡分量，即

$$
\begin{bmatrix} u_a \\ u_b \\ u_c \end{bmatrix} = \begin{bmatrix} \sum\limits_p u_{ap}^+ \\ \sum\limits_p u_{bp}^+ \\ \sum\limits_p u_{cp}^+ \end{bmatrix} + \begin{bmatrix} \sum\limits_n u_{an}^- \\ \sum\limits_n u_{bn}^- \\ \sum\limits_n u_{cn}^- \end{bmatrix} + \begin{bmatrix} u_z \\ u_z \\ u_z \end{bmatrix} \tag{2.23}
$$

式中，零序分量为 $u_z = (u_a + u_b + u_c)/3$；$u_{xp}^+$ 和 u_{xn}^- 分别为 $x\,(x = a, b, c)$ 相电压的 p 次正序和 n 次负序分量，可以表示为

$$
\begin{cases} u_{ap}^+ = U_{mp}^+ \sin(p\omega t + \varphi_p^+) \\ u_{bp}^+ = U_{mp}^+ \sin(p\omega t - 2\pi/3 + \varphi_p^+) \\ u_{cp}^+ = U_{mp}^+ \sin(p\omega t + 2\pi/3 + \varphi_p^+) \end{cases} \tag{2.24}
$$

$$
\begin{cases} u_{an}^- = U_{mn}^- \sin(n\omega t + \varphi_n^-) \\ u_{bn}^- = U_{mn}^- \sin(n\omega t + 2\pi/3 + \varphi_n^-) \\ u_{cn}^- = U_{mn}^- \sin(n\omega t - 2\pi/3 + \varphi_n^-) \end{cases} \tag{2.25}
$$

式中，U_{mp}^+ 和 U_{mn}^- 分别为 p 次正序和 n 次负序分量的幅值；φ_p^+ 和 φ_n^- 为其对应的相位。采用 Park 变换，式(2.23)可写为

$$
\begin{cases}
u_d = u_{d0} + \sum_{p>1} U_{mp}^+ \sin[(p-1)\omega t + \varphi_p^+ - \theta_0] + \sum_n U_{mn}^- \sin[(n+1)\omega t + \varphi_n^- + \theta_0] \\
u_q = u_{q0} - \sum_{p>1} U_{mp}^+ \cos[(p-1)\omega t + \varphi_p^+ - \theta_0] + \sum_n U_{mn}^- \cos[(n+1)\omega t + \varphi_n^- + \theta_0] \quad (2.26) \\
u_0 = u_z
\end{cases}
$$

当电网电压为理想条件时，式(2.26)所示 d、q 轴电压仅含有直流分量 u_{d0} 和 u_{q0}，且与式(2.19)相一致。但是，当电网电压处于谐波和不对称的非理想条件时，除 u_{d0} 和 u_{q0} 外，d、q 轴电压还含有大量的周期分量。类似地，含有谐波、不对称分量的电流也具有类似的结果。

非理想电网条件下，瞬时功率仍然可以采用前述理想电网条件下的计算公式。但是，由于存在大量的谐波分量，解析表达式过于复杂，不再给出具体结果。

2.2 锁 相 环

2.2.1 常见的锁相环

与其他并网装置一样，并网逆变器需要和电网保持同步，常用的同步方法包括过零检测方法和数字锁相方法两大类。

过零检测方法是最简单的同步方法，检测电网电压的正向过零点，并将其作为相位计算的初始位置，但是，该方法受测量噪声和电压谐波的影响较大[1]。

目前，并网逆变器中常用数字锁相环作为电网同步方法，其中，同步旋转坐标系锁相环(synchronous reference frame phase-locked loop，SRF-PLL)的应用最为广泛。SRF-PLL 的框图模型如图 2.3 所示，包括鉴相器(phase detection，PD)、低通滤波器(low pass filter，LPF)和数字电压振荡器(digital voltage oscillation，DVO)三部分，分别为 Park 变换 $T_{abc/dq}$、比例积分(proportional integral，PI)控制器和积分器，K_p 和 K_i 分别为 PI 控制器的比例系数和积分系数。

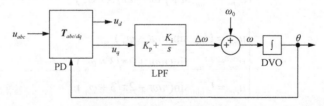

图 2.3 SRF-PLL 原理框图

若电网电压三相对称，将电网电压变换到同步旋转 $dq0$ 坐标系，则在频率和相位完全锁定的情况下，参考相位 θ 和电网电压相位 φ 相等，$u_d = \sqrt{3}U$，$u_q = 0$。

若电网电压三相不对称，忽略零序分量，正序电压相量以角频率 ω 逆时针旋转，负序电压相量以角频率 ω 顺时针旋转。电网电压相量的幅值和相位为

$$\begin{cases} |\boldsymbol{U}| = \sqrt{U_1^2 + U_2^2 + 2U_1 U_2 \cos(-2\omega t + \varphi_2 - \varphi_1)} \\ \theta = \omega t + \arctan \dfrac{U_1 \sin(-2\omega t + \varphi_2 - \varphi_1)}{U_1 + U_2 \cos(-2\omega t + \varphi_2 - \varphi_1)} \end{cases} \tag{2.27}$$

式中，U_1 和 U_2 分别为正序和负序电压相量的模；φ_1 和 φ_2 分别为正序和负序电压相量的相位。当电网电压不平衡时，电网电压相量不再具有恒定的幅值。SRF-PLL 输出的电压幅值和相位都存在 2 倍频振荡。

为了消除负序电压分量的影响，需要在 SRF-PLL 的回路中引入滤波器，如图 2.4 所示。常用的一阶 LPF 能够提高 SRF-PLL 的稳定性，但是会降低锁相环的响应速度。可以采用滑动平均滤波器 (moving average filter，MAF)[2]，在稳定性和快速性之间获得折中，MAF 的数学模型为

$$G_{\text{MAF}}(s) = \frac{1 - e^{-T_w s}}{T_w s} \tag{2.28}$$

式中，T_w 为滑动窗口的长度，通常取 $T_w = T$；s 为拉普拉斯变换算子。

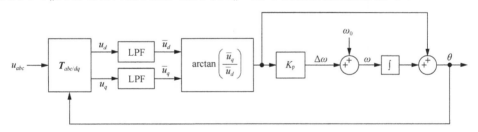

图 2.4　引入 LPF 的 SRF-PLL 原理框图

在 SRF-PLL 的基础上，有学者提出了解耦双同步旋转坐标系 PLL (decoupled double synchronous rotating frame PLL，DDSRF-PLL)[3]。电网电压经过正序 Park 变换 $\boldsymbol{T}_{abc/dq}^+$ 后，为

$$u_{dq}^+ = U_1 \begin{bmatrix} \cos(\omega t + \varphi_1 - \theta) \\ \sin(\omega t + \varphi_1 - \theta) \end{bmatrix} + U_2 \begin{bmatrix} \cos(-\omega t + \varphi_2 - \theta) \\ \sin(-\omega t + \varphi_2 - \theta) \end{bmatrix} \tag{2.29}$$

同理，电网电压经过负序 Park 变换 $\boldsymbol{T}_{abc/dq}^-$ 后，为

$$u_{dq}^- = U_1 \begin{bmatrix} \cos(\omega t + \varphi_1 + \theta) \\ \sin(\omega t + \varphi_1 + \theta) \end{bmatrix} + U_2 \begin{bmatrix} \cos(-\omega t + \varphi_2 + \theta) \\ \sin(-\omega t + \varphi_2 + \theta) \end{bmatrix} \tag{2.30}$$

如果同步成功 $\theta = \omega t$，式(2.29)和式(2.30)可化简为

$$u_{dq}^+ = U_1 \begin{bmatrix} \cos\varphi_1 \\ \sin\varphi_1 \end{bmatrix} + U_2 \cos\varphi_2 \begin{bmatrix} \cos(-2\omega t) \\ \sin(-2\omega t) \end{bmatrix} + U_2 \sin\varphi_2 \begin{bmatrix} -\sin(-2\omega t) \\ \cos(-2\omega t) \end{bmatrix} \quad (2.31)$$

$$u_{dq}^- = U_2 \begin{bmatrix} \cos\varphi_2 \\ \sin\varphi_2 \end{bmatrix} + U_1 \cos\varphi_1 \begin{bmatrix} \cos(2\omega t) \\ \sin(2\omega t) \end{bmatrix} + U_1 \sin\varphi_1 \begin{bmatrix} \sin(-2\omega t) \\ \cos(2\omega t) \end{bmatrix} \quad (2.32)$$

可见，在正序和负序 $dq0$ 坐标系中，2 倍频分量可以相互解耦，得到如图 2.5 所示的 DDSRF-PLL 的原理框图。为了得到 u_{dq}^+ 和 u_{dq}^- 的常数项，采用低通滤波器

$$G_{LPF}(s) = \frac{\omega_f}{s + \omega_f} \quad (2.33)$$

式中，ω_f 为滤波时间常数。

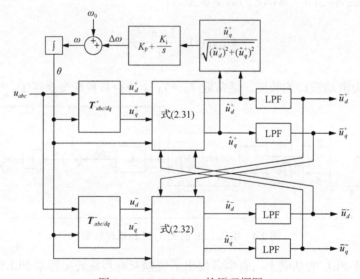

图 2.5　DDSRF-PLL 的原理框图

在 DDSRF-PLL 的基础上，研究人员也可以采用二阶广义积分器(second order generalized integrator, SOGI)实现正负序解耦，从而得到 SOGI-PLL，如图 2.6 所示[4]。其中，SOGI 的数学模型为

$$\begin{cases} G_{SOGI1}(s) = \dfrac{U'(s)}{U(s)} = \dfrac{K_{SOGI}\omega s}{s^2 + K_{SOGI}\omega s + \omega^2} \\[3mm] G_{SOGI2}(s) = \dfrac{Q(s)}{U(s)} = \dfrac{K_{SOGI}\omega}{s^2 + K_{SOGI}\omega s + \omega^2} \end{cases} \quad (2.34)$$

式中，$G_{\mathrm{SOGI1}}(s)$ 和 $G_{\mathrm{SOGI2}}(s)$ 分别为 SOGI 的带通和低通滤波器；$U'(s)$ 和 $Q(s)$ 分别为 $U(s)$ 的同步信号和正交信号；K_{SOGI} 为广义积分器的系数。

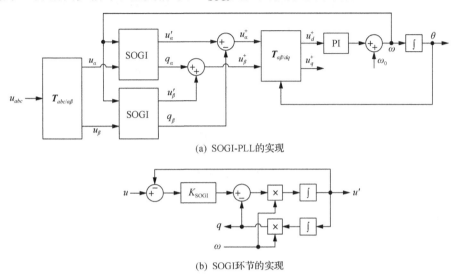

(a) SOGI-PLL的实现

(b) SOGI环节的实现

图 2.6　SOGI-PLL 的原理框图

2.2.2　锁相环的非线性动力学模型

现有文献中虽然出现了大量的锁相环结构，但是都没有脱离 SRF-PLL 的基本原理。电网电压如下

$$\begin{cases} u_a = U_{\mathrm{m}}\cos\varphi \\ u_b = U_{\mathrm{m}}\cos(\varphi - 2\pi/3) \\ u_c = U_{\mathrm{m}}\cos(\varphi + 2\pi/3) \end{cases} \tag{2.35}$$

式中，U_{m} 和 $\varphi=\int\omega\mathrm{d}t$ 分别为电网电压的幅值和相位。

基于恒功率的 Clarke 变换，有

$$\begin{bmatrix} u_\alpha \\ u_\beta \end{bmatrix} = \sqrt{\frac{2}{3}} \begin{bmatrix} 1 & -1/2 & -1/2 \\ 0 & \sqrt{3}/2 & -\sqrt{3}/2 \end{bmatrix} \begin{bmatrix} u_a \\ u_b \\ u_c \end{bmatrix} = \frac{\sqrt{6}}{2} \begin{bmatrix} U_{\mathrm{m}}\cos\varphi \\ U_{\mathrm{m}}\sin\varphi \end{bmatrix} \tag{2.36}$$

基于恒功率的 Park 变换，有

$$\begin{bmatrix} u_d \\ u_q \end{bmatrix} = \sqrt{\frac{2}{3}} \begin{bmatrix} \cos\theta & \cos(\theta - 2\pi/3) & \cos(\theta + 2\pi/3) \\ -\sin\theta & -\sin(\theta - 2\pi/3) & -\sin(\theta + 2\pi/3) \end{bmatrix} \begin{bmatrix} u_a \\ u_b \\ u_c \end{bmatrix} = \frac{\sqrt{6}}{2} \begin{bmatrix} U_{\mathrm{m}}\cos(\varphi - \theta) \\ U_{\mathrm{m}}\sin(\varphi - \theta) \end{bmatrix}$$

$$\tag{2.37}$$

锁相环的误差 $\Delta\varphi$ 足够小时，有

$$\Delta\varphi = \varphi - \theta \approx \sin(\varphi - \theta) = \sin\varphi\cos\theta - \sin\theta\cos\varphi = K_\mathrm{U}u_\beta\cos\theta - K_\mathrm{U}u_\alpha\sin\theta \quad (2.38)$$

式中，$K_\mathrm{U} = 2/(\sqrt{6}U_\mathrm{m})$，有

$$u_q = u_\beta\cos\theta - u_\alpha\sin\theta = \sin(\Delta\varphi)/K_\mathrm{U} \approx \Delta\varphi/K_\mathrm{U} \quad (2.39)$$

也即

$$\Delta\varphi = K_\mathrm{U}u_q \quad (2.40)$$

可以发现，在所选定的坐标变换下，锁相的误差由 q 轴电压决定。控制 $u_q = 0$，即可保证 SRF-PLL 输出相位和电网电压相位一致，同时 $u_d = \sqrt{6}U_\mathrm{m}/2 = \sqrt{3}U$ 为线电压有效值。

对于图 2.3 所示 SRF-PLL 的框图模型，当电网角频率 ω 为额定角频率 ω_0 时，q 轴电压有

$$u_q = \frac{\sqrt{6}}{2}U_\mathrm{m}\sin\Delta\varphi \approx \frac{\sqrt{6}}{2}U_\mathrm{m}\Delta\varphi \quad (2.41)$$

$$\Delta\varphi = \varphi - \theta = \int\omega_0\mathrm{d}t - \int(\omega_0 + \Delta\omega)\mathrm{d}t \Rightarrow \Delta\dot\varphi = -\Delta\omega \quad (2.42)$$

PLL 的角频率偏差 $\Delta\omega$ 满足

$$\Delta\omega = K_\mathrm{p}u_q + K_\mathrm{i}\int u_q\mathrm{d}t \quad (2.43)$$

对式 (2.43) 两边取微分，有

$$\Delta\dot\omega = K_\mathrm{p}\dot u_q + K_\mathrm{i}u_q \quad (2.44)$$

由式 (2.37) 可知

$$\begin{cases} \dot u_d = -u_q\Delta\dot\varphi \\ \dot u_q = u_d\Delta\dot\varphi \end{cases} \quad (2.45)$$

进而，由式 (2.44) 可知

$$\Delta\dot\omega = K_\mathrm{p}u_d\Delta\dot\varphi + K_\mathrm{i}u_q = -K_\mathrm{p}u_d\Delta\omega + K_\mathrm{i}u_q \quad (2.46)$$

因此，可以得到锁相环的非线性动力学模型

$$\begin{cases} \Delta\dot\varphi = -\Delta\omega \\ \Delta\dot\omega = -K_{\mathrm{p}}u_d\Delta\omega + K_{\mathrm{i}}u_q \end{cases} \tag{2.47}$$

并且，有

$$\begin{cases} u_d = \cos(\Delta\varphi)/K_{\mathrm{U}} \\ u_q = \sin(\Delta\varphi)/K_{\mathrm{U}} \end{cases} \tag{2.48}$$

该模型与同步发电机的模型一致，即

$$\begin{cases} \Delta\dot\varphi = \Delta\omega \\ \Delta\dot\omega = \dfrac{1}{H}(P_{\mathrm{m}} - P_{\mathrm{e}} - D\Delta\omega) \end{cases} \tag{2.49}$$

式中，P_{m} 为机械功率；P_{e} 为电磁功率；H 和 D 分别为同步发电机的惯性时间常数和阻尼系数。忽略阻尼项 $D\Delta\omega$，同步发电机的动能可定义为[5]

$$E_{\mathrm{k}} = \int_0^{\Delta\varphi} \frac{1}{2}H(\Delta\omega)^2 \mathrm{d}\Delta\varphi \tag{2.50}$$

类似地，同步发电机的势能可定义为

$$E_{\mathrm{p}} = \int_0^{\Delta\varphi} (P_{\mathrm{e}} \quad P_{\mathrm{m}})\mathrm{d}\Delta\varphi \tag{2.51}$$

对比式 (2.47) 和式 (2.49)，锁相环的惯性时间常数 $H = 1$，机械功率 $P_{\mathrm{m}} = 0$，阻尼系数 $D = K_{\mathrm{p}}u_d$。式 (2.49) 的平衡点为 $(\Delta\varphi, \Delta\omega) = (0, 0)$，其能量函数可选为

$$V(\Delta\varphi, \Delta\omega) = E_{\mathrm{k}} + E_{\mathrm{p}} \tag{2.52}$$

式中，动能和势能分别为

$$\begin{cases} E_{\mathrm{k}} = 0.5(\Delta\omega)^2 \\ E_{\mathrm{p}} = \displaystyle\int_0^{\Delta\varphi} K_{\mathrm{i}}u_q \mathrm{d}\Delta\varphi = \dfrac{K_{\mathrm{i}}}{K_{\mathrm{U}}}(1 - \cos\Delta\varphi) \end{cases} \tag{2.53}$$

能量函数满足 $V(\Delta\varphi, \Delta\omega) \geqslant 0$，且其海森矩阵为

$$\frac{\partial^2 V}{\partial x^2} = \begin{bmatrix} \dfrac{\partial^2 V(\Delta\varphi, \Delta\omega)}{\partial(\Delta\varphi)^2} & \dfrac{\partial^2 V(\Delta\varphi, \Delta\omega)}{\partial\Delta\varphi\partial\Delta\omega} \\ \dfrac{\partial^2 V(\Delta\varphi, \Delta\omega)}{\partial\Delta\omega\partial\Delta\varphi} & \dfrac{\partial^2 V(\Delta\varphi, \Delta\omega)}{\partial(\Delta\omega)^2} \end{bmatrix} = \begin{bmatrix} K_{\mathrm{i}}\cos\Delta\varphi/K_{\mathrm{U}} & 0 \\ 0 & 1 \end{bmatrix} \tag{2.54}$$

当$-\pi/2 < \Delta\varphi < \pi/2$时,海森矩阵为正定矩阵。式(2.52)所示的能量函数,在区域$S = \{(\Delta\varphi, \Delta\omega)|-\pi/2 < \Delta\varphi < \pi/2, \Delta\omega \in \mathbf{R}\}$内,可用作锁相环的李雅普诺夫函数,其对时间的微分为

$$\dot{V}(\Delta\varphi, \Delta\omega) = \Delta\omega\Delta\dot{\omega} + \frac{K_i}{K_U}\Delta\dot{\varphi}\sin\Delta\varphi = -K_p\frac{\cos\Delta\varphi}{K_U}(\Delta\omega)^2 \leqslant 0 \qquad (2.55)$$

由于$\dot{V}(\Delta\varphi, \Delta\omega) \leqslant 0$,SRF-PLL在$(\Delta\varphi, \Delta\omega) = (0, 0)$大范围稳定,其能量函数如图2.7(a)所示。当初始值为$(\Delta\varphi, \Delta f) = (\pi/2, 1\text{Hz})$时,SRF-PLL的运动轨迹如图2.7(b)所示。

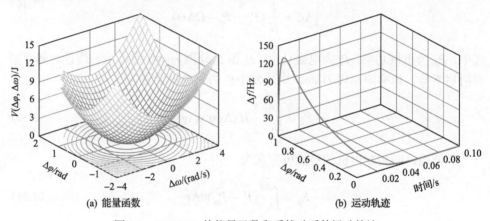

(a) 能量函数　　　　　　　　　　　(b) 运动轨迹

图2.7　SRF-PLL的能量函数和受扰动后的运动轨迹

2.2.3　基于隐式 PI 的锁相环

基于锁相环的非线性动力学模型及其衍生,图2.8给出了一种隐式 PI 锁相环的结构[6]。

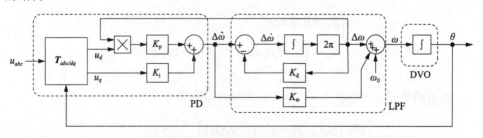

图2.8　隐式 PI 锁相环的结构

根据图2.8,其鉴相器为

$$\Delta\hat{\omega} = K_p u_d \Delta\omega + K_i u_q \qquad (2.56)$$

式中，$\Delta\hat{\omega}$ 和 $\Delta\omega$ 分别为估计的角频率偏差和真实的角频率偏差。环路滤波器为

$$G_{\text{LPF}}(s) = \frac{\Delta\omega}{\Delta\hat{\omega}} = \frac{2\pi}{s + 2\pi K_d} \tag{2.57}$$

而压控振荡器为

$$\theta = \int \omega \mathrm{d}t \tag{2.58}$$

由图 2.8 可知

$$\Delta\varphi = \varphi - \theta = \int \omega_0 \mathrm{d}t - \int (\omega_0 + \Delta\omega + K_\omega \Delta\hat{\omega}) \mathrm{d}t \tag{2.59}$$

式中，K_ω 为常数，可以进一步得到隐式 PI 锁相环的数学模型

$$\begin{cases} \Delta\dot{\varphi} = -\Delta\omega - K_\omega(K_p u_d \Delta\omega + K_i u_q) \\ \Delta\dot{\omega} = \Delta\hat{\omega} - K_d \Delta\omega = K_p u_d \Delta\omega + K_i u_q - K_d \Delta\omega \end{cases} \tag{2.60}$$

式中，K_d 为角频率负反馈系数。

综上，由式 (2.47) 和式 (2.60) 可知，隐式 PI 锁相环与 SRF-PLL 之间的非线性数学模型具有统一性。不同之处在于，图 2.8 所示结构暗含一个隐式的 PI 控制回路，且引入了一个角频率偏差的阻尼项 $K_d \Delta\omega$ 和顺馈项 $K_\omega \Delta\hat{\omega}$。锁相环可能存在多种不同结构形式，但是它们的数学模型都可以归结为一类二阶非线性动力学模型。

2.2.4　非理想电网条件的影响机理

锁相环需要应对电网的复杂环境，这里进一步分析不对称、直流偏置和低次谐波对锁相环的影响机理，考虑非理想电网电压

$$\begin{cases} u_a = U_m \cos\varphi + u_{na} + u_{ha} + u_{za} \\ u_b = U_m \cos(\varphi - 2\pi/3) + u_{nb} + u_{hb} + u_{zb} \\ u_c = U_m \cos(\varphi + 2\pi/3) + u_{nc} + u_{hc} + u_{zc} \end{cases} \tag{2.61}$$

式中，基波负序分量 u_{nabc}[①] 为

$$\begin{cases} u_{na} = U_n \cos(\varphi + \alpha_n) \\ u_{nb} = U_n \cos(\varphi + \alpha_n + 2\pi/3) \\ u_{nc} = U_n \cos(\varphi + \alpha_n - 2\pi/3) \end{cases} \tag{2.62}$$

其幅值和相位分别为 U_n 和 α_n。经 Park 变换，u_{nabc} 在正序旋转坐标系下的投影分

---

① 下角 $nabc$ 表示 na、nb、nc，u_{nabc} 为 u_{na}、u_{nb}、u_{nc} 的简写，书中其余表达类似。

别为

$$\begin{cases} u_{nd} = \dfrac{\sqrt{6}}{2}U_n\cos(2\varphi+\alpha_n) \\ u_{nq} = -\dfrac{\sqrt{6}}{2}U_n\sin(2\varphi+\alpha_n) \\ u_{n0} = 0 \end{cases} \tag{2.63}$$

在正序旋转坐标系下，负序基波分量以二倍频分量存在。

对于式(2.61)中的低次谐波分量 u_{habc}，这里主要考虑由不控整流负荷引起的电压畸变，有

$$\begin{cases} u_{ha} = \displaystyle\sum_{k=5}^{\infty}U_k\cos[k\varphi+\alpha_k] \\ u_{hb} = \displaystyle\sum_{k=5}^{\infty}U_k\cos[k(\varphi-2\pi/3)+\alpha_k] \\ u_{hc} = \displaystyle\sum_{k=5}^{\infty}U_k\cos[k(\varphi+2\pi/3)+\alpha_k] \end{cases} \tag{2.64}$$

式中，U_k 和 α_k 分别为谐波的幅值和相位；$k=6\nu\pm1$，ν 为正整数。特殊地，当 $\nu=1$ 时，式(2.64)分别对应5、7次谐波，经 Park 变换，有

$$\begin{cases} u_{d5} = \dfrac{\sqrt{6}}{2}U_5\cos(6\varphi+\alpha_5) \\ u_{q5} = -\dfrac{\sqrt{6}}{2}U_5\sin(6\varphi+\alpha_5) \\ u_{05} = 0 \end{cases}, \quad \begin{cases} u_{d7} = \dfrac{\sqrt{6}}{2}U_7\cos(6\varphi+\alpha_7) \\ u_{q7} = \dfrac{\sqrt{6}}{2}U_7\sin(6\varphi+\alpha_7) \\ u_{07} = 0 \end{cases} \tag{2.65}$$

式(2.61)中的零序分量 u_z，有

$$u_z = \sum_{k=3}U_k\cos(k\varphi+\alpha_k) \tag{2.66}$$

式中，U_k 和 α_k 分别为对应分量的幅值和相位；$k=3x$，$x\in\mathbf{N}$ 为自然数。特殊地，当 $x=0$ 时，式(2.66)对应直流分量，其在旋转坐标系下的变换结果为

$$\begin{cases} u_{d0} = 0 \\ u_{q0} = 0 \\ u_{00} = \sqrt{2}U_0\cos\alpha_0 \end{cases} \tag{2.67}$$

进而，式(2.61)中的电网电压在旋转坐标系下的表达式为

$$\begin{cases} u_d = \bar{u}_d + \dfrac{\sqrt{6}}{2} U_n \cos(2\varphi + \alpha_n) + \dfrac{\sqrt{6}}{2} \displaystyle\sum_{k=5}^{\infty} U_k \cos(6v\varphi + \alpha_k) \\[3mm] u_q = \bar{u}_q - \dfrac{\sqrt{6}}{2} U_n \sin(2\varphi + \alpha_n) - (-1)^i \dfrac{\sqrt{6}}{2} \displaystyle\sum_{k=5}^{\infty} U_k \sin(6v\varphi + \alpha_k) \\[3mm] u_0 = \sqrt{2} U_z \cos(z\varphi + \alpha_z) \end{cases} \quad (2.68)$$

式中，$\bar{u}_{dq}$ 为正序基波分量的变换结果；$i = k\%3$，表示谐波次数对 3 取余数。

出于一般性考虑，分析式(2.60)所示隐式 PI 锁相环的情况，对于式(2.47)所示的 SRF-PLL，只需令 $K_d = K_\omega = 0$ 即可，此时，式(2.60)可以进一步写为

$$\begin{cases} \Delta\dot{\varphi} = -\Delta\omega - K_\omega[K_p(\bar{u}_d + \tilde{u}_d)\Delta\omega + K_i(\bar{u}_q + \tilde{u}_q)] \\[2mm] \Delta\dot{\omega} = K_p(\bar{u}_d + \tilde{u}_d)\Delta\omega + K_i(\bar{u}_q + \tilde{u}_q) - K_d\Delta\omega \end{cases} \quad (2.69)$$

式中

$$\begin{cases} \Delta\varphi = \Delta\bar{\varphi} + \Delta\tilde{\varphi} \\[2mm] \Delta\omega = \Delta\bar{\omega} + \Delta\tilde{\omega} \end{cases} \quad (2.70)$$

符号"–"和"~"分别表示平稳项和扰动项，且有

$$\begin{cases} \tilde{u}_d = U_n \cos(2\varphi + \alpha_n) + \displaystyle\sum_{k=5}^{\infty} U_k \cos(6v\varphi + \alpha_k) \\[3mm] \tilde{u}_q = -U_n \sin(2\varphi + \alpha_n) - (-1)^i \displaystyle\sum_{k=5}^{\infty} U_k \sin(6v\varphi + \alpha_k) \end{cases} \quad (2.71)$$

对于理想电网条件，不考虑谐波、不对称和零序分量，锁相环的数学模型可进一步写为

$$\begin{cases} \Delta\dot{\bar{\varphi}} = -\Delta\bar{\omega} - K_\omega(K_p\bar{u}_d\Delta\bar{\omega} + K_i\bar{u}_q) \\[2mm] \Delta\dot{\bar{\omega}} = K_p\bar{u}_d\Delta\bar{\omega} + K_i\bar{u}_q - K_d\Delta\bar{\omega} \end{cases} \quad (2.72)$$

由式(2.60)和式(2.72)可知，非理想电网电压条件引起的扰动项可以表示为

$$\begin{cases} \Delta\dot{\tilde{\varphi}} = -\Delta\tilde{\omega} - K_\omega(K_p\bar{u}_d\Delta\tilde{\omega} + K_p\tilde{u}_d\Delta\bar{\omega} + K_p\tilde{u}_d\Delta\tilde{\omega} + K_i\tilde{u}_q) \\[2mm] \Delta\dot{\tilde{\omega}} = K_p\bar{u}_d\Delta\tilde{\omega} + K_p\tilde{u}_d\Delta\bar{\omega} + K_p\tilde{u}_d\Delta\tilde{\omega} + K_i\tilde{u}_q - K_d\Delta\tilde{\omega} \end{cases} \quad (2.73)$$

对于稳态分量，存在近似条件

$$\begin{cases} \Delta\bar{\varphi} \approx 0 \\ \Delta\bar{\omega} \approx 0 \\ \bar{u}_d \approx \sqrt{3}U \\ \bar{u}_q \approx 0 \end{cases} \tag{2.74}$$

因此，考虑到式(2.73)所示的波动量较小，忽略其中的二阶项，式(2.73)可近似化简为

$$\begin{cases} \Delta\dot{\tilde{\varphi}} = -\Delta\tilde{\omega} - K_\omega(K_p\bar{u}_d\Delta\tilde{\omega} + K_i\tilde{u}_q) \\ \Delta\dot{\tilde{\omega}} = K_p\bar{u}_d\Delta\tilde{\omega} + K_i\tilde{u}_q - K_d\Delta\tilde{\omega} \end{cases} \tag{2.75}$$

两边取拉普拉斯变换，有

$$\begin{cases} \Delta\tilde{\Phi}(s) = -\dfrac{(1 + K_\omega K_p\bar{u}_d)K_i}{s(s - K_p\bar{u}_d + K_d)}\tilde{u}_q - \dfrac{K_\omega K_i}{s}\tilde{u}_q \\ \Delta\tilde{\Omega}(s) = \dfrac{K_i}{s - K_p\bar{u}_d + K_d}\tilde{u}_q \end{cases} \tag{2.76}$$

可见，角频率和相位的波动量与 q 轴电压分量的波动量有关，其拉普拉斯变换为

$$\tilde{U}_q = -U_n\frac{(\sin\alpha_n)s + 2\omega_0\cos\alpha_n}{s^2 + 4\omega_0^2} - (-1)^i\sum_{k=5}^{\infty}U_k\frac{(\sin\alpha_k)s + 6\nu\omega_0\cos\alpha_k}{s^2 + (6\nu\omega_0)^2} \tag{2.77}$$

通过拉普拉斯反变换，角频率和相位偏差的波动量可以精确求解。以电网电压含有 50%的 5 次谐波为例，分析低次谐波对锁相环的影响，$u_{q5} = -0.5U_m\sin(6\omega_0 t)$，这样可以计算得到相位和角频率偏差的波动量为

$$\begin{cases} \Delta\tilde{\varphi} \approx 2.84\sin(6\omega_0 t) \\ \Delta\tilde{\omega} \approx -2\pi \times 8.25\sin(6\omega_0 t) \end{cases} \tag{2.78}$$

图 2.9 给出了解析计算结果和 Psim 仿真结果的对比，可以发现，相对仿真结果，解析计算结果的角频率偏差幅值更小，但相位偏差幅值更大，此外，解析解无法体现扰动发生时刻的动态过程。这主要是由于解析计算结果忽略了波动量的耦合项且假定平稳项为常数。但是，解析解包含了波动分量的关键信息，验证了上述分析模型的可行性和有效性。

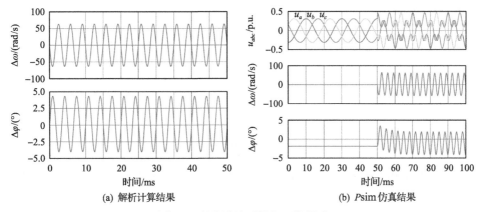

(a) 解析计算结果　　　　　　　(b) Psim 仿真结果

图 2.9　低次谐波对锁相环的影响

　　由于上述锁相环的结构和模型中摒弃了零序和直流分量的干扰，电网电压的零序和直流分量对该类锁相环模型的影响可以忽略不计。但是对于其他一些基于 $\alpha\beta0$ 坐标系的锁相环结构，零序和直流分量会出现在锁相环的环路滤波器和压控振荡器中，因此，这类锁相环还需要进一步关注上述分量的干扰。

2.2.5　锁相环的物理本质

　　风电、光伏等可再生能源通过并网逆变器接入电网，其渗透率与日俱增，逐渐替代传统同步发电机在电网中的地位。并网逆变器以电力电子器件为基础，具有非常快的暂态过程，与同步发电机的机电暂态过程存在较大差异，其电气模型也与同步发电机差别较大，使并网逆变器缺乏同步发电机那样的惯性和阻尼，且对电网电压和频率稳定的支撑能力较差。

　　为了修复并网逆变器的惯性和阻尼缺失问题，一方面，已有部分文献提出虚拟同步发电机的概念[7,8]。利用并网逆变器的快速电磁暂态过程，模拟同步发电机的机电暂态过程。然而，这是一个不同于传统并网逆变器的全新概念，在并网逆变器和虚拟同步发电机之间缺乏衔接。另一方面，研究人员也可以从并网逆变器的锁相环模型出发，寻求惯性缺失的机理和惯性修复的方法。这就要求深入探讨锁相环的物理本质。

　　锁相环的功能在于保持与电网电压的同步，而传统同步发电机具有类似的同步功能，因此出现了利用虚拟同步发电机来实现并网逆变器锁相的方法。从式 (2.47) 可以发现，锁相环的结构具有和同步发电机二阶模型相一致的数学模型：

$$\begin{cases} \Delta\dot{\varphi} = -\Delta\omega \\ \Delta\dot{\omega} = p_{\mathrm{m}} - p_{\mathrm{e}} - D\Delta\omega \end{cases} \tag{2.79}$$

式中，D 为阻尼系数；p_{m} 为机械功率；p_{e} 为电磁功率，可表示为

$$p_e = u_d i_d + u_q i_q \tag{2.80}$$

对比两者数学模型之间的关系，即式(2.47)和式(2.79)，有

$$\begin{cases} i_d = 0 \\ i_q = -K_i \\ p_m = 0 \\ D = K_p u_d \end{cases} \tag{2.81}$$

基于隐式 PI 的锁相环结构通过构造一组虚拟的电流量 i_{dq}，形成一个虚拟的空载同步发电机，实现与电网电压的同步。结合图 2.10 可以发现，锁相环利用一组与电网电压 u_{dq} 保持同步的虚拟电流去刻画其电气特征，而 d 轴电流与角频率偏差有关，只有当角频率偏差为零时，电流的有功才会为零。也即，锁相环是利用一个空载的虚拟同步发电机连接到电网上，保持与电网同步。式(2.52)～式(2.55)还借鉴同步发电机的能量函数证明了锁相环的稳定性，因此可以借助于锁相环和同步发电机模型的一致性，分析锁相环的行为机制，探索锁相环的结构改造，以降低可再生能源并网逆变器对电网的影响。

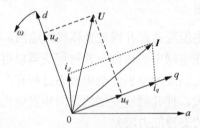

图 2.10 锁相环与同步发电机的相量关系

基于以上分析，以图 2.11(a) 所示的虚拟同步发电机控制策略为例，S_n 为额定容量，J 和 D 分别为虚拟惯性和阻尼系数，E_0 和 U_l 分别为额定电压和输出电压。对比图 2.11(b) 所示的以虚拟功率 p 为输入的锁相环，可以发现，锁相环与虚拟同步发电机的控制环路具有一致性，其差异体现在锁相环利用 PI 环节代替了同步发电机的一阶惯性环节。通过对锁相环 PI 环节的修改，锁相环模型即可方便地释放并网逆变器的惯性和阻尼，达到与虚拟同步发电机控制类似的效果。

为了验证锁相环模型的正确性和有效性，该实验在 TMS320F28335 浮点 DSP 芯片上编程实现，其中系统时钟频率为 150MHz，采样频率为 10kHz。该实验利用可编程交流电源 Chroma 61845 模拟电网电压的相位、频率和幅值扰动及电网电压不对称和低次谐波扰动，经霍尔传感器 LV25P 和调理电路进入 DSP 的 AD 通道，实验平台如图 2.12 所示。同时，采用 SRF-PLL 和隐式 PI 锁相环作为对比，模型

参数如表 2.1 所示，电压的基准值取为 $U_{\text{base}} = 1\text{kV}$。

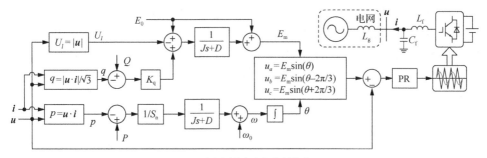

(a) 虚拟同步发电机控制策略

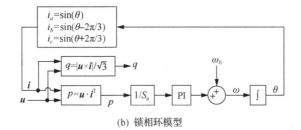

(b) 锁相环模型

图 2.11　锁相环和虚拟同步发电机控制比较

图 2.12　锁相环性能验证的实验平台

表 2.1　PLL 的关键控制参数

控制参数	数值
公共参数	采样频率 10kHz，$U_{\text{m}} = 0.311$ p.u.
电网电压	频率 50Hz，相电压幅值 311V
SRF-PLL	$K_{\text{p}} = 630$，$K_{\text{i}} = 2000$
隐式 PI 锁相环	$K_{\text{p}} = 200$，$K_{\text{i}} = 2000$，$K_{\text{d}} = 80$，$K_{\omega} = 0.3$

图 2.13 给出了 SRF-PLL 和隐式 PI 锁相环在频率阶跃扰动后的响应情况。在 0.02s 时，电网电压频率从 50Hz 阶跃到 53Hz，并在 0.12s 时恢复到 50Hz。从图 2.13 可以看出，SRF-PLL 和隐式 PI 锁相环的响应速度相差不大，但是 SRF-PLL 几乎没有超调。隐式 PI 锁相环能有效消除相位的静态误差，具有更小的动态相位误差。详细的定量对比结果见表 2.2，t_s 为调节时间，$\Delta\varphi_{max}$ 为相角偏差最大量，Δf_{max} 为频率偏差最大量。

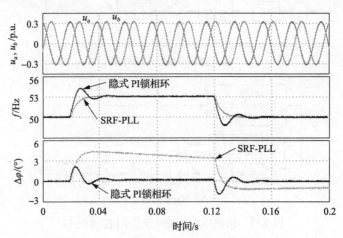

图 2.13　电网电压频率阶跃时的实验结果

表 2.2　锁相环的性能比较

扰动	性能	SRF-PLL	隐式 PI 锁相环
	t_s/ms	20.00	21.27
频率阶跃	$\Delta\varphi_{max}$/(°)	4.42	2.18
	Δf_{max}/Hz	3.19	4.29
	t_s/ms	14.54	22.86
相位跳变	$\Delta\varphi_{max}$/(°)	41.81	42.00
	Δf_{max}/Hz	22.86	29.36
电压不平衡	$\Delta\varphi_{max}$/(°)	2.28	2.95
	Δf_{max}/Hz	2.96	4.78
低次谐波畸变	$\Delta\varphi_{max}$/(°)	5.12	6.85
	Δf_{max}/Hz	14.93	14.82

图 2.14 给出了两种锁相环在电网电压相位跳变时的响应结果。可以发现，SRF-PLL 和隐式 PI 锁相环具有相似的结构，频率超调均较大。SRF-PLL 的响应速度较慢，保证了没有负的相位超调。隐式 PI 锁相环具有较快的响应速度将相位

偏差调节到 0，相位负超调较大。详细的定量分析结果见表 2.2。

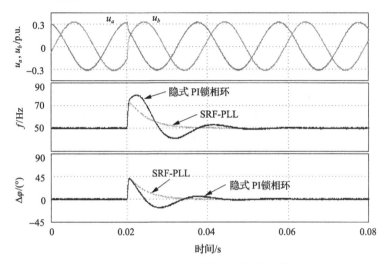

图 2.14　电网电压相位跳变时的实验结果

图 2.15 给出了锁相环对电网电压不平衡的应对能力，可以看到，由于没有引入滤波环节，SRF-PLL 和隐式 PI 锁相环应对电压不平衡扰动的能力较差。

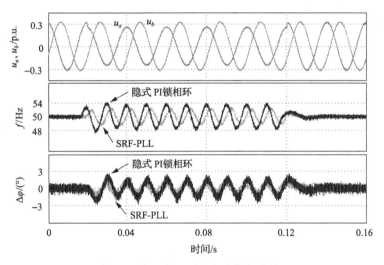

图 2.15　电网电压不平衡时的实验结果

图 2.16 给出了两种锁相环对电网电压低次谐波畸变的响应情况，加入 50%的 5 次谐波，可以看到，SRF-PLL 和隐式 PI 锁相环没有滤波机制，所估计的电网频率和相位受到低次谐波的影响，频率和相位波动的基本规律与式 (2.78) 所示的解析解及图 2.9 所示的仿真结果基本一致。

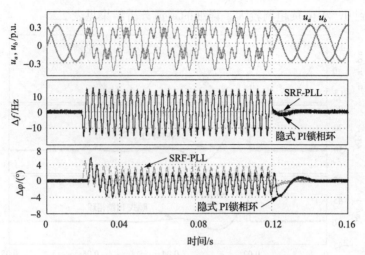

图 2.16　电网电压低次谐波畸变时的实验结果

2.3　谐波和无功电流的检测方法

要治理电网的电能质量问题,谐波和无功电流检测十分关键,需要深入剖析各种检测方法的基本原理、实现方法、性能差异等[9]。本节在介绍各种检测方法原理的基础上,结合 TMS320F2812 定点 DSP,验证各方法的稳态和动态性能,对比评估各方法的 DSP 时间和内存消耗。

2.3.1　基于频域的检测方法

傅里叶变换是频域检测方法的理论基础。傅里叶变换表明:连续域的电流 $i_L(t)$ 可以分解为直流、基波和各次谐波分量之和,即

$$i_L(t) = a_0 + \sum_{n=1}^{\infty}[a_n \cos(n\omega t) + b_n \sin(n\omega t)] \tag{2.82}$$

式中,$a_0 = \dfrac{1}{T}\int_0^T i_L(t)\mathrm{d}t$ 为直流分量;$a_n = \dfrac{2}{T}\int_0^T i_L(t)\cos(n\omega t)\mathrm{d}t$ 和 $b_n = \dfrac{2}{T}\int_0^T i_L(t)\sin(n\omega t)\mathrm{d}t$ 分别为 n 次谐波分量的傅里叶系数[10]。各分量的幅值 A_n 和相位 φ_n 分别为

$$\begin{cases} A_n = \sqrt{a_n^2 + b_n^2} \\ \varphi_n = \tan(a_n/b_n) \end{cases} \tag{2.83}$$

为了便于 DSP 实现，连续域的傅里叶级数需要转换为离散域的形式。该转换方法是利用离散的采样时间序列 $i_L(k)$ (或记为 i_{Lk}) 代替 $i_L(t)$，采用离散的相角 $2\pi nk/N$ 代替 $n\omega t$，$k = 0, \cdots, N-1$，N 为一个工频周期 T 内的采样点数，傅里叶系数的离散域形式可以表示为[11]

$$\begin{cases} a_n = \dfrac{2}{T} \sum_{k=0}^{N-1} i_{Lk} \cos(2\pi nk/N) \dfrac{T}{N} = \dfrac{2}{N} \sum_{k=0}^{N-1} i_{Lk} \cos(2\pi nk/N) \\ b_n = \dfrac{2}{T} \sum_{k=0}^{N-1} i_{Lk} \sin(2\pi nk/N) \dfrac{T}{N} = \dfrac{2}{N} \sum_{k=0}^{N-1} i_{Lk} \sin(2\pi nk/N) \end{cases} \quad (2.84)$$

基于离散傅里叶变换，从电流 i_L 中检测出基波电流分量 i_b 的幅值和相位，$i_h = i_L - i_b$ 即谐波电流分量。以常见的三相不控整流负荷为例，图 2.17 (a) 给出了离散傅里叶变换方法的实验波形，其中电流的基准值为 100A。结果表明：频域检测方法具有较好的稳态和动态性能，动态响应时间大致为一个工频周期。然而，该方法假定电网频率恒定为额定值，由于该检测方法无法感知电网频率信息，当电网频率偏离额定值时，会产生较大的误差。

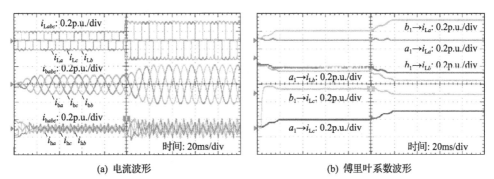

(a) 电流波形   (b) 傅里叶系数波形

图 2.17 基于离散傅里叶变换的实验结果

2.3.2 基于瞬时功率理论的检测方法

1. 瞬时无功功率理论方法

在理想电网条件下，负荷的瞬时功率可以表示为

$$\begin{bmatrix} p \\ q \end{bmatrix} = \begin{bmatrix} \bar{p} + \tilde{p} \\ \bar{q} + \tilde{q} \end{bmatrix} = \begin{bmatrix} u_\alpha & u_\beta \\ u_\beta & -u_\alpha \end{bmatrix} \begin{bmatrix} i_\alpha \\ i_\beta \end{bmatrix} = \boldsymbol{C}_{pq} \begin{bmatrix} i_\alpha \\ i_\beta \end{bmatrix} \quad (2.85)$$

式中，u_α、u_β 和 i_α、i_β 分别为 $\alpha\beta0$ 坐标系下的电压和电流；$\boldsymbol{C}_{pq}$ 为瞬时有功、无功功率的变换矩阵。对于纯正弦电流，其瞬时有功功率 p 为常数，瞬时无功功率 q

为 0。当电流中含有谐波和无功分量时，除直流分量 $\bar{p}$ 和 $\bar{q}$ 外，p 和 q 中还包含 50Hz 及其整数倍的交流分量 $\tilde{p}$ 和 $\tilde{q}$，$\bar{q}$ 也不再为 0。

本节采用 LPF 滤除 p 和 q 的交流分量 $\tilde{p}$ 和 $\tilde{q}$，得到直流分量 $\bar{p}$ 和 $\bar{q}$，再经过反变换，得到基波电流 $i_{\alpha\beta f}$，即

$$\begin{bmatrix} i_{\alpha f} \\ i_{\beta f} \end{bmatrix} = \boldsymbol{C}_{pq}^{-1} \begin{bmatrix} \bar{p} \\ \bar{q} \end{bmatrix} = \begin{bmatrix} u_\alpha & u_\beta \\ u_\beta & -u_\alpha \end{bmatrix}^{-1} \begin{bmatrix} \bar{p} \\ \bar{q} \end{bmatrix} = \begin{bmatrix} \dfrac{u_\alpha \bar{p} + u_\beta \bar{q}}{u_\alpha^2 + u_\beta^2} \\ \dfrac{u_\beta \bar{p} - u_\alpha \bar{q}}{u_\alpha^2 + u_\beta^2} \end{bmatrix} \tag{2.86}$$

图 2.18 给出基于瞬时无功功率理论的检测方法框图[12,13]，图 2.19 进一步给出了实验结果，其中，功率的基准值为 100kW。除具有较好的动静态性能之外，该方法能较好地区分电流中基波有功、无功分量及谐波分量，在有源滤波器等装置中得到了广泛的应用。

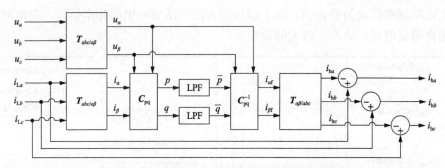

图 2.18　基于瞬时无功功率理论的检测方法框图

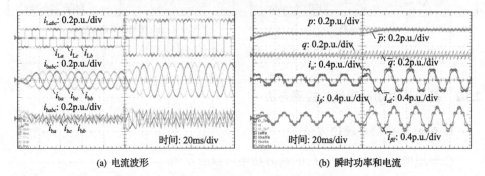

(a) 电流波形　　　　　　　　(b) 瞬时功率和电流

图 2.19　基于瞬时无功功率理论的实验结果

2. i_d-i_q 方法

不同于瞬时无功功率理论，i_d-i_q 方法将电流变换到 $dq0$ 坐标系进行处理，检测方法的原理如图 2.20 所示[14]。在同步旋转坐标系下，基波电流为直流量 $\bar{i}_{dq}$，

谐波电流为 50Hz 及其整数倍的交流量，可以利用 LPF 将两者分离开。为了得到 d、q 轴电流分量，该方法使用 PLL 获得电网电压的参考相位 θ，并在 $\boldsymbol{T}_{abc/\alpha\beta}$ 变换的基础上，采用了旋转变换 $\boldsymbol{T}_{\alpha\beta/dq}$，即

$$\boldsymbol{T}_{\alpha\beta/dq} = \begin{bmatrix} \cos\theta & \sin\theta \\ -\sin\theta & \cos\theta \end{bmatrix} \tag{2.87}$$

其逆变换为 $\boldsymbol{T}_{\alpha\beta/dq}^{-1} = \boldsymbol{T}_{\alpha\beta/dq}^{\mathrm{T}}$。

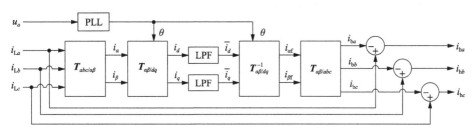

图 2.20　基于 i_d-i_q 方法的检测框图

图 2.21 给出了基于 i_d-i_q 方法的实验结果，由于不控整流负荷没有基波无功电流，且这里的 PLL 使得 $u_d = 0$，$\bar{q} = u_q \bar{i}_q - u_d \bar{i}_q$，故 $\bar{i}_d = 0$，谐波电流使得 d、q 轴电流均存在 6 倍频脉动。LPF 可以滤除代表谐波的脉动分量，得到负荷基波电流 d、q 轴分量。i_d-i_q 方法具有较好的动稳态性能，响应时间约为一个工频周期。

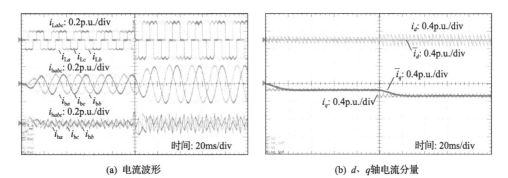

图 2.21　基于 i_d-i_q 方法的实验结果

3. i_p-i_q 方法

将三相系统当作三个独立的单相系统处理，i_p-i_q 方法的框图如图 2.22 所示[12]。以 a 相负荷电流 i_{La} 为例，i_{La} 乘以给定的正余弦信号 $U_{\sin}$ 和 $U_{\cos}$，得到虚拟有功和无功电流分量 i_p 和 i_q。由于给定的参考相位 θ 可能和电网电压相位不一致，i_p 和

i_q 并不是真实的有功和无功电流。然而，类似于傅里叶变换，i_p 和 i_q 在一个周期内的平均值 I_p 和 I_q 包含了 i_{La} 的幅值 I_a 和相位 φ_a，即

$$\begin{cases} I_a = 2\sqrt{I_p^2 + I_q^2} \\ \varphi_a = -\tan(I_q/I_p) \end{cases} \tag{2.88}$$

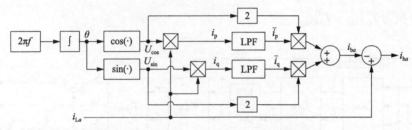

图 2.22　基于 $i_p\text{-}i_q$ 方法的检测方法框图

通过反变换可得负荷电流基波分量 i_{ba}，谐波电流 $i_{ha} = i_{La} - i_{ba}$。该方法利用 LPF 得到基波分量的幅值和相位，类似于离散傅里叶变换的加权累加过程。但是，该方法不同于离散傅里叶变换之处在于，将负荷电流分解为虚拟的有功和无功分量，赋予了其合理的物理意义。

针对启动和负荷阶跃工况，图 2.23 给出了 $i_p\text{-}i_q$ 方法的实验结果，其中电压的基准值为 1kV。谐波电流的有功和无功分量仍然具有 6 倍频的脉动特性，通过 LPF 可以将其滤除，动态响应时间约为一个工频周期。

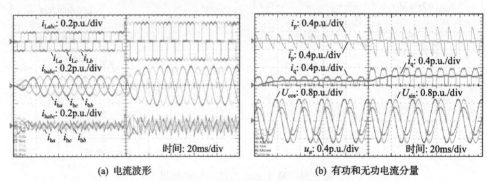

(a) 电流波形　　　　　　　　　　　(b) 有功和无功电流分量

图 2.23　基于 $i_p\text{-}i_q$ 方法的实验结果

4. 投影方法

投影方法的原理如图 2.24 所示[15]，基波电流相量 $\bar{I} = e^{j\omega t}(\bar{i}_d + j\bar{i}_q)$ 沿基波电压相量 $\bar{U} = e^{j\omega t}(\bar{u}_d + j\bar{u}_q)$ 的投影，为基波电流的有功分量 I_{1p}，$\bar{I}$ 沿 $\bar{U}$ 法向的投影为

对应的无功分量 I_{1q}，即

$$I_{1p} = \bar{i}_{pd} + \mathrm{j}\bar{i}_{pq} = (I \cdot U)\boldsymbol{\sigma} = (I \cdot U)\frac{U}{|U|} = \frac{\bar{u}_d \bar{i}_d + \bar{u}_q \bar{i}_q}{|U|}U = \frac{\bar{u}_d \bar{i}_d + \bar{u}_q \bar{i}_q}{\sqrt{\bar{u}_d^2 + \bar{u}_q^2}}(\bar{u}_d + \mathrm{j}\bar{u}_q) \quad (2.89)$$

$$I_{1q} = i_{qd} + \mathrm{j}i_{qq} = (I \times U)\boldsymbol{\gamma} = (I \times U)\frac{Ue^{-\mathrm{j}90^{\circ}}}{|U|} = \frac{\bar{u}_q \bar{i}_d - \bar{u}_d \bar{i}_q}{|U|}Ue^{-\mathrm{j}90^{\circ}} = \frac{\bar{u}_q \bar{i}_d - \bar{u}_d \bar{i}_q}{\sqrt{\bar{u}_d^2 + \bar{u}_q^2}}(\bar{u}_q - \mathrm{j}\bar{u}_d)$$

$$(2.90)$$

式中，$\boldsymbol{\sigma}$ 和 $\boldsymbol{\gamma}$ 分别为电压相量 U 在切向和法向的单位相量。可见，I_{1p} 和 I_{1q} 可用电压和电流的平均值来表达，然后再采用反变换，可以得到其在 abc 坐标系下的结果，该方法的数学模型为

$$\begin{bmatrix} \bar{i}_d \\ \bar{i}_q \end{bmatrix} = \begin{bmatrix} k_1 & k_2 \\ -k_2 & k_1 \end{bmatrix}\begin{bmatrix} \bar{u}_d \\ \bar{u}_q \end{bmatrix} = \boldsymbol{T}_{\mathrm{proj}}\begin{bmatrix} \bar{u}_d \\ \bar{u}_q \end{bmatrix} = \begin{bmatrix} i_{pd} \\ i_{pq} \end{bmatrix} + \begin{bmatrix} i_{qd} \\ i_{qq} \end{bmatrix} = \begin{bmatrix} k_1 & 0 \\ 0 & k_1 \end{bmatrix}\begin{bmatrix} \bar{u}_d \\ \bar{u}_q \end{bmatrix} + \begin{bmatrix} 0 & k_2 \\ -k_2 & 0 \end{bmatrix}\begin{bmatrix} \bar{u}_d \\ \bar{u}_q \end{bmatrix}$$

$$(2.91)$$

$$\begin{cases} k_1 = (\bar{u}_d \bar{i}_d + \bar{u}_q \bar{i}_q)\big/(\bar{u}_d^2 + \bar{u}_q^2) \\ k_2 = (\bar{u}_q \bar{i}_d - \bar{u}_d \bar{i}_q)\big/(\bar{u}_d^2 + \bar{u}_q^2) \end{cases} \quad (2.92)$$

式中，$\boldsymbol{T}_{\mathrm{proj}}$ 为基波有功电流和无功电流的投影矩阵。

基于投影方法，不仅能从电流中分解出基波电流，而且能分离出基波电流的有功和无功分量。

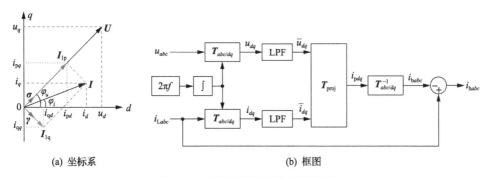

(a) 坐标系   (b) 框图

图 2.24 基于投影方法的检测框图

图 2.25 给出了基于投影方法的实验结果，动态响应时间为一个工频周期，LPF 能有效滤除谐波分量，并识别 k_1 和 k_2。

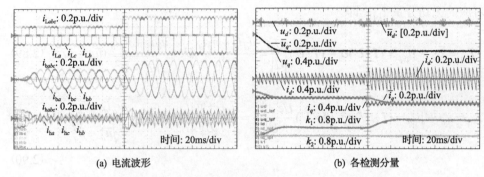

(a) 电流波形　　　　　　　　　　　　(b) 各检测分量

图 2.25　基于投影方法的实验结果

5. FBD 功率理论方法

FBD（Fryze-Buchholz-Dpenbrock）功率理论认为：从物理的角度可将负荷等效为一系列电导和电纳的并联[16]，如图 2.26 所示，$\bar{G}$ 和 $\bar{B}$ 为对应负荷基波电流的电导和电纳，G_h 和 B_h 分别为对应负荷谐波电流的电导和电纳。$\bar{G}$ 和 $\bar{B}$ 为常数，而 G_h 和 B_h 为电网频率及其整数倍的交流分量。如图 2.27 所示，该方法一旦检测出负荷的等效电导 G 和电纳 B，并采用 LPF 将 G_h 和 B_h 滤除，即可得到 $\bar{G}$ 和 $\bar{B}$，进而分离出负荷电流的基波分量，从而检测出负荷电流的谐波分量。

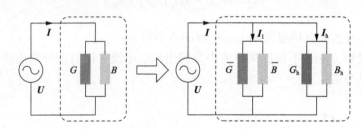

图 2.26　FBD 功率理论

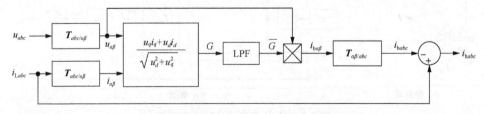

图 2.27　基于 FBD 功率理论方法的检测框图

图 2.28 给出了基于 FBD 功率理论方法的实验结果，负荷电导 G 由恒定的基波电导 $\bar{G}$ 和 6 倍频脉动的谐波电导 G_h 构成，LPF 能很好地分离 $\bar{G}$。

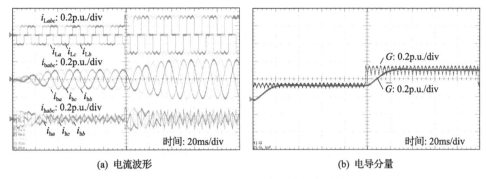

(a) 电流波形   (b) 电导分量

图 2.28 基于 FBD 功率理论方法的实验结果

2.3.3 基于智能算法的检测方法

1. 自适应滤波方法

基于自适应滤波的检测方法，利用自适应噪声对消的原理，将检测出的谐波信息反馈回滤波网络，以谐波电流的二次型指标 J_h 为优化目标，不断修正滤波系数，其数学模型可以表示为

$$\min \ J_h = \int_t^{t+T} (i_{La} - i_{ba})^2 \, \mathrm{d}t$$
$$\text{s.t.} \begin{cases} i_{La} = i_{ba} + i_{ha} \\ i_{ba} = \lambda_G u_a \end{cases} \tag{2.93}$$

式中，λ_G 为滤波网络的常数，为待优化变量。一般地，该类方法采用如图 2.29 所示的结构[17]，其中，ζ_1 和 ζ_2 为滤波系数。

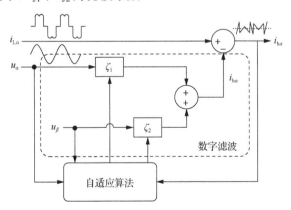

图 2.29 基于自适应滤波的检测方法框图

根据滤波系数修正方法的不同，常见的自适应滤波检测方法有两种，分别是

基于最小二乘自适应滤波方法和基于递推最小二乘自适应滤波方法。最小二乘的滤波系数修正过程为

$$i_{ba}(k) = \zeta_1(k-1)u_\alpha(k) + \zeta_2(k-1)u_\beta(k) \tag{2.94}$$

$$i_{ha}(k) = i_{La}(k) - i_{ba}(k) \tag{2.95}$$

$$\begin{cases} \zeta_1(k+1) = \zeta_1(k) + \mu i_{ha}(k)u_\alpha(k) \\ \zeta_2(k+1) = \zeta_2(k) + \mu i_{ha}(k)u_\beta(k) \end{cases} \tag{2.96}$$

式中，权重 ζ_1 和 ζ_2 的初值取为 0；μ 为自适应学习率，一般为足够小的常数，这里取 $\mu = 2 \times 10^{-7}$。μ 决定了算法的响应速度和稳定性，μ 越小，算法的稳定性越好，但是，算法的动态响应速度越慢，反之亦然。因此，出现了基于递推最小二乘自适应滤波方法，该方法在系统的稳定性和响应速度之间寻求折中。在递推最小二乘中，滤波系数的修正过程为

$$\begin{cases} \mu_1(k) = \dfrac{P_{\mu 1}(k-1)u_\alpha(k)}{\lambda_{AF} + u_\alpha^2(k)P_{\mu 1}(k-1)} \\ \mu_2(k) = \dfrac{P_{\mu 2}(k-1)u_\beta(k)}{\lambda_{AF} + u_\beta^2(k)P_{\mu 2}(k-1)} \end{cases} \tag{2.97}$$

$$i_{ba}(k) = \zeta_1(k-1)u_\alpha(k) + \zeta_2(k-1)u_\beta(k) \tag{2.98}$$

$$i_{ha}(k) = i_{La}(k) - i_{ba}(k) \tag{2.99}$$

$$\begin{cases} \zeta_1(k) = \zeta_1(k-1) + \mu_1(k)i_{ha}(k) \\ \zeta_2(k) = \zeta_2(k-1) + \mu_2(k)i_{ha}(k) \end{cases} \tag{2.100}$$

$$\begin{cases} P_{\mu 1}(k) = \left[1 - \mu_1(k)u_\alpha(k)\right]\lambda_{AF}^{-1}P_{\mu 1}(k-1) \\ P_{\mu 2}(k) = \left[1 - \mu_2(k)u_\beta(k)\right]\lambda_{AF}^{-1}P_{\mu 2}(k-1) \end{cases} \tag{2.101}$$

式中，权重 ζ_1 和 ζ_2 的初值取为 0；$\lambda_{AF} = 0.99$ 为特征系数；$P_{\mu 1}$ 和 $P_{\mu 2}$ 为协方差系数，初始值取为 2×10^{-7}。

图 2.30 给出了基于最小二乘自适应滤波方法的实验结果，由于滤波网络的权值与负荷的大小关系不大，在负荷阶跃的时候只有一个极短时间的暂态，负荷投切的响应速度极快。但是，启动过程中，由于 ζ_1 和 ζ_2 的初始值为 0，且 μ 较小，动态响应速度较慢。增大自适应学习率 μ 虽然可以提高响应速度，但是会降低系统的稳定性。

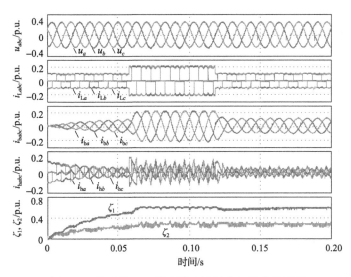

图 2.30　基于最小二乘自适应滤波方法的实验结果

图 2.31 给出了基于递推最小二乘自适应滤波方法的实验结果。该方法由于采用了自适应学习率，在负荷阶跃时，对比基于最小二乘自适应滤波方法，响应波形更加平滑。

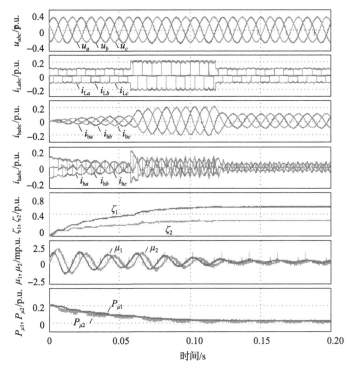

图 2.31　基于递推最小二乘自适应滤波方法的实验结果

2. Kalman 滤波方法

Kalman 滤波理论研究的对象为离散系统:

$$X(k) = \boldsymbol{\Phi} X(k-1) + W(k) \tag{2.102}$$

式中,$X(k)$ 为状态变量;$\boldsymbol{\Phi}$ 为模型系统的参数;$W(k)$ 为过程噪声。那么,测量系统可以定义为

$$Z(k) = HX(k) + V(k) \tag{2.103}$$

式中,$Z(k)$ 为状态变量的测量值;H 为测量系统的参数;$V(k)$ 为测量噪声。Kalman 滤波器的计算步骤如下。

(1)根据系统的模型,基于系统的上一状态,预测当前的状态:

$$X(k \mid k-1) = \boldsymbol{\Phi} X(k-1 \mid k-1) + W(k) \tag{2.104}$$

式中,$X(k \mid k-1)$ 为利用上一状态预测的结果;$X(k-1 \mid k-1)$ 为上一状态的最优估计结果。

(2)更新方差矩阵

$$P(k \mid k-1) = \boldsymbol{\Phi} P(k-1 \mid k-1) \boldsymbol{\Phi}^{T} + Q \tag{2.105}$$

式中,$P(k \mid k-1)$ 为 $X(k \mid k-1)$ 对应的方差矩阵;$P(k-1 \mid k-1)$ 为 $X(k-1 \mid k-1)$ 对应的方差矩阵;Q 为系统过程的方差矩阵。

(3)结合预测值和测量值,得到当前状态 k 处的最优化估算值

$$X(k \mid k) = X(k \mid k-1) + K_{\mathrm{g}}(k) \big[Z(k) - HX(k \mid k-1) \big] \tag{2.106}$$

式中,K_{g} 为 Kalman 增益,即

$$K_{\mathrm{g}}(k) = \frac{P(k \mid k-1) H^{T}}{HP(k \mid k-1) H^{T} + R} \tag{2.107}$$

式中,R 为协方差矩阵。

(4)更新当前状态 $X(k \mid k)$ 对应的方差矩阵:

$$P(k \mid k) = [I - K_{\mathrm{g}}(k) H] P(k \mid k-1) \tag{2.108}$$

式中,I 为单位矩阵。

基于以上步骤,就能从测量系统中估计得到最优的状态变量 $X(k)$。针对谐波电流检测,谐波电流为

$$i_{\mathrm{L}}(k) = \sum_{r \in \Omega} A_k^r \cos(r\omega_0 kT_{\mathrm{s}} + \theta_k^r) \tag{2.109}$$

式中，k 为采样点数；$r \in \Omega$ 为谐波次数，Ω 为谐波次数的集合；T_{s} 为采样时间；A_k^r 和 θ_k^r 分别为采样时刻 k 处 r 次谐波电流的幅值和相位。状态向量定义为

$$\begin{cases} X_1(k) = A_1(k)\sin\theta_1(k) \\ X_2(k) = A_1(k)\cos\theta_1(k) \\ \vdots \\ X_{2m-1}(k) = A_m(k)\sin\theta_m(k) \\ X_{2m}(k) = A_m(k)\cos\theta_m(k) \end{cases} \tag{2.110}$$

式中，m 为计及的谐波次数的最大值。式 (2.102) 所示模型中的 $\boldsymbol{\Phi}$ 为

$$\boldsymbol{\Phi} = \begin{bmatrix} \cos(\omega_0 T_{\mathrm{s}}) & \sin(\omega_0 T_{\mathrm{s}}) \\ -\sin(\omega_0 T_{\mathrm{s}}) & \cos(\omega_0 T_{\mathrm{s}}) \end{bmatrix} \tag{2.111}$$

测量矩阵 $\boldsymbol{H}$ 为

$$\boldsymbol{H}(k) = \begin{bmatrix} \cos(\omega_0 kT_{\mathrm{s}}), \sin(\omega_0 kT_{\mathrm{s}}), \cdots, \cos(m\omega_0 kT_{\mathrm{s}}), \sin(m\omega_0 kT_{\mathrm{s}}) \end{bmatrix} \tag{2.112}$$

状态的传播可用下面的随机模型描述

$$\boldsymbol{X}(k+1 \,|\, k) = \boldsymbol{X}(k \,|\, k) + \boldsymbol{W}(k) \tag{2.113}$$

第 j 次谐波的幅值和相位分别为

$$A_j(k) = \sqrt{[X_{2j-1}(k)]^2 + [X_{2j}(k)]^2} \tag{2.114}$$

$$\theta_j(k) = \arctan[X_{2j-1}(k)/X_{2j}(k)] \tag{2.115}$$

因此，估计的负荷电流基波分量为

$$\begin{aligned} i_{\mathrm{b}}(k) &= A_1(k)\sin[\omega_0 kT + \theta_1(k)] \\ &= A_1(k)\cos(\omega_0 kT)\sin[\theta_1(k)] + A_1(k)\sin(\omega_0 kT)\cos[\theta_1(k)] \\ &= X_1(k)H_1(k) + X_2(k)H_2(k) \end{aligned} \tag{2.116}$$

如图 2.32 所示，将负荷基波电流 i_{b} 作为观察变量，基于 Kalman 滤波方法的步骤，可以从中估计出所需要的基波和各次谐波电流的幅值和相位，即可得到负荷基波电流的信息，进而得到谐波电流的检测结果[18]。该方法中，参数 $\boldsymbol{Q}$ 控制算法的响应速度，$\boldsymbol{R}$ 影响算法的稳态精度，参数的选择需要在动态性能和稳态性能之间寻求折中。

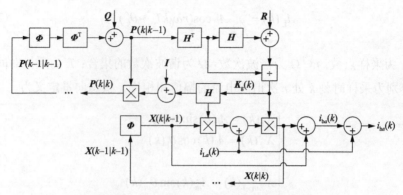

图 2.32　基于 Kalman 滤波的检测方法框图

图 2.33 给出了基于 Kalman 滤波方法的谐波电流检测实验结果，参数 Q 和 R 分别选择为常数 10^{-6} 和 5。

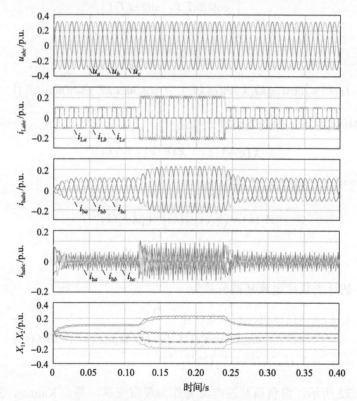

图 2.33　基于 Kalman 滤波的检测方法的实验结果

3. 神经网络方法

基于神经网络的检测方法，以电流 i_{La} 估计误差的二次型指标 J_h 最小为优化

目标，调整神经网络的权值。第 k 次迭代时的二次型指标 $J_\mathrm{h}(k)$ 可以表示为

$$J_\mathrm{h}(k) = \frac{1}{2} \sum_{x=0}^{k-1} \left[i_{\mathrm{L}a}(x) - \hat{i}_{\mathrm{L}a}(x) \right]^2 \qquad (2.117)$$

式中，电流估计值 $\hat{i}_{\mathrm{L}a}$ 利用傅里叶变换得到

$$\hat{i}_{\mathrm{L}a}(k) = \sum_{n=0}^{m} \left[a_n \sin(n\omega_0 kT/N) + b_n \cos(n\omega_0 kT/N) \right] \qquad (2.118)$$

将傅里叶系数定义为神经网络的权值矩阵，即

$$\boldsymbol{W}_1(k) = [\zeta_0, \zeta_1, \zeta_2, \cdots, \zeta_{2m}]^\mathrm{T} = [a_0(k), a_1(k), b_1(k), a_2(k), b_2(k), \cdots, a_m(k), b_m(k)]^\mathrm{T} \qquad (2.119)$$

状态矩阵定义为

$$\boldsymbol{X}(k) = \left[1, \sin(\omega_0 t_k), \cos(\omega_0 t_k), \sin(2\omega_0 t_k), \cos(2\omega_0 t_k), \cdots, \sin(m\omega_0 t_k), \cos(m\omega_0 t_k) \right]^\mathrm{T} \qquad (2.120)$$

式中，$t_k = kT_s/N$。按梯度下降完成对神经网络的学习，即

$$\frac{\mathrm{d}\boldsymbol{W}_1}{\mathrm{d}t} = -\mu_{\mathrm{NN}} \nabla J_\mathrm{h} \qquad (2.121)$$

式中，μ_{NN} 为学习速率，也即有

$$\frac{\partial J_\mathrm{h}}{\partial a_n} = \mu_{\mathrm{NN}} \sum_{x=0}^{k-1} \left\{ i_{\mathrm{L}a}(k) - \sin(x\omega_0 t_k) \sum_{n=0}^{m} \left[a_n \sin(n\omega_0 t_k) + b_n \cos(n\omega_0 t_k) \right] \right\} \qquad (2.122)$$

$$\frac{\partial J_\mathrm{h}}{\partial b_n} = \mu_{\mathrm{NN}} \sum_{x=0}^{k-1} \left\{ i_{\mathrm{L}a}(k) - \cos(x\omega_0 t_k) \sum_{n=0}^{m} \left[a_n \sin(n\omega_0 t_k) + b_n \cos(n\omega_0 t_k) \right] \right\} \qquad (2.123)$$

可以得到权值的修正策略，即

$$\boldsymbol{W}_1(k+1) = \boldsymbol{W}_1(k) + \frac{\mu_{\mathrm{NN}} \left[i_{\mathrm{L}a}(k) - \hat{i}_{\mathrm{L}a}(k) \right] \boldsymbol{X}(k)}{\boldsymbol{X}^\mathrm{T}(k) \boldsymbol{X}(k)} \qquad (2.124)$$

随着迭代次数的增加，权值矩阵逐渐收敛到其稳态值，检测方法的框图如图 2.34 所示[19]。

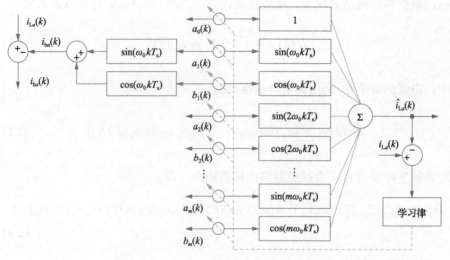

图 2.34　基于神经网络的检测方法框图

算法中取 $\mu_{NN} = 0.0001$、$m = 6$，图 2.35 给出了基于神经网络的检测方法的实验结果。从实验结果中可看出，该检测方法的动态响应快，大致为 10ms，暂态过冲小。

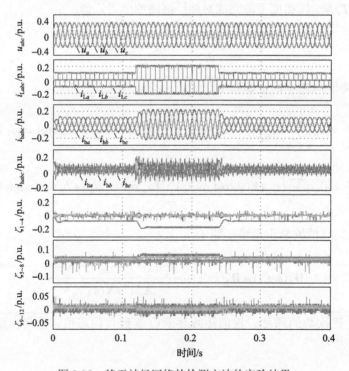

图 2.35　基于神经网络的检测方法的实验结果

2.3.4 对比分析

基于前述检测方法的实验结果，图 2.36 给出了不同方法所需要的 DSP 时间和内存情况。神经网络方法消耗的 DSP 时间最多，为 35.64μs；离散傅里叶变换方法消耗的 DSP 内存最多，为 1759B。如果并网逆变器的开关频率为 20kHz，DSP 的中断周期为 50μs，那么对于神经网络方法，70%的中断周期消耗在谐波检测方法，留给其他控制技术的计算时间非常有限。因此，选择合适的检测方法对于并网逆变器的控制十分重要。

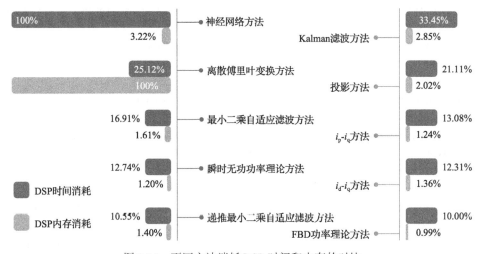

图 2.36　不同方法消耗 DSP 时间和内存的对比

此外，综合考虑到非理想电网电压的应对能力，以及无功和谐波电流的分离能力等因素，基于投影方法、FBD 功率理论方法、瞬时无功功率理论方法的检测，对于柔性并网逆变器的适应性更强。

2.4　本章小结

本章介绍了并网逆变器建模、分析和控制的数学基础。首先，详细阐述了三相瞬时功率在不同坐标系下的表现形式，利用时空相量证明了各表达方法的一致性。分析结果表明：通过选择合适的坐标系，可以简化瞬时功率的计算。此外，所述瞬时功率模型对于谐波、不平衡等非理想工况仍然适用。然后，介绍了锁相环的非线性动力学模型，揭示了锁相环和同步发电机模型的内在联系。最后，给出了谐波和无功电流检测方法的述评，分析结果表明：基于投影方法、FBD 功率理论方法的检测方法能有效区别谐波和无功电流，且占用 CPU 的时间和内存较小，对于柔性并网逆变器的适应性较强。

参 考 文 献

[1] Teodorescu R, Liserre M, Rodriguez P. 光伏与风力发电系统并网变换器[M]. 周克亮, 王政, 徐青山译. 北京: 机械工业出版社, 2012.

[2] Golestan S, Guerrero J M, Abusorrah A M. MAF-PLL with phase-lead compensator[J]. IEEE Transactions on Industrial Electronics, 2015, 62(6): 3691-3695.

[3] Rodriguez P, Pou J, Bergas J, et al. Decoupled double synchronous reference frame PLL for power converters control[J]. IEEE Transactions on Power Electronics, 2007, 22(2): 584-592.

[4] Zhang C, Zhao X, Wang X, et al. A grid synchronization PLL method based on mixed second-and third-order generalized integrator for dc offset elimination and frequency adaptability[J]. IEEE Journal of Emerging and Selected Topics in Power Electronics, 2018, 6(3): 1517-1526.

[5] 孙元章, 焦晓红, 申铁龙. 电力系统非线性鲁棒控制[M]. 北京: 清华大学出版社, 2007.

[6] 曾正, 邵伟华, 刘清阳, 等. 并网逆变器数字锁相环的数学物理本质分析[J]. 电工技术学报, 2018, 33(4): 808-816.

[7] 张兴, 朱德斌, 徐海珍. 分布式发电中的虚拟同步发电机技术[J]. 电源学报, 2012, (3): 1-6.

[8] Bevrani H, Ise T, Miura Y. Virtual synchronous generators: A survey and new perspectives[J]. International Journal of Electrical Power & Energy Systems, 2014, 54: 244-254.

[9] Asiminoael L, Blaabjerg F, Hansen S. Detection is key-Harmonic detection methods for active power filter applications[J]. IEEE Industry Applications Magazine, 2007, 13(4): 22-33.

[10] Harris F F. On the use of windows for harmonic analysis with the discrete Fourier transform[J]. Proceedings of the IEEE, 1978, 66(1): 51-83.

[11] Solomon O J. The use of DFT windows in signal-to-noise ratio and harmonic distortion computations[J]. IEEE Transactions on Instrumentation and Measurement, 1994, 43(2): 194-199.

[12] Akagi H, Watanabe E H, Aredes M. Instantaneous Power Theory and Applications to Power Conditioning[M]. New Jersey: John Wiley & Sons, 2007.

[13] Peng F Z, Sheng L J. Generalized instantaneous reactive power theory for three-phase power systems[J]. IEEE Transactions on Instrumentation and Measurement, 1996, 45(1): 293-297.

[14] Srianthumrong S, Fujita H, Akagi H. Stability analysis of a series active filter integrated with a double-series diode rectifier[J]. IEEE Transactions on Power Electronics, 2002, 17(1): 117-124.

[15] 杨欢, 赵荣祥, 程方斌. 无锁相环同步坐标变换检测法的硬件延时补偿[J]. 中国电机工程学报, 2008, 28(27): 78-83.

[16] Depenbrock M. The FBD-method, a generally applicable tool for analyzing power relations[J]. IEEE Transactions on Power Systems, 1993, 8(2): 381-387.

[17] Pereira R R, Silva C H D, Silva L E B D, et al. New strategies for application of adaptive filters in active power filters[J]. IEEE Transactions on Industry Applications, 2011, 47(3): 1136-1141.

[18] Rechka S, Ngandui E, Xu J, et al. Analysis of harmonic detection algorithms and their application to active power filters for harmonics compensation and resonance damping[J]. Canadian Journal of Electrical and Computer Engineering, 2003, 28(1): 41-51.

[19] Han Y, Yao G, Zhou L, et al. Design and experimental investigation of a three-phase APF based on feed-forward plus feedback control[J]. Wseas Transactions on Power Systems, 2008, 2(3): 15-20.

第 3 章 并网逆变器的建模与控制

并网逆变器普遍采用数字控制，是一个强非线性的混杂系统。并网逆变器的建模与控制，是并网逆变器安全稳定运行的基础。本章将介绍并网逆变器的状态空间平均模型，以三相两电平并网逆变器和三相组式并网逆变器为例，介绍其典型控制方法。此外，为了提升模型精度，并降低运算复杂度，本章还将引入并网逆变器的动态相量模型。根据运行模式的不同，逆变器的控制可以分为并网、离网、离-并网控制。本章将详细阐释逆变器的这三种控制模式，以及逆变器电流指令跟踪的 PI 和比例谐振(proportion resonant, PR)控制策略。

3.1 状态空间平均模型

3.1.1 三相两电平并网逆变器

出于一般性考虑，本节以如图 3.1 所示的 LCL 滤波并网逆变器为例，建立三相两电平并网逆变器的数学模型。逆变器的直流侧，接到可再生能源的输出端，直流电压为 U_{dc}，直流母线电容为 C_{dc}；逆变器的交流侧，接到阻抗为 L_g 的电网，电网电压为 u_{gabc}。控制器采集滤波电感电流 i_{1abc}、滤波电容电压 u_{cabc}、并网逆变器的机端电压 u_{abc}，根据控制算法，生成 IGBT 的门极触发脉冲。

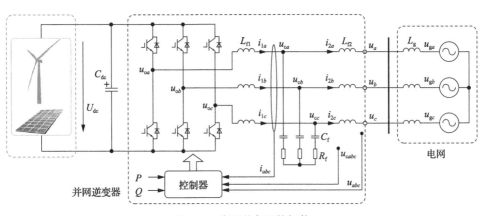

图 3.1 并网逆变器的拓扑

若三相系统对称，则滤波电感 L_{f1} 上电流 i_{1abc} 的动态方程可以写为

$$
\begin{cases}
L_{f1}\dot{i}_{1a} = \left(s_a - \dfrac{1}{3}\displaystyle\sum_{k=a,b,c} s_k \right) U_{dc} - u_{ca} - R_f\,(i_{1a} - i_{2a}) \\[2mm]
L_{f1}\dot{i}_{1b} = \left(s_b - \dfrac{1}{3}\displaystyle\sum_{k=a,b,c} s_k \right) U_{dc} - u_{cb} - R_f\,(i_{1b} - i_{2b}) \\[2mm]
L_{f1}\dot{i}_{1c} = \left(s_c - \dfrac{1}{3}\displaystyle\sum_{k=a,b,c} s_k \right) U_{dc} - u_{cc} - R_f\,(i_{1c} - i_{2c})
\end{cases}
\tag{3.1}
$$

式中，符号"·"表示微分运算 d /dt；i_{2abc} 为滤波电感 L_{f2} 上的电流；R_f 为 LCL 滤波器的阻尼电阻；$s_k\,(k=a,\,b,\,c)$ 为功率器件的开关状态，$s_k=1$ 表示 k 相桥臂上管导通，下管关断，$s_k = 0$ 表示下管导通，上管关断。类似地，L_{f2} 上电流 i_{2abc} 的动态方程可表示为

$$
\begin{cases}
L_{f2}\dot{i}_{2a} = u_{ca} + R_f\,(i_{1a} - i_{2a}) - u_a \\[1mm]
L_{f2}\dot{i}_{2b} = u_{cb} + R_f\,(i_{1b} - i_{2b}) - u_b \\[1mm]
L_{f2}\dot{i}_{2c} = u_{cc} + R_f\,(i_{1c} - i_{2c}) - u_c
\end{cases}
\tag{3.2}
$$

同理，对于滤波电容 C_f 支路，根据基尔霍夫电流定理，可列写动态方程

$$
\begin{cases}
C_f\dot{u}_{ca} = i_{1a} - i_{2a} \\[1mm]
C_f\dot{u}_{cb} = i_{1b} - i_{2b} \\[1mm]
C_f\dot{u}_{cc} = i_{1c} - i_{2c}
\end{cases}
\tag{3.3}
$$

采用恒功率 Clarke 变换，分别对式(3.1)～式(3.3)进行坐标变换，由于三相对称系统，不计 0 轴分量，并网逆变器在静止 $\alpha\beta0$ 坐标系下的数学模型可表示为

$$
\begin{cases}
L_{f1}\dot{i}_{1\alpha} = s_\alpha U_{dc} - u_{c\alpha} - R_f\,(i_{1\alpha} - i_{2\alpha}) \\[1mm]
L_{f1}\dot{i}_{1\beta} = s_\beta U_{dc} - u_{c\beta} - R_f\,(i_{1\beta} - i_{2\beta}) \\[1mm]
L_{f2}\dot{i}_{2\alpha} = u_{c\alpha} + R_f\,(i_{1\alpha} - i_{2\alpha}) - u_\alpha \\[1mm]
L_{f2}\dot{i}_{2\beta} = u_{c\beta} + R_f\,(i_{1\beta} - i_{2\beta}) - u_\beta \\[1mm]
C_f\dot{u}_{c\alpha} = i_{1\alpha} - i_{2\alpha} \\[1mm]
C_f\dot{u}_{c\beta} = i_{1\beta} - i_{2\beta}
\end{cases}
\tag{3.4}
$$

式中，$s_{\alpha\beta}$ 为 $\alpha\beta0$ 坐标系下的开关函数。

类似地，若采用恒功率 Park 变换，并网逆变器在同步旋转 $dq0$ 坐标系下的数学模型可表示为

$$\begin{cases} L_{f1}\dot{i}_{1d} = s_d U_{dc} - u_{cd} - R_f(i_{1d} - i_{2d}) + \omega L_{f1} i_{1q} \\ L_{f1}\dot{i}_{1q} = s_q U_{dc} - u_{cq} - R_f(i_{1q} - i_{2q}) - \omega L_{f1} i_{1d} \\ L_{f2}\dot{i}_{2d} = u_{cd} + R_f(i_{1d} - i_{2d}) - u_d + \omega L_{f2} i_{2q} \\ L_{f2}\dot{i}_{2q} = u_{cq} + R_f(i_{1q} - i_{2q}) - u_q - \omega L_{f2} i_{2d} \\ C_f\dot{u}_{cd} = i_{1d} - i_{2d} + \omega C_f u_{cq} \\ C_f\dot{u}_{cq} = i_{1q} - i_{2q} - \omega C_f u_{cd} \end{cases} \tag{3.5}$$

式中，s_{dq} 为 $dq0$ 坐标系下的开关函数。

在 $dq0$ 坐标系下，Park 变换的相位是时间的函数，由于微分运算，式(3.5)中的电压和电流分量引入了含 ω 的交叉耦合项。在 $\alpha\beta0$ 坐标系下，Clarke 变换的系数是常数，故没有交叉耦合项。

式(3.5)可写成矩阵的形式

$$\boldsymbol{Z}_0\dot{\boldsymbol{x}} = \boldsymbol{A}_0\boldsymbol{x} + \boldsymbol{B}_{10}\boldsymbol{u} + \boldsymbol{B}_{20}\boldsymbol{w} \tag{3.6}$$

式中，$\boldsymbol{x} = [i_{1d}, i_{1q}, i_{2d}, i_{2q}, u_{cd}, u_{cq}]^T$ 为状态向量；$\boldsymbol{u} = [s_d U_{dc}, s_q U_{dc}]^T$ 为控制向量；$\boldsymbol{w} = [u_d, u_q]^T$ 为扰动向量；阻抗矩阵为 $\boldsymbol{Z}_0 = \mathrm{diag}\,(L_{f1}, L_{f1}, L_{f2}, L_{f2}, C_f, C_f)$；状态矩阵 $\boldsymbol{A}_0$、扰动矩阵 $\boldsymbol{B}_{10}$、控制矩阵 $\boldsymbol{B}_{20}$ 分别为

$$\boldsymbol{A}_0 = \begin{bmatrix} -R_f & \omega L_{f1} & R_f & 0 & -1 & 0 \\ -\omega L_{f1} & -R_f & 0 & R_f & 0 & -1 \\ R_f & 0 & -R_f & \omega L_{f2} & 1 & 0 \\ 0 & R_f & -\omega L_{f2} & -R_f & 0 & 1 \\ 1 & 0 & -1 & 0 & 0 & \omega C_f \\ 0 & 1 & 0 & -1 & -\omega C_f & 0 \end{bmatrix} \tag{3.7}$$

$$\boldsymbol{B}_{10} = \begin{bmatrix} 1 & 0 & 0 & 0 & 0 & 0 \\ 0 & 1 & 0 & 0 & 0 & 0 \end{bmatrix}^T \tag{3.8}$$

$$\boldsymbol{B}_{20} = \begin{bmatrix} 0 & 0 & -1 & 0 & 0 & 0 \\ 0 & 0 & 0 & -1 & 0 & 0 \end{bmatrix}^T \tag{3.9}$$

式(3.6)可进一步写为

$$\dot{\boldsymbol{x}} = \boldsymbol{Z}_0^{-1}\boldsymbol{A}_0\boldsymbol{x} + \boldsymbol{Z}_0^{-1}\boldsymbol{B}_{10}\boldsymbol{u} + \boldsymbol{Z}_0^{-1}\boldsymbol{B}_{20}\boldsymbol{w} \tag{3.10}$$

也即

$$\dot{x} = Ax + B_1 u + B_2 w \tag{3.11}$$

式中，$A = Z_0^{-1} A_0$；$B_1 = Z_0^{-1} B_{10}$；$B_2 = Z_0^{-1} B_{20}$。

从电路的角度，图 3.1 所示的并网逆变器可以等效为图 3.2 所示的电路模型。其中，u_o 为并网逆变器输出的基波平均电压，$Z_1 = L_{f1}s + R_{f1}$、$Z_2 = L_{f2}s + R_{f2}$、$Z_c = R_f + 1/(sC_f)$，R_{f1} 和 R_{f2} 为滤波电感的寄生电阻，u 为电网电压。根据叠加原理，可得 u_o 和 u 到逆变器侧电流 i_1、网侧电流 i_2 的传递函数，其为

$$\begin{cases} I_1(s) = G_1(s)U_o(s) - G_2(s)U(s) = \dfrac{Z_2 + Z_c}{\Delta} U_o(s) - \dfrac{Z_c}{\Delta} U(s) \\[3mm] I_2(s) = G_3(s)U_o(s) - G_4(s)U(s) = \dfrac{Z_c}{\Delta} U_o(s) - \dfrac{Z_1 + Z_c}{\Delta} U(s) \end{cases} \tag{3.12}$$

式中，$\Delta = Z_1 Z_2 + Z_1 Z_c + Z_2 Z_c$；$G_1(s)$ 和 $G_2(s)$ 分别为 u_o 和 u 到 i_1 的传递函数；$G_3(s)$ 和 $G_4(s)$ 分别为 u_o 和 u 到 i_2 的传递函数。进而，可以得到图 3.3 所示的并网逆变器框图模型，其中，$K_{pwm} = U_{dc}/2$ 为并网逆变器的等效放大系数，H_f 为采样系数。

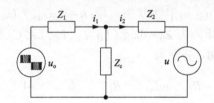

图 3.2　并网逆变器的等效电路模型

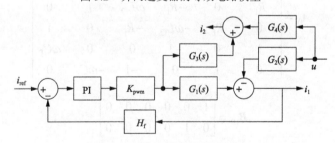

图 3.3　并网逆变器的框图模型

3.1.2　三相组式并网逆变器

三相两电平并网逆变器的应用最为广泛，但是不对称运行能力较差。为了增强并网逆变器对不平衡的适应性，可以采用三相组式并网逆变器，如图 3.4 所示[1, 2]。与三相两电平并网逆变器相比，该并网逆变器增加了 IGBT 的使用数量，使用了工频隔离变压器，增大了系统的体积和成本；但是，降低了 IGBT 的电压应力，拓宽了直流电压输入范围，使交流和直流可以分别解耦运行，如图 3.5 所示。交

流解耦，可以并网使逆变器模块化，增加系统的冗余能力。直流解耦，可以将不同的直流电源接入不同的模块，可以降低对能量管理的要求。

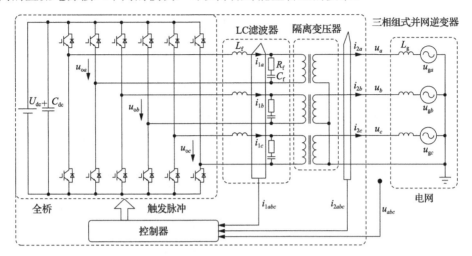

图 3.4　三相组式并网逆变器的电路结构

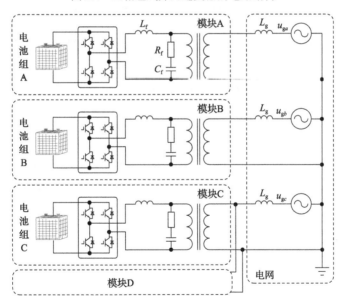

图 3.5　三相组式并网逆变器的交直流解耦运行

三相组式并网逆变器可视作三个独立的单相逆变器，若三相对称，则任一相的等效电路模型如图 3.6 所示。滤波电感 L_f 上电流 i_{1abc} 的动态可表示为

$$L_f \dot{i}_{1abc} = u_{oabc} - u_{cabc} - R_f(i_{1abc} - i_{2abc}/n) \tag{3.13}$$

式中，u_{oabc} 为并网逆变器的输出电压；u_{cabc} 为滤波电容两端的电压；R_f 为阻尼电

阻；i_{2abc} 为并网逆变器输出电流；$n = N_1 : N_2$ 为隔离变压器的原副边匝比。当激磁电感 L_m 远大于原副边漏感 $L_{\sigma 1}$ 和 $L_{\sigma 2}$ 时，忽略激磁支路，电流 i_{2abc} 的动态可表示为

$$(L_{\sigma 1} + L_{\sigma 2})\dot{i}_{2abc}/n = u_{cabc} + R_{\rm f}(i_{1abc} - i_{2abc}/n) - nu_{abc} \tag{3.14}$$

式中，u_{abc} 为并网逆变器的机端电压。滤波电容电压的动态可以表示为

$$C_{\rm f}\dot{u}_{cabc} = i_{1abc} - i_{2abc}/n \tag{3.15}$$

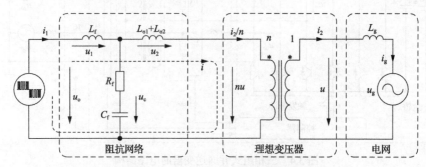

图 3.6　三相组式逆变器的单相等效电路

记状态向量 $\boldsymbol{x} = [i_{1a}, i_{1b}, i_{1c}, i_{2a}, i_{2b}, i_{2c}, u_{ca}, u_{cb}, u_{cc}]^{\rm T}$，控制向量 $\boldsymbol{u} = [u_{oa}, u_{ob}, u_{oc}]^{\rm T}$，扰动向量 $\boldsymbol{w} = [u_a, u_b, u_c]^{\rm T}$，则并网逆变器的数学模型可写为

$$\boldsymbol{E}\dot{\boldsymbol{x}} = \boldsymbol{A}_0\boldsymbol{x} + \boldsymbol{B}_{10}\boldsymbol{u} + \boldsymbol{B}_{20}\boldsymbol{w} \tag{3.16}$$

式中

$$\boldsymbol{A}_0 = \begin{bmatrix} -\boldsymbol{R}_{\rm f} & \boldsymbol{R}_{\rm f}/n & -\boldsymbol{I} \\ \boldsymbol{R}_{\rm f} & -\boldsymbol{R}_{\rm f}/n & \boldsymbol{I} \\ \boldsymbol{I} & -\boldsymbol{I} & \boldsymbol{0} \end{bmatrix}; \quad \boldsymbol{B}_{10} = \begin{bmatrix} \boldsymbol{I} \\ \boldsymbol{0} \\ \boldsymbol{0} \end{bmatrix}; \quad \boldsymbol{B}_{20} = \begin{bmatrix} \boldsymbol{0} \\ -n\boldsymbol{I} \\ \boldsymbol{0} \end{bmatrix}$$

式中，$\boldsymbol{E} = \mathrm{diag}\,[L_{\rm f}, L_{\rm f}, L_{\rm f}, (L_{\sigma 1}+L_{\sigma 2})/n, (L_{\sigma 1}+L_{\sigma 2})/n, (L_{\sigma 1}+L_{\sigma 2})/n, C_{\rm f}, C_{\rm f}, C_{\rm f}]$；$\boldsymbol{R}_{\rm f} = \mathrm{diag}\,(R_{\rm f}, R_{\rm f}, R_{\rm f})$；$\boldsymbol{I} = \mathrm{diag}\,(1, 1, 1)$；$\boldsymbol{0}$ 为 3 阶零矩阵。取并网电流 i_{2abc} 为模型的输出，输出方程为

$$\boldsymbol{y} = \boldsymbol{C}\boldsymbol{x} + \boldsymbol{D}\boldsymbol{u} \tag{3.17}$$

式中，$\boldsymbol{C} = [\boldsymbol{0}, \boldsymbol{I}, \boldsymbol{0}]$；$\boldsymbol{D} = \boldsymbol{0}$。

以 a 相为例，系统参数如表 3.1 所示，并且图 3.7 给出了式(3.16)和式(3.17)伯德(Bode)图。根据图 3.4 和图 3.6，类似于 LCL 滤波并网逆变器，组式并网逆变器的数学模型存在一个谐振峰。当阻尼电阻 $R_{\rm f} = 4\Omega$ 时，谐振峰可以得到明显抑制，但是降低了高频段的衰减速率。此外，该模型还具有模型阶数高的特点，给控制器的设计带来了不小的困难。

表 3.1　三相组式并网逆变器的参数

并网逆变器部件和电网	参数和取值
直流源	电压 $U_{dc} = 400V$、电容 $C_{dc} = 4400\mu F$
LC 滤波器	电感 $L_f = 1mH$、电容 $C_f = 10\mu F$、阻尼电阻 $R_f = 4\Omega$
隔离变压器	原副边匝比 $n = N_1 : N_2 = 150 : 220$、原副边漏感 $L_{\sigma 1} = L_{\sigma 2} = 0.5mH$、激磁电感 $L_m = 0.6H$
电网	线电压有效值 380V、频率 50Hz、电感 $L_g = 2.3mH$

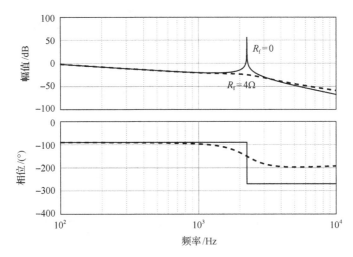

图 3.7　组式并网逆变器数学模型的 Bode 图

基于图 3.6 中的阻抗网络，忽略阻尼电阻 R_f，图 3.8(a) 所示三相组式并网逆变器的模型，可以化简为图 3.8(b) 所示的框图模型，其中 i_{ref} 为电流指令，对于双极性调制的单相全桥逆变电路，放大系数 $K_{pwm} = U_{dc}$。根据叠加原理，u_o 与 i_2 之间的传递函数为

$$G_3(s) = n\frac{1}{L_f(L_{\sigma 1} + L_{\sigma 2})C_f s^3 + (L_f + L_{\sigma 1} + L_{\sigma 2})s} \tag{3.18}$$

同理，u_o 与 i_1 之间的传递函数可表示为

$$G_1(s) = \frac{(L_{\sigma 1} + L_{\sigma 2})C_f s^2 + 1}{L_f(L_{\sigma 1} + L_{\sigma 2})C_f s^3 + (L_f + L_{\sigma 1} + L_{\sigma 2})s} \tag{3.19}$$

类似地，u 与 i_2、i_1 之间的传递函数为

$$G_4(s) = -\frac{n^2(L_f C_f s^2 + 1)}{L_f(L_{\sigma 1} + L_{\sigma 2})C_f s^3 + (L_f + L_{\sigma 1} + L_{\sigma 2})s} \tag{3.20}$$

$$G_2(s) = -\frac{n}{L_f(L_{\sigma1} + L_{\sigma2} + C_f)s^3 + (L_f + L_{\sigma1} + L_{\sigma2})s} \tag{3.21}$$

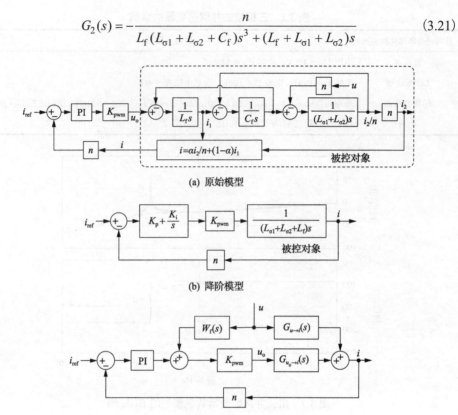

(a) 原始模型

(b) 降阶模型

(c) 含前馈控制器的降阶模型

图 3.8　三相组式并网逆变器的框图模型

基于加权电流反馈控制[3]，同时采样 i_1 和 i_2 用作反馈控制，降低三相组式并网逆变器模型的阶数，以方便控制器的设计。加权电流 i 作为等效的反馈量

$$i = \alpha i_2/n + (1-\alpha)i_1 \tag{3.22}$$

式中，α 为加权系数。u_o 与 i 之间的传递函数可以表示为

$$G_{u_o \to i} = \frac{\alpha}{n}G_3(s) + (1-\alpha)G_1(s) = \frac{(1-\alpha)(L_{\sigma1} + L_{\sigma2})C_f s^2 + 1}{(L_{\sigma1} + L_{\sigma2} + L_f)s\left[\dfrac{(L_{\sigma1} + L_{\sigma2})L_f C_f}{L_{\sigma1} + L_{\sigma2} + L_f}s^2 + 1\right]} \tag{3.23}$$

为了消除模型中的一对零极点，α 可以选为

$$\alpha = \frac{L_{\sigma1} + L_{\sigma2}}{L_f + L_{\sigma1} + L_{\sigma2}} \tag{3.24}$$

式 (3.23) 化简为

$$G_{u_o \to i} = \frac{1}{(L_f + L_{\sigma 1} + L_{\sigma 2})s} \tag{3.25}$$

类似地，u 与 i 之间的传递函数可表示为

$$G_{u \to i} = \frac{\alpha}{n} G_4(s) + (1-\alpha)G_2(s) = -n\frac{\alpha L_f C_f s^2 + 1}{(L_{\sigma 1} + L_{\sigma 2} + L_f)s\left[\dfrac{L_f(L_{\sigma 1}+L_{\sigma 2})C_f}{L_{\sigma 1}+L_{\sigma 2}+L_f}s^2+1\right]} \tag{3.26}$$

在式 (3.24) 所示加权系数的基础上，式 (3.26) 可简化为

$$G_{u \to i} = \frac{-n}{(L_f + L_{\sigma 1} + L_{\sigma 2})s} \tag{3.27}$$

可见，三相组式并网逆变器降阶为 1 阶模型，且只由电感参数决定，可以方便地设计控制器。图 3.8(b) 给出了基于降阶模型的控制器设计框图。由于电网电压的干扰，并网逆变器的实际输出电流会偏离其给定值。为了消除该干扰，引入前馈控制器 $W_f(s)$[4]，如图 3.8(c) 所示，通过引入电网电压 u 到加权电流 i 之间的前向通路，来抵消模型中所存在的扰动项 $G_{u \to i}$。因此，前馈控制器应该满足 $W_f(s)K_{pwm}G_{u_o \to i}(s)U(s) + G_{u \to i}(s)U(s) = 0$，$W_f(s)$ 可设计为

$$W_f(s) = -\frac{G_{u \to i}(s)}{K_{pwm}G_{u_o \to i}(s)} = \frac{n}{K_{pwm}} \tag{3.28}$$

由式 (3.25) 所示的降阶模型可知，系统的模型主要由电感决定，降阶前的模型如式 (3.18) 和式 (3.20) 所示，也即传递函数 $G_3(s)$ 和 $G_4(s)$。降阶后的模型如式 (3.25) 和式 (3.27) 所示，也即传递函数 $G_{u_o \to i}$ 和 $G_{u \to i}$。根据降阶前的模型，三相组式并网逆变器的谐振频率 f_{res} 为

$$f_{res} = \frac{1}{2\pi}\sqrt{\frac{L_f + L_{\sigma 1} + L_{\sigma 2}}{L_f(L_{\sigma 1}+L_{\sigma 2})C_f}} \tag{3.29}$$

基于表 3.1 所示的参数，计算谐振频率为 $f_{res} = 2.25\text{kHz}$。图 3.9 给出了原始模型和降阶模型的 Bode 图，在低频段 ($f < f_{res}$)，降阶模型能很好地逼近原始模型，在高频段 ($f > f_{res}$)，降阶模型用 1 阶的电感模型代替了高阶模型。此外，当电感参数变化时，模型降阶过程中的零极点对消出现偏差，三相组式并网逆变器的谐振频率也会暴露出来。如图 3.6 所示，在引入加权电流 i 之后，电感 L_f 和漏感 $L_{\sigma 1}+L_{\sigma 2}$

上的总电压可以表示为

$$U_L(s) = U_1(s) + U_2(s) = I_1(s)sL_f + \frac{1}{n}I_2(s)s(L_{\sigma1} + L_{\sigma2})$$
$$= U_o(s) - U_g(s) = I(s)(L_f + L_{\sigma1} + L_{\sigma2})s \tag{3.30}$$

因此，有

$$I(s) = I_1(s)\frac{sL_f}{(L_f + L_{\sigma1} + L_{\sigma2})s} + \frac{1}{n}I_2(s)\frac{s(L_{\sigma1} + L_{\sigma2})}{(L_f + L_{\sigma1} + L_{\sigma2})s}$$
$$= I_1(s)\frac{L_f}{L_f + L_{\sigma1} + L_{\sigma2}} + \frac{1}{n}I_2(s)\frac{L_{\sigma1} + L_{\sigma2}}{L_f + L_{\sigma1} + L_{\sigma2}} \tag{3.31}$$
$$= (\alpha/n)I_2(s) + (1-\alpha)I_1(s)$$

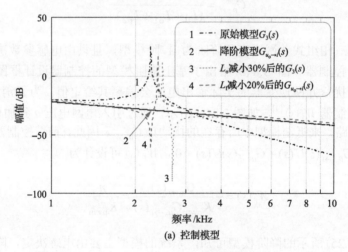

(a) 控制模型

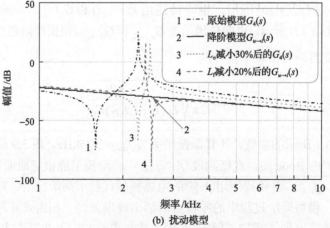

(b) 扰动模型

图 3.9　三相组式并网逆变器的降价模型与参数摄动分析

对比式 (3.22) 和式 (3.31)，加权电流反馈控制的物理本质在于，当滤波电容阻抗支路阻抗足够大时，可以忽略并联支路的影响。从虚拟电流 i 的角度来看，复杂的阻抗网络可以在整个频域内等效为单一的电感滤波器，但是从 i_1 和 i_2 的角度来看，在整个频域范围内这种等效是不成立的。加权电流反馈控制，可以在数学上"隐藏"三相组式并网逆变器的谐振频率点。但是，物理系统中的谐振网络仍然是存在的，在实际中仍然需要加上阻尼电阻 R_f，抑制可能出现的谐波谐振。

3.2　动态相量模型

状态空间平均模型，利用一个开关周期的平均，来代替并网逆变器的解析模型。该模型最简单，分析最方便，但是模型精度较差。动态相量模型利用傅里叶级数，来逼近解析模型，所考虑的级数越多，模型越精确，在模型精度和复杂度之间，可以灵活折中[5, 6]。

3.2.1　动态相量的基本原理

动态相量模型的数学基础为傅里叶变换。对于周期为 T 的函数 $x(\tau)$，在任意一个长度为 T 的区间 $(t, t + T]$ 内，其傅里叶级数为

$$x(\tau) = \sum_{k=-\infty}^{\infty} X_k(t) \mathrm{e}^{jk\omega\tau} \tag{3.32}$$

式中，$\omega = 2\pi/T$；$X_k(t)$ 为第 k 次谐波的傅里叶系数，在动态相量模型中称为第 k 阶动态相量，其定义为

$$X_k(t) = \frac{1}{T} \int_t^{t+T} x(\tau) \mathrm{e}^{-jk\omega\tau} \mathrm{d}\tau \tag{3.33}$$

$X_k(t)$ 为复数域中的时变函数，简记为 $\langle x \rangle_k$，且满足

$$\langle x \rangle_k = \langle x \rangle_k^{\mathrm{R}} + j\langle x \rangle_k^{\mathrm{I}} = \langle x \rangle_{-k}^* = \left(\langle x \rangle_{-k}^{\mathrm{R}} + j\langle x \rangle_{-k}^{\mathrm{I}} \right)^* \tag{3.34}$$

式中，上标 R、I 分别为复数的实部和虚部。特别地，对于余弦函数 $x(t) = A\cos(\omega t + \theta)$，根据式 (3.33)，其 1 阶动态相量为

$$\langle x \rangle_1 = \frac{1}{T} \int_t^{t+T} x(\tau) \mathrm{e}^{-j\omega\tau} \mathrm{d}\tau = \frac{1}{2} A\mathrm{e}^{j\theta} = \frac{1}{2} A\cos\theta + j\frac{1}{2} A\sin\theta \tag{3.35}$$

类似地，对于正弦函数 $y(t) = A\sin(\omega t + \theta) = A\cos(\omega t + \theta - \pi/2)$，其 1 阶动态

相量为

$$\langle y \rangle_1 = \frac{1}{2} A \mathrm{e}^{\mathrm{j}(\theta - \pi/2)} = \frac{1}{2} A \cos(\theta - \pi/2) + \mathrm{j} \frac{1}{2} A \sin(\theta - \pi/2) \tag{3.36}$$

根据第 k 阶动态相量的定义，易知其具有如下基本性质。

(1) 微分性质，第 k 阶动态相量的微分满足

$$\frac{\mathrm{d} X_k}{\mathrm{d} t} = -\mathrm{j} \omega X_k + \left\langle \frac{\mathrm{d} x}{\mathrm{d} t} \right\rangle_k \tag{3.37}$$

(2) 卷积性质，两个时变函数乘积的动态相量之间满足卷积关系

$$\langle x_1 x_2 \rangle_k = \sum_{l=-\infty}^{\infty} \langle x_1 \rangle_{k-l} \langle x_2 \rangle_l \tag{3.38}$$

　　动态相量通过傅里叶变换，保留幅值较大的主要分量，丢掉幅值较小的次要分量，从而在不失精度的前提下，简化了电磁暂态模型，是状态空间平均模型和电磁暂态模型之间的一种有效折中。因此，动态相量尤其适合于并网逆变器等电力电子装备的建模。此外，动态相量不仅适用于三相对称系统，而且适用于多相系统和不对称系统[7-9]。

3.2.2 并网逆变器的动态相量建模

　　以并网逆变器为例，并网逆变器的有功和无功指令为 P 和 Q，其控制框图如图 3.10 所示，T_{PQ} 为有功和无功变换矩阵。在同步旋转 $dq0$ 坐标系下，电流指令为

$$\begin{bmatrix} i_{\mathrm{ref}d} \\ i_{\mathrm{ref}q} \end{bmatrix} = T_{\mathrm{PQ}} \begin{bmatrix} P \\ Q \end{bmatrix} = \frac{1}{u_d^2 + u_q^2} \begin{bmatrix} u_d & u_q \\ u_q & -u_d \end{bmatrix} \begin{bmatrix} P \\ Q \end{bmatrix} \tag{3.39}$$

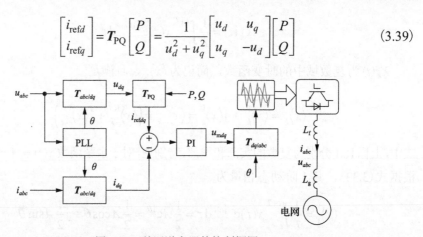

图 3.10　并网逆变器的控制框图

考虑基波分量的动态相量，以 a 相为例，其动态相量模型为

$$\begin{cases} L_{f1}\, \mathrm{d}\langle i_a\rangle_1 \big/ \mathrm{d}t = -\mathrm{j}\omega\langle i_a\rangle_1 + \langle u_{oa}\rangle_1 - \langle u_a\rangle_1 - R_{f1}\langle i_a\rangle_1 \\ L_{f1}\, \mathrm{d}\langle i_a\rangle_{-1} \big/ \mathrm{d}t = -\mathrm{j}\omega\langle i_a\rangle_{-1} + \langle u_{oa}\rangle_{-1} - \langle u_a\rangle_{-1} - R_{f1}\langle i_a\rangle_{-1} \end{cases} \tag{3.40}$$

式中，L_{f1} 和 R_{f1} 分别为滤波电感及其寄生电阻。由于 $\langle i_a\rangle_1 = \langle i_a\rangle_{-1}^{*}$，$\langle i_a\rangle_{-1}$ 可通过 $\langle i_a\rangle_1$ 间接获得，只需考虑其 1 阶动态相量即可，其实部和虚部的动态方程为

$$\begin{cases} L_{f1}\, \mathrm{d}\langle i_a\rangle_1^{R} \big/ \mathrm{d}t = \langle u_{oa}\rangle_1^{R} - \langle u_a\rangle_1^{R} - R_{f1}\langle i_a\rangle_1^{R} + \omega L_{f1}\langle i_a\rangle_1^{I} \\ L_{f1}\, \mathrm{d}\langle i_a\rangle_1^{I} \big/ \mathrm{d}t = \langle u_{oa}\rangle_1^{I} - \langle u_a\rangle_1^{I} - R_{f1}\langle i_a\rangle_1^{I} - \omega L_{f1}\langle i_a\rangle_1^{R} \end{cases} \tag{3.41}$$

类似地，可以得到 b 相和 c 相的动态相量方程，其为

$$\begin{cases} L_{f1}\, \mathrm{d}\langle i_b\rangle_1^{R} \big/ \mathrm{d}t = \langle u_{ob}\rangle_1^{R} - \langle u_b\rangle_1^{R} - R_{f1}\langle i_b\rangle_1^{R} + \omega L_{f1}\langle i_b\rangle_1^{I} \\ L_{f1}\, \mathrm{d}\langle i_b\rangle_1^{I} \big/ \mathrm{d}t = \langle u_{ob}\rangle_1^{I} - \langle u_b\rangle_1^{I} - R_{f1}\langle i_b\rangle_1^{I} - \omega L_{f1}\langle i_b\rangle_1^{R} \\ L_{f1}\, \mathrm{d}\langle i_c\rangle_1^{R} \big/ \mathrm{d}t = \langle u_{oc}\rangle_1^{R} - \langle u_c\rangle_1^{R} - R_{f1}\langle i_c\rangle_1^{R} + \omega L_{f1}\langle i_c\rangle_1^{I} \\ L_{f1}\, \mathrm{d}\langle i_c\rangle_1^{I} \big/ \mathrm{d}t = \langle u_{oc}\rangle_1^{I} - \langle u_c\rangle_1^{I} - R_{f1}\langle i_c\rangle_1^{I} - \omega L_{f1}\langle i_c\rangle_1^{R} \end{cases} \tag{3.42}$$

若机端电压的正序基波分量可写为

$$\begin{cases} u_a = U_{\mathrm{m}}\sin(\omega t + \varphi_u) \\ u_b = U_{\mathrm{m}}\sin(\omega t - 2\pi/3 + \varphi_u) \\ u_c = U_{\mathrm{m}}\sin(\omega t + 2\pi/3 + \varphi_u) \end{cases} \tag{3.43}$$

式中，U_{m} 和 φ_u 分别为电压的幅值和相位，则有

$$\begin{cases} \langle u_a\rangle_1 = 0.5 U_{\mathrm{m}} \mathrm{e}^{\mathrm{j}(\varphi_u - \pi/2)} \\ \langle u_b\rangle_1 = 0.5 U_{\mathrm{m}} \mathrm{e}^{\mathrm{j}(\varphi_u - 2\pi/3 - \pi/2)} \\ \langle u_c\rangle_1 = 0.5 U_{\mathrm{m}} \mathrm{e}^{\mathrm{j}(\varphi_u + 2\pi/3 - \pi/2)} \end{cases} \tag{3.44}$$

考虑控制信号的 1 阶动态相量，并网逆变器输出电压脉冲的 1 阶动态相量为

$$\begin{bmatrix} \langle u_{oa}\rangle_1 \\ \langle u_{ob}\rangle_1 \\ \langle u_{oc}\rangle_1 \end{bmatrix} = K_{\mathrm{pwm}} \boldsymbol{T}_{dq/abc} \begin{bmatrix} \langle u_{md}\rangle_1 \\ \langle u_{mq}\rangle_1 \end{bmatrix} \tag{3.45}$$

也即

$$\begin{cases} \langle u_{oa} \rangle_1 = \sqrt{2/3}\,K_{\text{pwm}} \left[\langle u_{md} \rangle_1 \cos(\omega t) - \langle u_{mq} \rangle_1 \sin(\omega t) \right] \\ \langle u_{ob} \rangle_1 = \sqrt{2/3}\,K_{\text{pwm}} \left[\langle u_{md} \rangle_1 \cos(\omega t - 2\pi/3) - \langle u_{mq} \rangle_1 \sin(\omega t - 2\pi/3) \right] \\ \langle u_{oc} \rangle_1 = \sqrt{2/3}\,K_{\text{pwm}} \left[\langle u_{md} \rangle_1 \cos(\omega t + 2\pi/3) - \langle u_{mq} \rangle_1 \sin(\omega t + 2\pi/3) \right] \end{cases} \quad (3.46)$$

式中，K_{pwm} 为逆变器的放大系数，对于三相两电平并网逆变器，有 $K_{\text{pwm}} = U_{dc}/2$。$\langle u_{md} \rangle_1$、$\langle u_{mq} \rangle_1$ 分别为 d、q 轴电流 PI 控制器输出的调制信号，即

$$\begin{cases} \langle u_{md} \rangle_1 = \left(K_{\text{p}} + \dfrac{K_{\text{i}}}{s} \right) \left(i_{\text{ref}d} - \langle i_d \rangle_1 \right) \\ \langle u_{mq} \rangle_1 = \left(K_{\text{p}} + \dfrac{K_{\text{i}}}{s} \right) \left(i_{\text{ref}q} - \langle i_q \rangle_1 \right) \end{cases} \quad (3.47)$$

以 a 相为例，式 (3.46) 可化简为

$$\begin{aligned} \langle u_{oa} \rangle_1 &= \sqrt{2/3}\,K_{\text{pwm}} \left[\langle u_{md} \rangle_1 \cos(\omega t) - \langle u_{mq} \rangle_1 \sin(\omega t) \right] \\ &= \sqrt{2/3}\,K_{\text{pwm}} \sqrt{\langle u_{md} \rangle_1^2 + \langle u_{mq} \rangle_1^2}\, \cos(\omega t + \psi) \\ &= K_{\text{pwm}} \sqrt{\dfrac{1}{6}} \sqrt{\langle u_{md} \rangle_1^2 + \langle u_{mq} \rangle_1^2}\, \mathrm{e}^{\mathrm{j}\psi} \end{aligned} \quad (3.48)$$

式中，相位角 $\psi = \arctan\left(\langle u_{mq} \rangle_1 / \langle u_{md} \rangle_1 \right)$。对于 b 相和 c 相，类似结果有

$$\begin{cases} \langle u_{ob} \rangle_1 = K_{\text{pwm}} \sqrt{\dfrac{1}{6}} \sqrt{\langle u_{md} \rangle_1^2 + \langle u_{mq} \rangle_1^2}\, \mathrm{e}^{\mathrm{j}(\psi - 2\pi/3)} \\ \langle u_{oc} \rangle_1 = K_{\text{pwm}} \sqrt{\dfrac{1}{6}} \sqrt{\langle u_{md} \rangle_1^2 + \langle u_{mq} \rangle_1^2}\, \mathrm{e}^{\mathrm{j}(\psi + 2\pi/3)} \end{cases} \quad (3.49)$$

对于图 3.11 (a) 所示的电网阻抗，其动态方程为

$$\Delta u = L_{\text{g}} \frac{\mathrm{d} i_{\text{g}}}{\mathrm{d} t} + R_{\text{g}} i_{\text{g}} \quad (3.50)$$

式中，L_{g} 和 R_{g} 分别为电网阻抗中的电感和电阻；Δu、i_{g} 分别为电网阻抗的压降和电网电流。式 (3.50) 的 1 阶动态相量为

$$\langle \Delta u \rangle_1 = L_{\text{g}} \frac{\mathrm{d} \langle i_{\text{g}} \rangle_1}{\mathrm{d} t} + \mathrm{j}\omega L_{\text{g}} \langle i_{\text{g}} \rangle_1 + R_{\text{g}} \langle i_{\text{g}} \rangle_1 \quad (3.51)$$

其实部和虚部的动态方程为

$$
\begin{cases}
\langle \Delta u \rangle_1^{\mathrm{R}} = L_{\mathrm{g}}\, \mathrm{d}\langle i_{\mathrm{g}} \rangle_1^{\mathrm{R}} \big/ \mathrm{d}t + R_{\mathrm{g}} \langle i_{\mathrm{g}} \rangle_1^{\mathrm{R}} - \omega L_{\mathrm{g}} \langle i_{\mathrm{g}} \rangle_1^{\mathrm{I}} \\
\langle \Delta u \rangle_1^{\mathrm{I}} = L_{\mathrm{g}}\, \mathrm{d}\langle i_{\mathrm{g}} \rangle_1^{\mathrm{I}} \big/ \mathrm{d}t + R_{\mathrm{g}} \langle i_{\mathrm{g}} \rangle_1^{\mathrm{I}} + \omega L_{\mathrm{g}} \langle i_{\mathrm{g}} \rangle_1^{\mathrm{R}}
\end{cases}
\tag{3.52}
$$

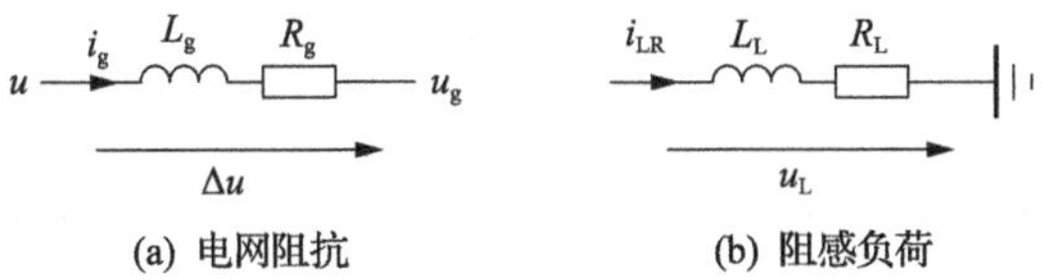

(a) 电网阻抗　　　　　　　(b) 阻感负荷

图 3.11　线路和负荷的动态相量建模

对于图 3.11 (b) 所示的阻感负荷，其 1 阶动态相量的动态方程为

$$
\begin{cases}
L_{\mathrm{L}}\, \mathrm{d}\langle i_{\mathrm{LR}} \rangle_1^{\mathrm{R}} \big/ \mathrm{d}t = \langle u_{\mathrm{L}} \rangle_1^{\mathrm{R}} - \omega L_{\mathrm{L}} \langle i_{\mathrm{LR}} \rangle_1^{\mathrm{I}} - R_{\mathrm{L}} \langle i_{\mathrm{LR}} \rangle_1^{\mathrm{R}} \\
L_{\mathrm{L}}\, \mathrm{d}\langle i_{\mathrm{LR}} \rangle_1^{\mathrm{I}} \big/ \mathrm{d}t = \langle u_{\mathrm{L}} \rangle_1^{\mathrm{I}} + \omega L_{\mathrm{L}} \langle i_{\mathrm{LR}} \rangle_1^{\mathrm{R}} - R_{\mathrm{L}} \langle i_{\mathrm{LR}} \rangle_1^{\mathrm{I}}
\end{cases}
\tag{3.53}
$$

式中，L_{L}、R_{L} 分别为负荷的电感和电阻；u_{L}、i_{LR} 分别为负荷电压和电流。令 $L_{\mathrm{L}}=0$ 或 $R_{\mathrm{L}}=0$ 即可得到阻性或感性负荷的动态相量模型。

以上模型的结果都是以动态相量的形式表示的，需要将该频域结果还原为对应的时域量。对于基波动态相量，其时域量 $x(t)$ 与动态相量 X_1 和 X_{-1} 之间满足

$$
x(t) = X_1 \mathrm{e}^{\mathrm{j}\omega t} + X_{-1} \mathrm{e}^{-\mathrm{j}\omega t} = 2\langle x \rangle_1^{\mathrm{R}} \cos(\omega t) - 2\langle x \rangle_1^{\mathrm{I}} \sin(\omega t)
\tag{3.54}
$$

3.2.3　仿真结果

本节在电磁暂态综合分析程序 PSCAD/EMTDC 中，建立并网逆变器的电磁暂态模型，在 MATLAB/Simulink 中，建立并网逆变器的动态相量模型。模型中，电网线电压有效值和频率分别为 380V 和 50Hz，电网阻抗 $L_{\mathrm{g}}=0.4\mathrm{mH}$、$R_{\mathrm{g}}=16\mathrm{m}\Omega$，并网逆变器的开关频率和直流母线电压分别为 8kHz 和 $U_{\mathrm{dc}}=700\mathrm{V}$，滤波电感 $L_{\mathrm{fl}}=2\mathrm{mH}$、$R_{\mathrm{fl}}=100\mathrm{m}\Omega$。并网逆变器机端的阻感负荷为 $R_{\mathrm{L}}=40\Omega$ 和 $L_{\mathrm{L}}=50\mathrm{mH}$。在 0.1s 时，并网逆变器的有功指令从 1kW 阶跃到 2.5kW。

基于 PSCAD/EMTDC，并网逆变器输出功率的电磁暂态模型如图 3.12 (a) 所示，动态相量模型的结果如图 3.12 (b) 所示。对比可知，动态相量模型和电磁暂态模型的结果吻合较好，动态相量模型能较好地抓住系统的主要特征，反映系统的动态过程。

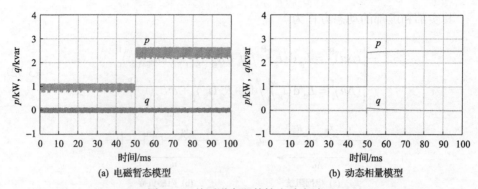

(a) 电磁暂态模型　　　　　　　　　　　　　　(b) 动态相量模型

图 3.12　并网逆变器的输出功率波形

图 3.13 给出了并网逆变器电流动态相量的动态过程。

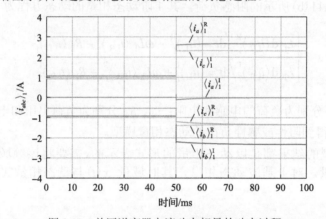

图 3.13　并网逆变器电流动态相量的动态过程

基于 PSCAD/EMTDC，并网逆变器输出电流的电磁暂态模型如图 3.14(a) 所示。图 3.14(b) 给出了其动态相量模型的计算结果。

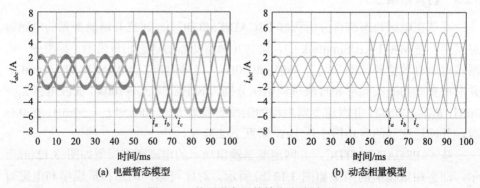

(a) 电磁暂态模型　　　　　　　　　　　　　　(b) 动态相量模型

图 3.14　并网逆变器的输出电流波形

基于电磁暂态模型，阻感负荷支路的电流的电磁暂态模型如图 3.15(a) 所示。

图 3.15(b) 给出了其动态相量模型的结果。可见，电磁暂态模型和动态相量模型的结果吻合较好。

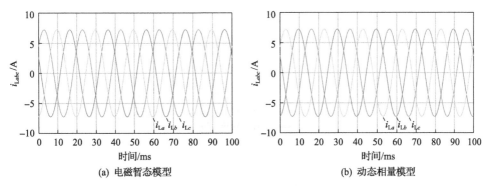

(a) 电磁暂态模型　　　　　　　　　　　(b) 动态相量模型

图 3.15　负荷的电流波形

综上，并网逆变器的动态相量模型能够较好地逼近电磁暂态模型。动态相量模型忽略了高次谐波的暂态过程，在获得较高精度的同时，大大降低了计算的复杂度，可以节省大量的计算时间。

3.3　逆变器的控制

3.3.1　并网控制

如图 3.16 所示，逆变器输出的视在功率 S 可表示为 $S = U_o I_1^* = U_o^2 / Z_f = P + jQ$。其中，$U_o$ 为输出电压相量；U 为电网电压相量；I_1 为输出电流相量；I_2 为网侧电流相量；Z_f 为输出阻抗。

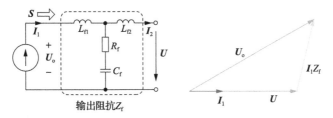

图 3.16　并网逆变器电压相量和电流相量之间的关系

一般地，并网逆变器电流的跟踪控制有四种策略，即控制并网逆变器的输出电压 U_o、输出电流 I_1、输出功率 S 或输出阻抗 Z_f。并网逆变器的输出电压、功率、电流和阻抗之间存在定量关系，直接控制这四个变量中的任何一个，即可间接控制其他三个变量[10]。因此，并网逆变器的控制可以分为直接功率控制、直接电压控制、直接阻抗控制、直接电流控制。

直接功率控制策略如图 3.17 所示，通过并网逆变器输出功率的反馈，与指令功率进行比较和滞环控制后，直接驱动开关管[11]。这种控制策略具有控制结构简单、功率跟踪响应快的优点，但是失去了对并网电流电能质量的调节能力。

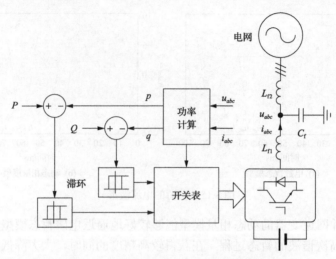

图 3.17　并网逆变器的直接功率控制策略

　　直接电压控制策略，通过控制并网逆变器的输出电压，间接控制其并网电流，也称为间接电流控制[12]。如图 3.16 所示，控制 U_o 的幅值和相位，使之与 U 之间存在差异，两者的电压差在滤波电感上产生并网电流 I_1。对于电流指令 I_{ref}，所需的输出电压为 $U_o = U + I_{ref} Z_f$，然后利用 U_o 进行脉宽调制(pulse-width modulation，PWM)即可，如图 3.18 所示。这种控制策略具有控制结构简单、并网逆变器输出为电压源的优势，但是，受滤波网络参数的影响较大，并网电流跟踪性能较差，此外，由于缺少对并网电流的直接调节能力，并网电流的电能质量无法直接控制。

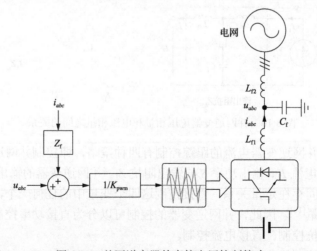

图 3.18　并网逆变器的直接电压控制策略

直接阻抗控制策略，通过控制并网逆变器的输出阻抗，间接控制并网功率[13]，如图 3.19 所示。此外，通过阻抗控制，还能轻松地引入谐波阻抗控制、电能质量控制等诸多电网辅助服务功能。

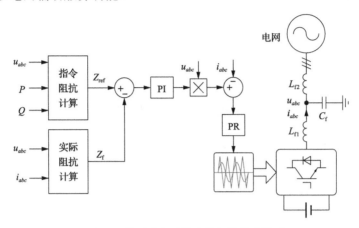

图 3.19　并网逆变器的直接阻抗控制策略

直接电流控制策略，直接对并网电流进行控制，能有效调节输出电流的电能质量，得到了更多的研究和应用[14]。如图 3.20 所示，LCL 滤波并网逆变器的电流控制，可以采用电流 i_1 反馈控制，也可以采用电流 i_2 反馈控制。

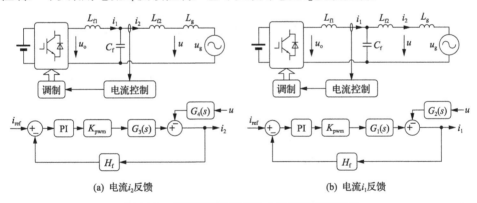

(a) 电流 i_2 反馈　　　　　　　　　　　(b) 电流 i_1 反馈

图 3.20　并网逆变器的不同电流反馈控制策略

图 3.20(a) 所示的控制中，令 $H_f = 1$，根据式 (3.12)，其闭环传递函数为

$$I_2(s) = \frac{K_{pwm}G_{PI}(s)G_3(s)}{\varLambda}I_{ref}(s) - \frac{G_4(s)}{\varLambda}U(s) \qquad (3.55)$$

式中，$\varLambda = 1 + K_{pwm}G_{PI}(s)G_3(s)$；PI 控制器的传递函数为 $G_{PI}(s) = K_p + K_i/s$。系统的稳定性由式 (3.55) 的特征方程决定，出于分析方便考虑，忽略阻抗 Z_1、Z_2 和 Z_c 中的电阻分量，式 (3.55) 的特征方程为

$$L_{f1}L_{f2}Cs^4 + (L_{f1}+L_{f2})s^2 + K_pK_{pwm}s + K_iK_{pwm} = 0 \qquad (3.56)$$

根据 Routh-Hurwitz 判据，对于式 (3.56) 所示的 4 阶系统 $\sum\limits_{i=0}^{4}a_is^i = 0$，其稳定的充要条件为

$$\begin{cases} a_i > 0, \quad i = 0,1,2,3 \\ a_1a_2 - a_0a_3 > 0 \\ (a_1a_2 - a_0a_3) - a_1^2a_4 > 0 \end{cases} \qquad (3.57)$$

由于式 (3.56) 缺少 s^3 项，可知 $a_3 = 0$，受控系统总是不稳定，也即电流 i_2 反馈控制无法做到单闭环稳定。为了维持稳定，该特征方程需要人为地引入 s^3 项，例如，引入其他反馈控制量的闭环回路，或在滤波支路引入无源阻尼电阻或虚拟阻尼电阻。

对于图 3.20(b) 所示的电流 i_1 反馈控制，根据式 (3.12)，其闭环传递函数为

$$I_1(s) = \frac{K_{pwm}G_{PI}(s)G_1(s)}{\Lambda}I_{ref}(s) - \frac{G_2(s)}{\Lambda}U(s) \qquad (3.58)$$

式中，$\Lambda = 1 + K_{pwm}G_{PI}(s)G_1(s)$，其特征方程为

$$L_{f1}L_{f2}C_fs^4 + L_{f2}C_fK_pK_{pwm}s^3 + (L_{f1}+L_{f2}+L_{f2}C_fK_pK_{pwm})s^2 + K_pK_{pwm}s + K_iK_{pwm} = 0 \qquad (3.59)$$

可见，只要控制器设计合适，K_p 和 K_i 参数选择恰当，电流 i_1 反馈控制在单闭环情况下是可以稳定的。

综上，对于 LCL 滤波并网逆变器，电流 i_2 反馈控制，无法做到单闭环控制稳定。大量的研究将焦点集中在构造新的反馈回路和提升控制算法的稳定性，相继提出了多环反馈[15]、虚拟阻尼控制[16]、鲁棒控制[17]等措施。相反，电流 i_1 反馈控制的算法简单并能保证系统稳定。但是，由于滤波电容支路不受控制，控制器无法补偿滤波电容支路的容性电流，因此并网逆变器会向电网注入无功电流，降低并网逆变器的功率因数。当然，一个经过合理设计的 LCL 滤波器，能够保证该无功电流在可接受的范围之内[18]。

以图 3.20(b) 所示的电流 i_1 反馈控制为例，本节给出 LCL 滤波并网逆变器详细的控制策略。在同步旋转 $dq0$ 坐标系下，并网逆变器的控制策略如图 3.21 所示，其中，P 和 Q 分别为有功和无功指令，i_{refd} 和 i_{refq} 为电流指令。锁相环使得 $u_d = \sqrt{3}U$、$u_q = 0$，$p = u_di_d + u_qi_q = u_di_d$、$q = u_qi_d - u_di_q = -u_di_q$，控制 d 轴电流即可控制有功，控制 q 轴电流即可控制无功。

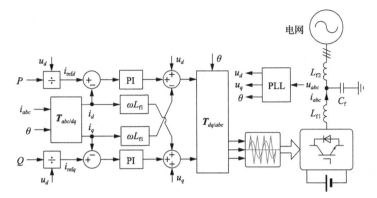

图 3.21 同步旋转 $dq0$ 坐标系下并网逆变器的控制框图

作为同步旋转 $dq0$ 坐标系的对偶形式，在静止 $\alpha\beta0$ 坐标系下，并网逆变器的控制框图如图 3.22 所示，$i_{\mathrm{ref}\alpha}$ 和 $i_{\mathrm{ref}\beta}$ 为电流指令。同理，并网逆变器在 abc 坐标系下的控制框图，如图 3.23 所示。

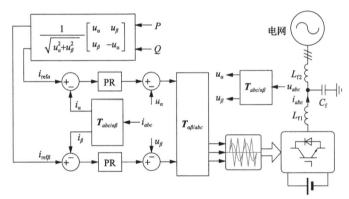

图 3.22 静止 $\alpha\beta0$ 坐标系下并网逆变器的控制框图

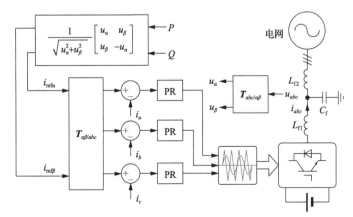

图 3.23 静止 abc 坐标系下并网逆变器的控制框图

　　对比并网逆变器在 $dq0$、$\alpha\beta0$ 和 abc 坐标系下的控制框图，在 $dq0$ 坐标系下，由于存在交叉耦合，控制策略需要额外的交叉解耦环节。然而，在并网逆变器运行过程中，滤波电感 L_{f1} 会发生变化，导致控制器中所设计的解耦模型偏离并网逆变器的真实模型。在同步旋转 $dq0$ 坐标系下，电压和电流为常数，PI 控制器即可实现对电流指令的无静差跟踪。在静止的 $\alpha\beta0$ 和 abc 坐标系下，控制策略不存在额外的解耦项。但是，电压和电流为正弦量，若要实现对电流指令的无静差跟踪，需要采用 PI 控制器的对偶形式——PR 控制器。

3.3.2　离网控制

1. 电压频率控制

　　逆变器离网运行时，采用的电压频率控制(Vf 控制)如图 3.24 所示，U_0 和 f_0 分别为额定的电网电压和频率，k_v 和 k_f 分别为电压和频率调节系数，P 和 Q 分别为额定有功功率和无功功率，p 和 q 分别为瞬时有功功率和无功功率。该逆变器作为传统电力系统中的 Vf 节点，提供孤岛电网的不平衡功率。这样，可以保证可再生能源逆变器恒功率运行，作为传统电力系统中的 PQ 节点。

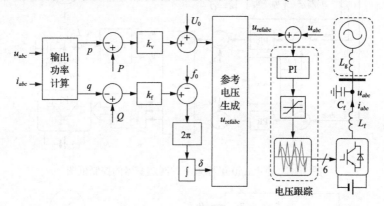

图 3.24　逆变器的 Vf 控制策略

2. 下垂控制模式

　　在离网运行模式下，本节为了让多个逆变器共同担当主电源，支撑电网的电压和频率，也可以采用下垂控制，来模拟传统同步发电机的输出外特性，如图 3.25 所示。通常选用的下垂控制策略为

$$\begin{cases} \omega = \omega_0 - k_p(p - P) \\ E_m = E_0 - k_q(q - Q) \end{cases} \tag{3.60}$$

式中，ω 和 E_m 分别为逆变器输出电压的角频率和幅值；ω_0 和 E_0 对应其额定值；

k_p 和 k_q 分别为电压角频率和幅值的下垂系数。

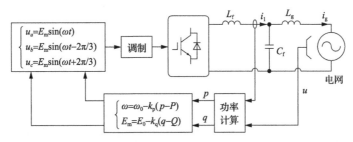

图 3.25　逆变器的下垂控制策略

式 (3.60) 所示的下垂控制是在线路为纯感性时得到的，其存在局限性。当计及线路电阻、滤波电感的等效电阻时，逆变器输出电压的角频率不再仅仅和有功功率有关，还与无功功率有关。类似地，输出电压的幅值还和有功功率相关，无法仅依靠有功和无功的简单解耦来实现对逆变器的控制[19]。逆变器输出滤波器和线路阻抗的不一致，会导致负荷功率在多台逆变器之间的分配出现不均衡。

因此，往往还需要引入虚拟阻抗控制或者鲁棒下垂控制[20]，来消除功率分配的不均衡。为了获得更好的下垂控制性能，自适应下垂[21]、有功-相角下垂[22]等控制策略也相继出现了。此外，为了进一步模拟同步发电机的运行特性，可采用虚拟同步发电机控制技术[23]。

3.3.3　离-并网同步

逆变器可能同时拥有离网和并网两种不同的运行模式，从并网切换到离网的控制相对简单，从离网到并网的切换控制更具挑战。因为离网运行的逆变器和电网具有不同的电压频率、幅值和相位，若并网点两侧的电压不同步或者差异较大，就无法实现离网到并网模式的无缝切换。对于图 3.26 (a) 所示的可再生能源发电系统，其等效的离-并网合闸电路如图 3.26 (b) 所示。

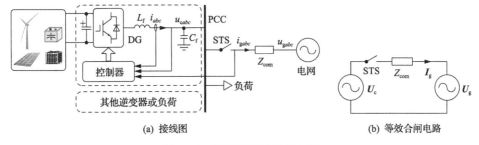

(a) 接线图　　　　　　　　　　　　　　(b) 等效合闸电路

图 3.26　逆变器的离-并网电路

如图 3.26 (b) 所示，并网开关 STS 两侧可以等效为电压源 U_c 和 U_g，连接阻抗为 Z_{com}，STS 两侧瞬时电压差 Δu 的典型波形如图 3.27 所示。并网冲击电流 I_g 可

以表示为

$$I_{\text{g}} = \Delta U / Z_{\text{com}} = (U_{\text{c}} - U_{\text{g}}) / Z_{\text{com}} \tag{3.61}$$

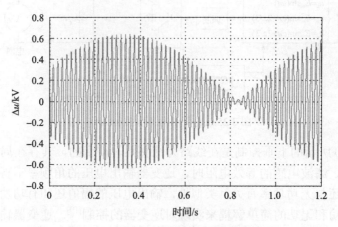

图 3.27　并网合闸开关两侧的瞬时电压差

当 U_{c} 和 U_{g} 保持同步，即 $U_{\text{c}} = U_{\text{g}}$ 时，没有冲击电流。当 U_{c} 和 U_{g} 反向，即 $U_{\text{c}} = -U_{\text{g}}$ 时，电压差 ΔU 达到最大值 $\Delta U = -2U_{\text{g}}$，通常 Z_{com} 很小，会产生很大的冲击电流。为了避免合闸冲击电流，只有等逆变器的电压和电网电压同步后，才能闭合并网开关。

以 a 相为例，电网和逆变器的瞬时电压可表示为

$$u_{ga} = U_{\text{gm}} \sin \varphi = U_{\text{gm}} \sin(2\pi f_1 t) \tag{3.62}$$

$$u_{ca} = U_{\text{cm}} \sin \theta = U_{\text{cm}} \sin(2\pi f_2 t + \gamma) \tag{3.63}$$

式中，U_{gm} 和 U_{cm} 分别为电压幅值；f_1 和 f_2 为电压频率；φ 和 θ 为电压相位；γ 为逆变器和电网的初始相位差。Δu 可表示为

$$\begin{aligned}
\Delta u &= u_{ca} - u_{ga} = U_{\text{cm}} \sin(2\pi f_2 t + \gamma) - U_{\text{gm}} \sin(2\pi f_1 t) \\
&= 2U_{\text{gm}} \sin\left[2\pi(f_2 - f_1)/2 + \gamma/2\right] \cos\left[2\pi(f_2 + f_1)/2 + \gamma/2\right] \\
&\quad + (U_{\text{cm}} - U_{\text{gm}}) \sin(2\pi f_2 t + \gamma)
\end{aligned} \tag{3.64}$$

图 3.27 给出了 Δu 的典型波形，其中 $f_1 = 50\text{Hz}$、$f_2 = 51\text{Hz}$、$U_{\text{cm}} = 311\text{V}$、$U_{\text{gm}} = 311\text{V}$ 和 $\gamma = \pi/3$，Δu 的频率为 $(f_1 + f_2)/2$，其幅值包络的频率为 $(f_2 - f_1)/2$，当且仅当 STS 两侧电压的频率、相位和幅值三个变量都相同时，$\Delta u = 0$。

当三个变量仅有一个保持一致时，式(3.64)等号右侧的第一项不会消除，Δu 的最大值仍可以达到 $2U_{\text{gm}}$。

当三个变量中有两个保持一致时，若两侧电压的频率和相位保持一致，即 $f_1 =$

f_2 和 $\gamma = 0$，那么 Δu 可表示为

$$\Delta u = (U_{cm} - U_{gm})\sin(2\pi f_2 t) \tag{3.65}$$

Δu 以工频波动，幅值为两侧电压幅值差。若两侧电压的幅值和相位保持一致，即 $U_{cm} = U_{gm}$ 和 $\gamma = 0$，那么 Δu 可表示为

$$\Delta u = 2U_{gm}\sin\left[2\pi(f_2 - f_1)/2\right]\cos\left[2\pi(f_2 + f_1)/2\right] \tag{3.66}$$

Δu 的最大值仍可达到 $2U_{gm}$。若两侧电压的幅值和频率保持一致，即 $U_{cm} = U_{gm}$ 和 $f_1 = f_2$，Δu 可表示为

$$\Delta u = 2U_{gm}\sin(\gamma/2)\cos(2\pi f_2 + \gamma/2) \tag{3.67}$$

Δu 的最大值为 $2U_{gm}\sin(\gamma/2)$，取决于初始相位差 γ。

通常，电网电压 u_{ga} 可能包含谐波和不平衡分量，可表示为

$$u_{ga} = U_{gm}\sin(2\pi f_1 t) + U_{m-1}\sin(-2\pi f_1 t + \varphi_{-1}) + \sum_h U_{mh}\sin(2\pi h f_1 t + \varphi_h) \tag{3.68}$$

式中，U_{m-1} 和 U_{mh} 分别为负序和 h 次谐波电压幅值，φ_{-1} 和 φ_h 分别为其对应的相位。同步控制算法需要适应非理想电网电压的干扰。

图 3.28 给出了一种基于下垂控制和滑动 Goertzel 变换 (sliding Goertzel transform，SGT) 滤波的离-并网同步控制方法。无功-电压、有功-频率下垂控制分别为

$$\begin{cases} E_m = E_0 + k_q(Q - q) \\ f = f_0 + k_p(P - p) \end{cases} \tag{3.69}$$

式中，f 为电网频率指令；f_0 为额定频率；下垂系数分别为 $k_q = 1 \times 10^{-4}$ 和 $k_p = 5 \times 10^{-4}$。

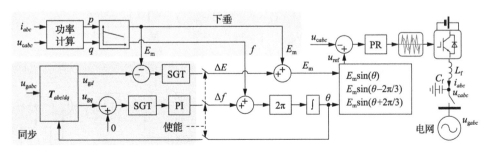

图 3.28　逆变器的离-并网控制框图

同步过程中，PLL 用于检测两侧电压的频率偏差 Δf 和幅值偏差 ΔE。基于 Δf 反馈，逆变器电压与电网电压保持频率同步，此外，基于 ΔE 反馈，逆变器和电

网电压保持幅值同步。滤波器 SGT 用于滤出谐波和负序电压，消除非理想电网电压的干扰。逆变器的输出电压指令可表示为

$$
\begin{bmatrix} u_{\mathrm{ref}a} \\ u_{\mathrm{ref}b} \\ u_{\mathrm{ref}c} \end{bmatrix} = \begin{bmatrix} E_{\mathrm{m}}\sin(\theta) \\ E_{\mathrm{m}}\sin(\theta-2\pi/3) \\ E_{\mathrm{m}}\sin(\theta+2\pi/3) \end{bmatrix}
\tag{3.70}
$$

式中，$E_{\mathrm{m}}=E_0+\Delta E$ 和 $\theta=2\pi\!\int(f+\Delta f)\,\mathrm{d}t$ 分别为逆变器输出电压的幅值和相位。为了在 abc 坐标系下控制逆变器电压 u_{cabc}，电压跟随控制采用 PR 控制器。当同步模块被使能之后，逆变器在下垂控制的基础上，引入了幅值和相位同步环路。

为了适应非理想电网电压条件，消除电压畸变和不平衡导致的 d、q 轴电压波动，本节采用基于 SGT 的滤波器，其可表示为

$$
G_{\mathrm{SGT}}(s)=\frac{1-\mathrm{e}^{-T_{\mathrm{w}}s}}{T_{\mathrm{w}}s}
\tag{3.71}
$$

式中，T_{w} 为 SGT 的窗口长度，选择为基波周期。连续域的 SGT 滤波器包含一个延迟环节，可使上一周期的偏差量被记忆，并在当前周期消除。在离散域中，SGT滤波器对应二阶无限冲击响应滤波器，对于 N_{SG} 点的滑动窗口，其数学模型可表示为

$$
G_{\mathrm{SGT}}(z)=\frac{Y(z)}{X(z)}=\frac{1}{N_{\mathrm{SG}}}\frac{(1-z^{-N_{\mathrm{SG}}})(1-K_{\mathrm{SG}}z^{-1})}{1-2K_{\mathrm{SG}}z^{-1}+z^{-2}}
\tag{3.72}
$$

式中，$K_{\mathrm{SG}}=\cos(2\pi n/N_{\mathrm{SG}})$；$z$ 为前向差分算子。图 3.29(a) 给出了 SGT 滤波器在 z 域中的实现框图。SGT 滤波器在频率 $mf_{\mathrm{s}}/N_{\mathrm{SG}}(m=0,1,\cdots,N_{\mathrm{SG}}/2)$ 处为零点，其中 f_{s} 为采样频率。为了消除电网影响，在 K_{SG} 中取 $n=0$，SGT 滤波器可简化为

$$
G_{\mathrm{SGT}}(z)=\frac{Y(z)}{X(z)}=\frac{1}{N_{\mathrm{SG}}}\frac{(1-z^{-N_{\mathrm{SG}}})(1-z^{-1})}{1-2z^{-1}+z^{-2}}=\frac{1}{N_{\mathrm{SG}}}\frac{1-z^{-N_{\mathrm{SG}}}}{1-z^{-1}}
\tag{3.73}
$$

其简化框图如图 3.29(b) 所示。

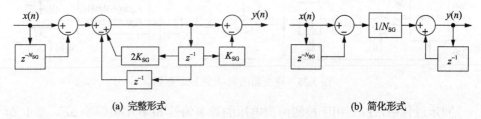

(a) 完整形式　　　　　　　　(b) 简化形式

图 3.29　SGT 滤波器在 z 域中的实现

根据图 3.28，图 3.30 给出了相位同步单元的框图模型。本质上，该同步控制引入了以 SGT 滤波器为主的锁相环算法。

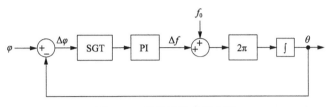

图 3.30　相位同步单元框图

通常，为了抑制电网电压干扰，除 SGT 滤波器外，也可以采用一阶低通滤波器 $G_{LPF1}(s)$、二阶低通滤波器 $G_{LPF2}(s)$，其分别可以表示为

$$G_{LPF1}(s) = \frac{1}{T_w s + 1} \tag{3.74}$$

$$G_{LPF2}(s) = \frac{\omega_n^2}{s^2 + \xi\omega_n s + \omega_n^2} \tag{3.75}$$

式中，$\xi = 0.707$，$\omega_n = 2\pi/T_w$ 分别为滤波器阻尼比和基波角频率。图 3.31（a）给出了几种滤波器幅频特性的对比，其中 SGT 滤波器对各次谐波的抑制能力最强。图 3.31（b）给出了图 3.29 所示相位同步单元的闭环 Bode 图，其中，SGT 滤波器在高频衰减、带宽和谐波抑制方面效果更佳。

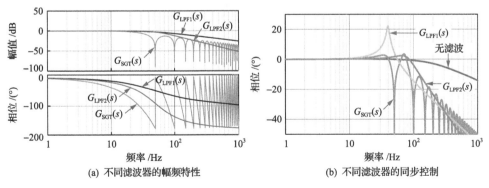

(a) 不同滤波器的幅频特性　　　　　(b) 不同滤波器的同步控制

图 3.31　低通滤波器对离-并网同步的影响

电网电压有效值和频率分别为 230V 和 50Hz，离网逆变器输出电压有效值和频率分别为 220V 和 50Hz，采样频率 $f_s = 20$kHz，$N_{SG} = f_s/f_0 = 400$。

当初始相位偏差不同时，Δu 最大值为 $2U_{gm}\sin(\gamma/2)$。图 3.32 给出了 $\gamma = -2\pi/3$、$\gamma = \pi/2$ 时的仿真结果，为了避免幅值同步和相位同步的耦合，当相位同步使能后，延迟 0.05s，再激活幅值同步。

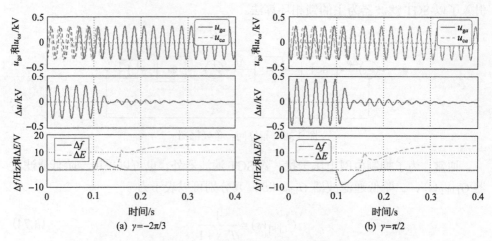

(a) $\gamma=-2\pi/3$　　　　　　　　　　　(b) $\gamma=\pi/2$

图 3.32　相位偏差时的同步过程

当频率存在偏差时，图 3.33 给出了初始相位差 $\gamma=-2\pi/3$，电网和逆变器频率分别为 $f_1=51\text{Hz}$ 和 $f_2=50\text{Hz}$ 的情况，其中 Δu 包络线以频率 $f_1-f_2=1\text{Hz}$ 波动。

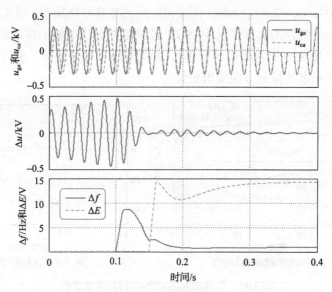

图 3.33　频率偏差情况下的同步过程

当电网电压非理想时，考虑不平衡和 5 次谐波，初始相位偏差 $\gamma=-2\pi/3$，SGT 滤波器可以消除电网干扰，保证逆变器输出电压质量，同步后 Δu 为电网电压的不平衡和谐波分量，如图 3.34 所示。

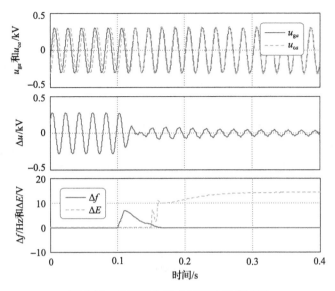

图 3.34　非理想电网电压下的同步过程

基于一个实验平台，电网 $U_{gm}=163\text{V}$、$f_0=50\text{Hz}$，逆变器 $U_{dc}=350\text{V}$、$E_0=155\text{V}$、$f_0=50\text{Hz}$、$f_s=20\text{kHz}$、$N_{SG}=400$，本地负载电阻为 20Ω，图 3.35 给出了逆变器离-并网同步控制的实验结果。在空载情况下，如图 3.35(a) 所示，初始时刻，电网电压的相位超前于逆变器电压。当频率同步单元使能后，逆变器频率增加，以保持相位和电网电压一致。因此，电压偏差快速减小。当幅值同步单元使能后，逆变器电压幅值逐渐增加，以保持和电网电压同步。稳态时，Δu 主要由电网电压谐波

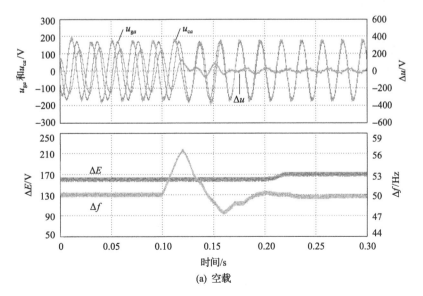

(a) 空载

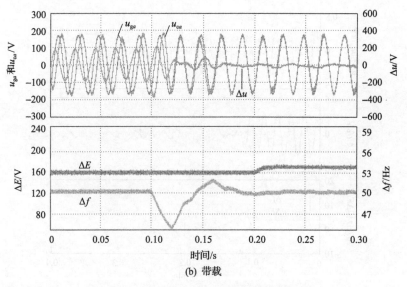

图 3.35　逆变器离-并网同步控制的实验结果

产生。图 3.35(b)给出了带载情况下的实验结果，初始时刻，电网电压的相位滞后于逆变器电压。因此，当同步控制被使能之后，逆变器的参考频率减小，并逐渐与电网电压一致。然后，逆变器电压的幅值逐渐增加，并与电网电压一致。

3.4　PI 和 PR 控制器

3.4.1　数学模型

对于 L 滤波三相两电平并网逆变器，电路模型和控制框图模型如图 3.36 所示，其中 $G_{op}(s)$ 为并网逆变器的开环传递函数模型。在 PI 控制器作用下，可以得到指令信号阶跃响应后的输出结果，如图 3.37 所示，i_e 为偏差信号。

根据图 3.37，PI 控制器对直流指令具有很好的跟踪能力，但是对正弦指令的跟踪能力较差。当采用 PI 控制器时，正弦的电流指令，会导致并网电流相位出现

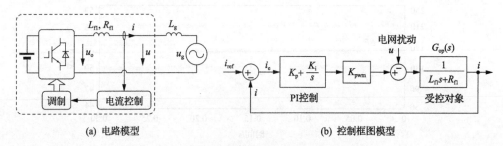

(a) 电路模型　　　　　　　　　　　　　　　(b) 控制框图模型

图 3.36　L 滤波三相两电平并网逆变器模型

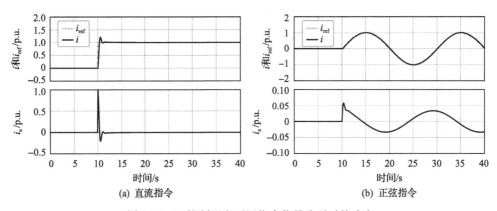

图 3.37　PI 控制器在不同指令信号阶跃时的响应

误差，降低并网逆变器的功率因数。同步旋转 $dq0$ 坐标系是由静止 $\alpha\beta0$ 或 abc 坐标系旋转得到的，将同步坐标系下的 PI 控制器进行旋转，即可得到 PR 控制器。

同步旋转 $dq0$ 坐标系的 PI 控制器 $G_{\mathrm{PI}}(s)$，经过频率调制过程变换到静止坐标系[14]，可以得到其等效的 PR 控制器 $G_{\mathrm{PR}}(s)$，$G_{\mathrm{PR}}(s)$ 的传递函数为

$$G_{\mathrm{PR}}(s) = G_{\mathrm{PI}}(s - \mathrm{j}\omega_h) + G_{\mathrm{PI}}(s + \mathrm{j}\omega_h) \tag{3.76}$$

其中，角频率 $\omega_h = h\omega$。对于常见的 PI 控制器，其对应的 PR 控制器为

$$G_{\mathrm{PI}}(s) = K_{\mathrm{p}} + \frac{K_{\mathrm{i}}}{s} \Rightarrow G_{\mathrm{PR}}(s) = K_{\mathrm{p}} + \frac{2K_{\mathrm{i}}s}{s^2 + \omega_h^2} \tag{3.77}$$

式 (3.77) 通常称为无阻尼 PR 控制器。若 $G_{\mathrm{PI}}(s)$ 采用非理想积分器 (截止频率为 ω_{ch} 的一阶低通滤波器)，即

$$G_{\mathrm{PI}}(s) = K_{\mathrm{p}} + \frac{K_{\mathrm{i}}\omega_{ch}}{s + \omega_{ch}} \tag{3.78}$$

那么，$G_{\mathrm{PR}}(s)$ 可以表示为

$$G_{\mathrm{PR}}(s) = K_{\mathrm{p}} + K_{\mathrm{i}} \frac{2(\omega_{ch}s + \omega_{ch}^2)}{s^2 + 2\omega_{ch}s + \omega_{ch}^2 + \omega_h^2} \tag{3.79}$$

式中，ω_{ch} 决定了谐振峰的宽度，一般地，有 $\omega_{ch} \ll \omega_h$，因此式 (3.79) 可以化简为

$$G_{\mathrm{PR}}(s) = K_{\mathrm{p}} + K_{\mathrm{i}} \frac{2\omega_{ch}s}{s^2 + 2\omega_{ch}s + \omega_h^2} \tag{3.80}$$

式 (3.80) 称为有阻尼 PR 控制器。

图 3.38 给出了两类 PR 控制器的 Bode 图。对比 PI 控制器，PR 控制器在所期

望的频率处形成谐振，从而提高控制器增益，降低跟踪误差。ω_{ch} 越小，$G_{PR}(s)$ 幅频特性的谐振峰越窄，选频特性越好。然而，ω_{ch} 越小，PR 控制器对电网频率的变化越敏感，对电网频率变化的适应性越差。实际中，ω_{ch} 的值通常折中取为 5～15rad/s。

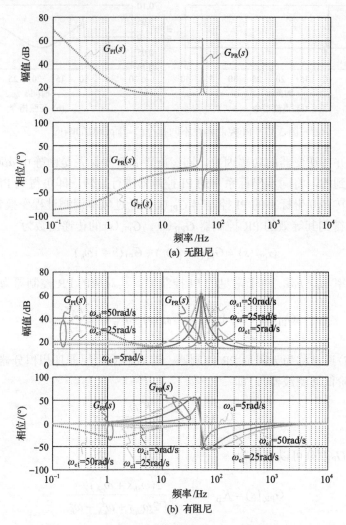

图 3.38　PR 控制器的 Bode 图

为了对多个不同频率的正弦指令进行跟踪，通常采用多谐振 PR 控制器。以计及基波和 3、5、7 次谐波的多谐振 PR 控制器为例，其数学模型为

$$G_{PR}(s) = K_p + \sum_{h=1,3,5,7} \frac{2K_{rh}\omega_{ch}s}{s^2 + 2\omega_{ch}s + \omega_h^2} \tag{3.81}$$

式中，K_{rh} (h=1, 3, 5, 7) 为积分增益。

图 3.36 所示并网逆变器框图中，逆变器参数为 $U_{dc}=350\text{V}$、$L_{f1}=0.5\text{mH}$、$R_{f1}=0.05\Omega$，控制器参数取为 $K_p=2.5$，$K_{rh}=20$，$\omega_{ch}=10\text{rad/s}$。图 3.36 所示闭环控制系统的 Bode 图如图 3.39 所示，其中 $G_{cl}(s)=\dfrac{K_{pwm}G_{PR}(s)G_{op}(s)}{1+K_{pwm}G_{PR}(s)G_{op}(s)}$，$G_{dl}(s)=\dfrac{-G_{op}(s)}{1+K_{pwm}G_{PR}(s)G_{op}(s)}$。

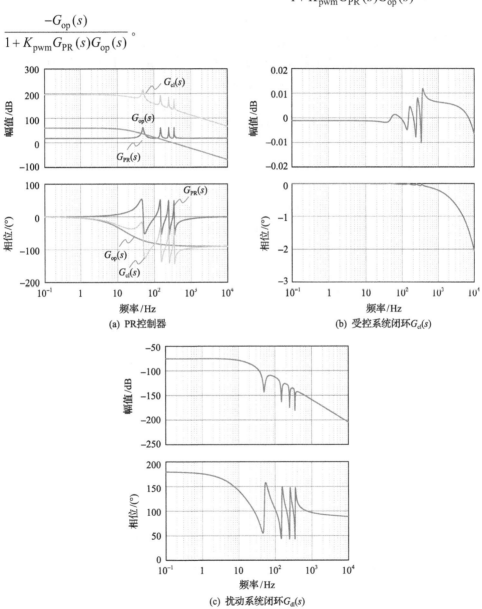

(a) PR控制器

(b) 受控系统闭环$G_{cl}(s)$

(c) 扰动系统闭环$G_{dl}(s)$

图 3.39 多谐振 PR 控制器的 Bode 图

根据图 3.39(a)，从 PR 控制器的角度来看，在基波和谐波频率处，多谐振 PR 控制器提升了前向通路的增益，且保持了这些频率处的零相移特性，保证了对这些频率处电流分量的精确跟踪。

根据图 3.39(b)，从闭环系统的 Bode 图来看，多谐振 PR 控制器保证了在 1kHz 大范围内近似有 0dB 的幅频特性，确保了对这些频率处电流幅值的有效跟踪。然而，从 1kHz 开始，相频特性变差，开始出现相位偏差，不能保证对高次谐波的精确控制，可能会引起高次谐波电流补偿失真。

根据图 3.39(c)，从扰动系统的 Bode 图来看，多谐振 PR 控制器对电网基波、3、5、7 次谐波电压扰动也具有明显的抑制能力。

为了在 DSP 中实现上述连续域中的 PR 控制器，需要合适的离散化方法。最常用的离散化方法是双线性变换(Tustin 变换)，即

$$s = \frac{2}{T_s}\frac{z-1}{z+1} \tag{3.82}$$

式中，T_s 为采样时间。将式(3.82)代入 $G_{PR}(s)$ 的表达式中，可以得到 PR 控制器的 z 域传递函数，进而得到适合于 DSP 应用的差分方程。以基波所对应的谐振积分项为例(式(3.81)中，令 $K_p = 0$)，其离散化传递函数为

$$G_{PR}(z) = G_{PR}(s)\big|_{s=\frac{2}{T_s}\frac{z-1}{z+1}} = \frac{b_0 + b_1 z^{-1} + b_2 z^{-2}}{1 + a_1 z^{-1} + a_2 z^{-2}} \tag{3.83}$$

式中

$$\begin{cases} a_1 = \dfrac{2\omega^2 T_s^2 - 8}{\Xi} \\ a_2 = \dfrac{\omega^2 T_s^2 + 4 - 4\omega_{cl} T_s}{\Xi} \end{cases}, \quad \begin{cases} b_0 = \dfrac{4K_{r1}\omega_{cl}T_s}{\Xi} \\ b_1 = 0 \\ b_2 = -b_1 \end{cases} \tag{3.84}$$

$$\Xi = \omega^2 T_s^2 + 4\omega_{cl}T_s + 4 \tag{3.85}$$

式(3.83)对应的差分方程为

$$u_m(n) = -a_1 u(n-1) - a_2 u(n-2) + b_0 e(n) + b_1 e(n-1) + b_2 e(n-2) \tag{3.86}$$

式中，e 为输入 PR 控制器的误差信号；u_m 为 PR 控制器的输出。

在定点 DSP 应用中，基于 Tusin 变换得到的 z 域中的 PR 控制器，受量化误差和截断误差的影响，z 域的 PR 控制与 s 域的 PR 控制性能相差悬殊。

例如，某离散系统由 6 位二进制数量化，也即量化误差为 $1/2^6 = 0.0156$。对于

真实的系统模型

$$G_{\text{test}}(z) = \frac{1}{1 - 1.9z^{-1} + 0.9025z^{-2}} \tag{3.87}$$

系统的特征根为 $z_1 = z_2 = 0.95 < 1$。然而，由于系统量化误差的影响，假设量化后所得系统的模型为

$$G'_{\text{test}}(z) = \frac{1}{1 - 1.9z^{-1} + 0.8925z^{-2}} \tag{3.88}$$

此时，系统的特征根为 $z_1 = 0.85, z_2 = 1.05 > 1$。可见，即使量化误差仅引入 1% 的误差，也可能完全改变系统的稳定性。因此，量化误差和截断误差直接关系着控制系统的稳定。

为了便于 DSP 应用，克服量化误差和截断误差的影响，可以采用 γ 域 δ 算子的 PR 控制器[24]。定义 δ 算子为

$$\delta^{-1} = \frac{\Delta q^{-1}}{1 - q^{-1}} \tag{3.89}$$

式中，q 为差分算子；Δ 为常数。可以得到 γ 域和 z 域之间的关系

$$\gamma^{-1} = \frac{\Delta z^{-1}}{1 - z^{-1}} \Rightarrow z = 1 + \gamma\Delta \tag{3.90}$$

将式(3.90)代入式(3.83)，可得 $G_{\text{PR}}(s)$ 在 γ 域中的离散结果

$$H_{\text{PR}}(\gamma) = \frac{\beta_0 + \beta_1\gamma^{-1} + \beta_2\gamma^{-2}}{1 + \alpha_1\gamma^{-1} + \alpha_2\gamma^{-2}} \tag{3.91}$$

式中

$$\begin{cases} \alpha_1 = (2 + a_1)/\Delta \\ \alpha_2 = (1 + a_1 + a_2)\big/\Delta^2 \end{cases}, \quad \begin{cases} \beta_0 = b_0 \\ \beta_1 = (2b_0 + b_1)/\Delta \\ \beta_2 = (b_0 + b_1 + b_2)\big/\Delta^2 \end{cases} \tag{3.92}$$

在 DSP 中，利用直接 II 型实现 $H_{\text{PR}}(\gamma)$，该结构受截断误差的影响较小，如图 3.40 所示，其中

$$\begin{cases} w_4(n) = \Delta w_3(n-1) + w_4(n-1) \\ w_2(n) = \Delta w_1(n-1) + w_2(n-1) \\ u_{\text{m}}(n) = \beta_0 e(n) + w_4(n) \\ w_3(n) = \beta_1 e(n) - \alpha_1 u_{\text{m}}(n) + w_2(n) \\ w_1(n) = \beta_2 e(n) - \alpha_2 u_{\text{m}}(n) \end{cases} \tag{3.93}$$

式中，Δ 为一个小于 1 的正常数，需要根据参数 $\alpha_i(i=1, 2)$ 和 $\beta_i(i=0, 1, 2)$ 的范围做合适的选择，以降低截断误差的影响。这里选择 $\Delta = 1/16$。在定点 DSP 中所有参数采用 Q15 格式量化，最小量化单位为 $1/2^{15} = 3.05 \times 10^{-5}$。

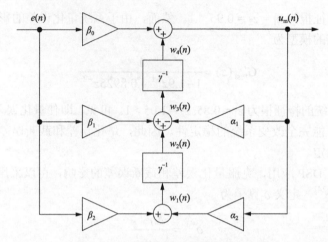

图 3.40　γ 域 PR 控制器的实现方法

对比连续域、z 域和 γ 域 PR 控制器的动态响应结果，三者的输出分别为 u_{m1}、u_{m2} 和 u_{m3}，如图 3.41 所示，输入电流误差为 $e = 0.3\sin(100\pi t)$ p.u.，$K_{r1}=20$，$\omega_{c1} = 5$rad/s。在图 3.41(b) 中，当谐振积分器输出的幅值超出 ±0.5p.u. 时，进行抗积分饱和处理，限幅为 ±0.5p.u.。由于量化误差的存在，z 域和连续域 PR 控制器之间存在较大误差，且时间越长，误差越大。γ 域和连续域 PR 输出十分接近，无论是否考虑抗积分饱和，基于 δ 算子的离散化方法，都能很好地保证 PR 控制器的性能。

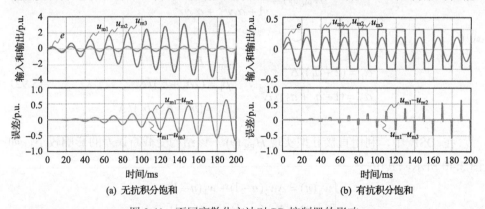

图 3.41　不同离散化方法对 PR 控制器的影响

3.4.2　物理模型

若三相系统对称，三相两电平并网逆变器可以等效为三个单相并网逆变器，如图 3.42 所示，u 和 u_o 分别为滤波电容电压和桥臂中点电压，i 为电感电流。

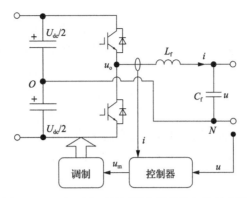

图 3.42　三相两电平并网逆变器的单相等效电路

以并网逆变器为例，可以获得简化的逆变器电路模型，如图 3.43(a)所示，L_g 和 u_g 分别为网侧电感和电网电压。逆变器本质上是一个受控电压源，将控制器输出的调制信号 u_m 放大 K_{pwm} 倍，K_{pwm} 为 u_o 的基波分量 u_{o1} 与 u_m 之比，即 $K_{pwm}=u_{o1}/u_m$ $=U_{dc}/2$。u_o、u_{o1} 和 u_m 之间的关系如图 3.43(b)所示，由于 u_o 是开关脉冲电平，需要通过滤波器获得其基波电压。出于分析方便，在下面的分析中，仍以 u_o 表示 u_{o1}。对于同步旋转 $dq0$ 坐标系、静止 $\alpha\beta0$ 坐标系下的逆变器模型，只需做适当修改，其等效电路模型仍然适用。

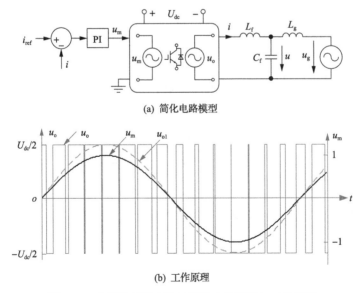

(a) 简化电路模型

(b) 工作原理

图 3.43　典型并网逆变器的简化电路模型与工作原理

1. PI 控制器的物理模型

一般地，在逆变器的控制中，为了避免比例积分微分(proportional integral differential，PID)控制的微分环节放大输入噪声，干扰控制器的稳定运行，通常去除微分环节，采用 PI 控制。针对控制器跟踪参考指令的不同，有两种不同的 PI 控制器单元，分别为电流跟踪型和电压跟踪型。为了不失一般性，首先以完整的 PID 控制器为例，分别讨论这两种不同类型的 PI 控制器。然后，再以并网逆变器和离网逆变器为例，分析 PI 控制器在逆变器中的应用。

对于电流跟踪型 PID 控制单元，如图 3.44(a)所示，控制器确保电流 i 跟踪电流指令 i_{ref}，偏差信号 i_e 输入 PID 控制器进行调节，得到输出的控制电压信号 u_m。其数学模型可以表示为

$$u_m = G_{PID}(s)i_e = \left(K_p + \frac{K_i}{s} + K_d s \right) i_e \tag{3.94}$$

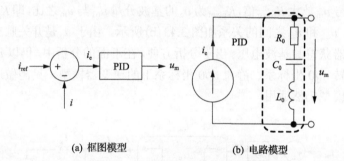

(a) 框图模型　　　　　　　(b) 电路模型

图 3.44　电流跟踪型 PID 控制器

如图 3.44(b)所示，对于串联 RLC 电路，若其流过各元件的电流为 i_e，那么支路的电压可以表示为

$$u_m = R_0 i_e + \frac{1}{C_0} \int i_e dt + L_0 \frac{di_e}{dt} \tag{3.95}$$

式中，R_0、L_0 和 C_0 分别为电路中的电阻、电感和电容。

可见，PID 控制器和串联 RLC 电路具有相同的数学模型

$$u_m = G_{PID}(s)i_e = \left(K_p + \frac{K_i}{s} + K_d s \right) i_e = \left(R_0 + \frac{1}{C_0 s} + L_0 s \right) i_e \tag{3.96}$$

参数之间存在对偶关系

$$K_{\mathrm{p}} \equiv R_0, K_{\mathrm{i}} \equiv 1/C_0, K_{\mathrm{d}} \equiv L_0 \tag{3.97}$$

若选择典型的电路参数 $R_0 = 0.2\Omega$、$C_0 = 1\mathrm{mF}$、$L_0 = 1\mathrm{mH}$，由式 (3.97) 可知，典型的 PID 参数可选为 $K_{\mathrm{p}} = R_0 = 0.2$、$K_{\mathrm{i}} = 1/C_0 = 1000$、$K_{\mathrm{d}} = L_0 = 1 \times 10^{-3}$。此外，去除串联支路的电感 L，RC 支路可以等效为常用的 PI 控制器。

另外，也有对输出电压进行调节的 PID 控制器，如图 3.45 (a) 所示。通过电压 u 反馈，跟踪其指令值 u_{ref}，由电压偏差信号 u_{e} 来调节控制器的输出 i_{m}。其数学模型为

$$i_{\mathrm{m}} = G_{\mathrm{PID}}(s)u_{\mathrm{e}} = \left(K_{\mathrm{p}} + \frac{K_{\mathrm{i}}}{s} + K_{\mathrm{d}}s \right)u_{\mathrm{e}} \tag{3.98}$$

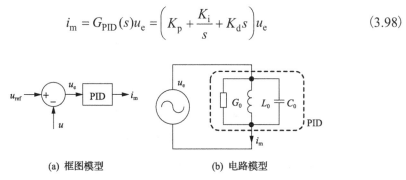

(a) 框图模型　　　　　　　(b) 电路模型

图 3.45　电压跟踪型 PID 控制器

类似地，该 PID 控制器可以用 GLC 并联支路来模拟，如图 3.45 (b) 所示，其数学模型为

$$i_{\mathrm{m}} = G_0 u_{\mathrm{e}} + \frac{1}{L_0} \int u_{\mathrm{e}} \mathrm{d}t + C_0 \frac{\mathrm{d}u_{\mathrm{e}}}{\mathrm{d}t} \tag{3.99}$$

式中，G_0、L_0 和 C_0 分别为电路的电导、电感和电容。

对比式 (3.98) 和式 (3.99) 的模型有

$$i_{\mathrm{m}} = G_{\mathrm{PID}}(s)u_{\mathrm{e}} = \left(K_{\mathrm{p}} + \frac{K_{\mathrm{i}}}{s} + K_{\mathrm{d}}s \right)u_{\mathrm{e}} = \left(G_0 + \frac{1}{L_0 s} + C_0 s \right)u_{\mathrm{e}} \tag{3.100}$$

可见，PID 控制器和并联 GLC 支路的参数存在对偶关系

$$K_{\mathrm{p}} \equiv G_0, K_{\mathrm{i}} \equiv 1/L_0, K_{\mathrm{d}} \equiv C_0 \tag{3.101}$$

若选择典型的电路参数 $G_0 = 0.2\mathrm{S}$、$C_0 = 1\mathrm{mF}$、$L_0 = 1\mathrm{mH}$，那么典型的 PID 参数可选为 $K_{\mathrm{p}} = G_0 = 0.2$、$K_{\mathrm{i}} = 1/L_0 = 1000$、$K_{\mathrm{d}} = C_0 = 1 \times 10^{-3}$。此外，不计并联电容 C_0，GL 支路可以等效为常用的 PI 控制器。

通常，逆变器的控制目标在于让逆变器输出给定的电压或电流。

对于图 3.43 所示的逆变器等效电路模型，为了将其控制为电流跟随模式，采用电流跟踪型 PI 控制器。此时，逆变器的模型可以进一步化简为图 3.46。由于桥臂的输出电压 u_o 与控制器输出的调制信号 u_m 之间存在 K_{pwm} 倍放大关系，控制回路的等效电参数存在折算，其遵循

$$u_o = K_{pwm}u_m = K_{pwm}\left(K_p + \frac{K_i}{s}\right)(i_{ref} - i) = \left(R + \frac{1}{Cs}\right)i_e \qquad (3.102)$$

也即，控制支路的等效电阻 $R \equiv K_{pwm}K_p$，电容 $C \equiv 1/(K_{pwm}K_i)$。

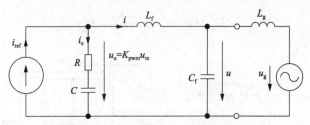

图 3.46　并网逆变器的等效电路模型

一方面，若控制器是在同步旋转 $dq0$ 坐标系下进行计算的，那么电流指令 i_{ref} 为常数，也即可以等效为恒定的直流源。稳态时，电容对直流信号呈现开路，即 $i_e = 0$，因此 PI 支路不起作用，逆变器的输出电流 $i = i_{ref}$，也即逆变器能实现对常数指令的无静差跟踪，可见，电容的隔直能力是 PI 控制器能对电流指令进行无静差跟踪的物理原因。动态时，i_{ref} 的阶跃跳变会在 PI 控制器支路上产生相应的响应，显然，电容 C 也即 PI 控制器的积分环节，对控制器的动态过程具有直接的影响。

另一方面，若控制器是在 abc 坐标系或者 $\alpha\beta0$ 坐标系下进行计算的，那么电流指令为正弦交流量，并联支路中的电容 C 具有通交流的能力，此时 i_e 不会为零，积分环节具有导通交流量的能力，这就是 PI 控制器无法对正弦信号实现无静差跟踪的物理本质。

为了将逆变器控制为电压源模式，通常采用电压外环、电流内环的双环控制策略，以保证控制器的最终输出为电压信号 u_m，如图 3.47 所示。

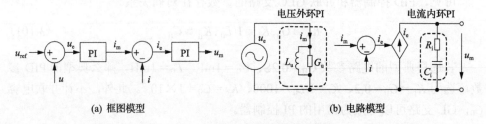

(a) 框图模型　　　　　　　　　　　　　　(b) 电路模型

图 3.47　电压跟随型逆变器的控制器

如图 3.48 所示,电压外环和电流内环所等效的电路模型通过级联的方式组合在一起,下标"u"和"i"分别表示电压外环和电流内环的控制参数。考虑到逆变器的放大系数 K_{pwm},电流环的等效电路参数需要折算,仍然采用式(3.102)所示方法。

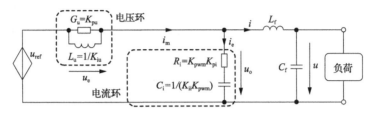

图 3.48 电压跟随型逆变器的等效电路模型

假设逆变器桥臂输出电压 u_o 和 u 之间相差不大。由于

$$G_{ave}(s) = \frac{u}{u_o} = \frac{1}{L_f C_f s^2 + 1} \tag{3.103}$$

对于工频基波电压,两者的幅值和相位差为

$$\begin{cases} |G_{ave}(s)|_{s=j\omega_0} = 1.002 \\ \angle G_{ave}(s)|_{s=j\omega_0} = 0° \end{cases} \tag{3.104}$$

因此,u 与 u_o 近似相等的假设成立。

与并网逆变器的情况相类似,一方面,若控制器在旋转的 $dq0$ 坐标系下进行计算,也即 u_{ref} 为常数,图 3.48 中的受控电压源为直流电源。在控制回路中,电感短路,电容开路,输出电压 u 等于 u_{ref},PI 控制可以实现对指令电压的零静差跟踪。另一方面,若控制器在静止的 abc 或 $\alpha\beta0$ 坐标系下进行计算,指令值 i_m 为交流量,电感 L_u 和电容 C_i 均呈现阻抗,此时逆变器的 u 与 u_{ref} 之间会存在幅值和相位误差。与前述并网逆变器的情况类似,PI 控制器能对直流指令进行无静差的跟踪,但是对交流指令会存在偏差,这主要由 PI 控制器中电容"隔直通交"、电感"通直阻交"的物理特性决定。

从图 3.44、图 3.45 所示 PI 控制器的框图模型和电路模型中可以发现,PI 控制器的电阻或电导环节对于提高控制器的增益、减小系统稳态误差,具有直接的影响。同时,电感或电容等储能元件所形成的积分环节,对于系统的动态过程具有直接的帮助。因此,对于直流信号的电压和电流参考值来说,PI 控制器已经足够,可以保证逆变器的输出电压和电流与其指令的直流量一致。但是,对于交流的指令信号,从图 3.46 所示的控制器可以发现,交流量在储能元件 L 和 C 上一直进行能量交换,使得控制器的输出与输入信号之间存在幅值和相位的偏差,最终导致控制器不能精确跟踪交流指令。这从物理本质上解释了 PI 控制器无法对交流指令无静差跟踪的原因。

2. PR 控制器的物理模型

为了实现对交流电流指令的无静差跟踪，往往需要采用 PR 控制器。这里进一步探讨 PR 控制器的物理本质。以图 3.49 所示的电流跟踪型 PR 控制器为例，首先分析无阻尼的 PR 控制器，其数学模型为

$$G_{PR}(s) = K_p + \frac{K_r s}{s^2 + (h\omega)^2} \tag{3.105}$$

式中，h 为谐波次数，为了对基波电流进行跟踪，只需令 $h=1$ 即可。值得指出的是，这里的谐振积分项是一个 SOGI，可以通过对传统的积分器 K_i/s 进行旋转坐标变换得到，SOGI 是传统积分器在同步旋转坐标系中的对偶形式。

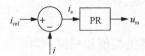

图 3.49　电流跟踪型 PR 控制器的框图模型

根据图 3.49 所示的 PR 控制器框图及式(3.105)所示的数学模型，本节可以得到如图 3.50(a)所示的详细的控制器框图模型，以及图 3.50(b)所示的电路模型。

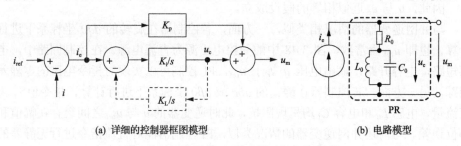

(a) 详细的控制器框图模型　　　　　　　　　　**(b) 电路模型**

图 3.50　无阻尼的 PR 控制器(电流跟踪型)

对比图 3.50 所示的详细的框图模型和电路模型，以及式(3.105)所示的数学模型，可以发现两者之间满足

$$R_0 \equiv K_p, C_0 \equiv 1/K_r, L_0 \equiv K_L = K_r/(h\omega)^2 \tag{3.106}$$

式中，K_L 为谐振积分的反馈系数。

显然，对比图 3.44 所示的 PI 控制器的电路模型，PR 控制器的积分环节换成了一个 LC 并联谐振支路，在 PI 控制器中电容的基础上增加了一个电感支路。该

并联支路阻抗为

$$Z = \frac{j\Omega L_0}{1 - \Omega^2 L_0 C_0} \tag{3.107}$$

当 $\Omega = 1/\sqrt{L_0 C_0}$ 时，系统阻抗趋于无穷大，也即此时并联支路处于开路状态。也就是，LC 支路的并联谐振条件为

$$-\frac{1}{j\Omega C_0} = j\Omega L_0 \tag{3.108}$$

根据式 (3.108) 有

$$L_0 C_0 \Omega^2 = 1 \Rightarrow \frac{K_r}{(h\omega)^2} \frac{1}{K_r} (h\omega)^2 = 1 \tag{3.109}$$

可见，只要参数 L 和 C 设计得当，就总能保证在 $h\omega$ 处发生并联谐振。LC 并联谐振的物理意义在于流过控制器的电流 i_e 与控制器的输出电压 u_m 是成正比的，因此可以保证控制器无相位差地跟踪指令信号，同时控制器的增益可以通过改变 R_0 来调节，因此可以保证对于幅值误差的控制。由电路图可以轻易地发现，PR 控制通过修改 PI 积分环节的电容支路，利用并联谐振，来消除由 PI 控制器引起的相位和幅值误差。这就是 PR 控制器能做到对交流指令无静差跟踪的物理本质。

当然，对于 PR 控制器，为了避免在谐振频率处具有无限大的增益，干扰控制器的稳定运行，通常需要引入适量的阻尼，也即有阻尼的 PR 控制器

$$G_{PR}(s) = K_p + \frac{2K_r \omega_{ch} s}{s^2 + 2\omega_{ch} s + (h\omega)^2} \tag{3.110}$$

类似地，可以得到有阻尼的 PR 控制器的详细框图和电路模型，如图 3.51 所示。对比图 3.50，有阻尼的 PR 控制器在电路模型上增加了 LC 并联支路的电阻 R_{c0}，来抑制并联谐振的峰值。

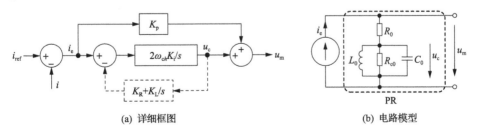

(a) 详细框图　　　　　　　　　　　(b) 电路模型

图 3.51　有阻尼的 PR 控制器（电流跟踪）

对比式 (3.110) 所示的数学模型和图 3.51 所示的电路模型，可以发现两者参数之间的对偶关系为

$$\begin{cases} R_0 \equiv K_p \\ C_0 \equiv 1/(2K_r\omega_{ch}) \\ L_0 \equiv 1/K_L = 2K_r\omega_{ch}/(h\omega)^2 \\ R_{c0} \equiv 1/K_R = K_r \end{cases} \tag{3.111}$$

式中，K_R 为谐振积分的阻尼比。

同样地，也能得到有阻尼 PR 控制器等效电路的谐振条件为

$$L_0 C_0 \Omega^2 = 1 \Rightarrow \frac{2K_r\omega_{ch}}{(h\omega)^2} \frac{1}{2\omega_{ch}K_r}(h\omega)^2 = 1 \tag{3.112}$$

可见，有阻尼 PR 控制器一样能满足并联谐振的条件。差别在于增加的等效电阻 R_{c0}，也即 PR 控制器的阻尼部分，对谐振峰的强度进行了适量的抑制。

类似地，对于电压跟踪型的 PR 控制器，也可以得到其框图模型，如图 3.52(a) 所示。

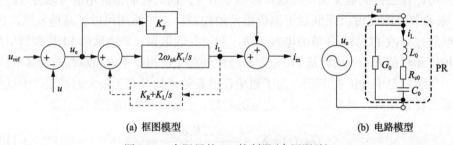

(a) 框图模型　　　　　　　　　　(b) 电路模型

图 3.52　有阻尼的 PR 控制器（电压跟踪）

对比图 3.52 和式 (3.105) 可知，不计 R_{c0}，对于无阻尼的 PR 控制器，对应的参数为

$$\begin{cases} G_0 \equiv K_p \\ L_0 \equiv 1/K_r \\ C_0 \equiv 1/K_L = K_r/(h\omega)^2 \end{cases} \tag{3.113}$$

而此时 LC 串联支路的阻抗为

$$Z = \frac{1}{j\Omega C_0} + j\Omega L_0 \tag{3.114}$$

阻抗 Z 的幅值为

$$|Z| = \left| \frac{1}{\mathrm{j}\Omega C_0} + \mathrm{j}\Omega L_0 \right| = \frac{\Omega^2 L_0 C_0 - 1}{\Omega C_0} \tag{3.115}$$

当 $\Omega = 1/\sqrt{L_0 C_0}$ 时，$|Z|$ 有最小值 0，此时 LC 支路发生串联谐振而短路。若要满足串联谐振条件，根据式(3.115)有

$$\Omega = \frac{1}{\sqrt{L_0 C_0}} \Rightarrow \Omega = \frac{1}{\sqrt{\dfrac{1}{K_{\mathrm{r}}} \cdot \dfrac{K_{\mathrm{r}}}{(h\omega)^2}}} = h\omega \tag{3.116}$$

由图 3.52 和式(3.110)可知，计及 R_{c0}，对于有阻尼的 PR 控制器，有

$$\begin{cases} G_0 \equiv K_{\mathrm{p}} \\ L_0 \equiv 1/(K_{\mathrm{r}}\omega_{ch}) \\ C_0 \equiv 1/K_{\mathrm{L}} = K_{\mathrm{r}}\omega_{ch}/(h\omega)^2 \\ R_{c0} \equiv 1/K_{\mathrm{R}} = K_{\mathrm{r}} \end{cases} \tag{3.117}$$

串联谐振的条件为

$$\Omega = \frac{1}{\sqrt{L_0 C_0}} \Rightarrow \Omega = \frac{1}{\sqrt{\dfrac{1}{K_{\mathrm{r}}\omega_{ch}} \cdot \dfrac{K_{\mathrm{r}}\omega_{ch}}{(h\omega)^2}}} \Rightarrow \Omega = h\omega \tag{3.118}$$

根据以上分析，类似地，可以得到基于 PR 控制器的并网逆变器的数字电路模型，如图 3.53 所示。考虑并网逆变器的放大系数 K_{pwm}，PR 控制器的电参数需要折算，其为

$$\begin{aligned} u_{\mathrm{o}} &= K_{\mathrm{pwm}} u_{\mathrm{m}} = K_{\mathrm{pwm}} \left[K_{\mathrm{p}} + \frac{2K_{\mathrm{r}}\omega_{ch}s}{s^2 + 2\omega_{ch}s + (h\omega)^2} \right] i_{\mathrm{e}} \\ &= \left(R + \frac{LR_{\mathrm{c}}s}{LCR_{\mathrm{c}}s^2 + Ls + R_{\mathrm{c}}} \right) i_{\mathrm{e}} \end{aligned} \tag{3.119}$$

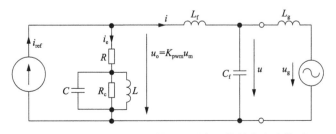

图 3.53 基于 PR 控制器的并网逆变器的数字电路模型

由此可知

$$
\begin{cases}
R = K_{\mathrm{pwm}}K_{\mathrm{p}} \\
C = 1/(2K_{\mathrm{pwm}}K_{\mathrm{r}}\omega_{ch}) \\
L = 2K_{\mathrm{pwm}}K_{\mathrm{r}}\omega_{ch}/(h\omega)^2 \\
R_{\mathrm{c}} = K_{\mathrm{pwm}}K_{\mathrm{r}}
\end{cases}
\tag{3.120}
$$

在 PR 控制器下，并网逆变器的输出阻抗构成一个并联谐振旁路。由于其具有选频特性，对于频率为 $h\omega$ 的电流分量，PR 控制器支路等效为开路，在该谐振频率处，并网逆变器的输出电流 i 可以实现对电流指令 i_{ref} 的无静差跟踪。特殊地，对于直流的情况，等效于电容 C 开路、电感 L 短路，电网支路将整个控制器支路短接，因此也能实现对直流分量的零静差跟踪。此外，只要在传统 PI 控制器的基础上引入附加的反馈支路，即可构成 $h\omega$ 频率处电流分量的 PR 控制器，也即 PR 控制器是一种特殊的、改进的 PI 控制器。

类似地，对于电压跟随型逆变器，基于 PR 控制的等效电路模型，如图 3.54 所示。对于交流指令信号 u_{ref} 来说，电压环 PR 控制器支路因为串联谐振而短路，而电流环 PR 控制器却因并联谐振而开路，因此负荷侧的端电压 u 可以无静差地跟踪 u_{ref}。对于直流指令信号 u_{ref} 来说，电压环和电流环的电容等效开路，而电感等效短路，逆变器的输出电压近似地为 $u = G_{\mathrm{u}}R_{\mathrm{i}}u_{\mathrm{ref}}$，$G_{\mathrm{u}}$ 为电压环的等效电导，R_{i} 为电流环的等效电阻。因此，这种双闭环控制的电压跟随型逆变器，为了实现对电流指令的跟踪，需要满足 $G_{\mathrm{u}} = 1/R_{\mathrm{i}}$。

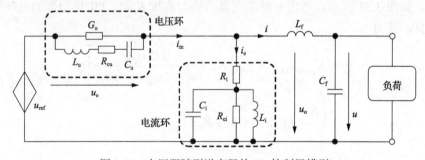

图 3.54　电压跟随型逆变器的 PR 控制器模型

3.4.3　实验结果

本节基于一台 $10\mathrm{kV}\cdot\mathrm{A}$ 的三相两电平逆变器样机，参数如表 3.2 所示，针对图 3.55 所示并网和离网控制策略进行验证。

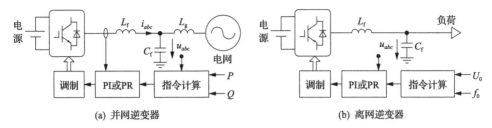

图 3.55　逆变器的控制框图

表 3.2　实验用逆变器样机参数

逆变器部件和电网	参数和取值
直流母线	直流母线电压 U_{dc}=350V；电容 C_{dc}=4400μF
开关频率	f_s=10kHz
滤波器	LC 滤波器：L_f=0.5mH；C_f=20μF
电网	电感 L_g=3mH；线电压有效值为 190V；角频率 ω=314rad/s

针对并网逆变器，图 3.56 给出了 PI 和 PR 控制器下的实验波形，在 100ms 时，电流指令发生阶跃扰动，u_a 为 a 相电网电压，i_{refa} 和 i_a 分别为 a 相并网电流的指令值和实际值，i_{ea} 为并网电流与其指令值之间的误差。采用 PI 控制器，逆变器输出功率因数为 0.9767，并网有功和无功分别为 5.45kW、1.20kvar，有功无功指令为 7kW/0var。采用 PR 控制器，输出功率因数为 0.9987，并网有功和无功分别为 7.07kW、367var。对比可以发现，PR 控制器具有更好的电流跟踪能力，PI 控制器存在相位超前的电流误差，等效为容性无功电流。

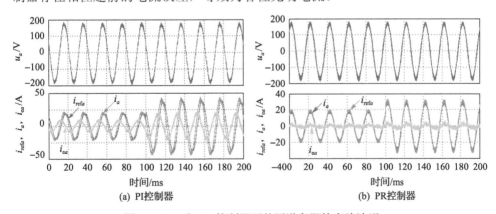

图 3.56　PI 和 PR 控制器下并网逆变器的实验波形

针对离网逆变器，图 3.57 给出了电压跟随型逆变器的实验波形，100ms 时，指令电压的幅值从 120V 阶跃到 150V。其中，u_a 为逆变器输出的 a 相电压，u_{ea} 为输出电压与其指令值之间的误差。可见，由于等效电感、电容支路的存在，采用 PI 控制器能将输出电压的幅值控制为给定值，但是无法在相位上保持与指令值之间的同步。相反，PR 控制器通过谐振支路消除了交流误差分量的影响，从而可以保证输出电压与其指令值之间的精确同步。

随着控制技术的进步，出现了大量新兴的逆变器控制策略来提升逆变器性能，如模型预测控制[25]、滑模控制[26]、无源控制[27]、最优控制[28]等。这些控制方法都是高度数学抽象后的结果，其工作原理和物理本质不够清晰，也不便于理解。这给研究数字控制和硬件电路的耦合，以及多台逆变器的耦合，带来了不便。对于这些控制策略，仍然可以采用电路等效的方法，分析其物理本质，以及它们和逆变器电路的耦合关系。

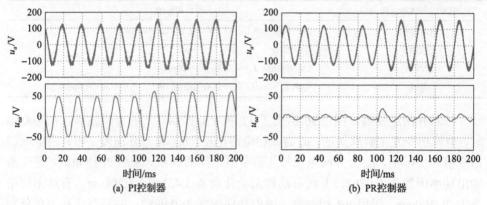

图 3.57　PI 和 PR 控制器下离网逆变器的实验波形

3.5　本章小结

本章介绍了并网逆变器的建模与控制策略。首先，基于三相两电平和三相组式并网逆变器，建立了并网逆变器的状态空间平均模型，此外，还建立了并网逆变器的动态相量模型。分析结果表明：状态空间平均模型对于并网逆变器的分析与控制具有较好的适应性，动态相量模型在模型精确性和计算复杂性之间具有较好的折中。然后，详细阐述了逆变器的并网、离网、离-并网控制策略。最后，针对逆变器的指令跟踪控制，建立了 PI 和 PR 控制器的等效电路模型，揭示了影响控制器性能的电路机理。

参 考 文 献

[1] 曾正, 杨欢, 赵荣祥. 多功能并网逆变器及其在微电网中的应用[J]. 电力系统自动化, 2012, 36(4): 28-34.

[2] Zeng Z, Yang H, Guerrero J M, et al. Multi-functional distributed generation unit for power quality enhancement[J]. IET Power Electronics, 2015, 8(3): 467-476.

[3] 沈国桥, 徐德鸿. LCL 滤波并网逆变器的分裂电容法电流控制[J]. 中国电机工程学报, 2008, 28(18): 36-41.

[4] 阮新波, 王学华, 潘冬华, 等. LCL 型并网逆变器的控制技术[M]. 北京: 科学出版社, 2015.

[5] 曾正, 赵荣祥, 杨欢. 含逆变器的微电网动态相量模型[J]. 中国电机工程学报, 2012, 32(10): 65-71.

[6] Stankovic A M, Lesieutre B C, Aydin T. Modeling and analysis of single-phase induction machines with dynamic phasors[J]. IEEE Transactions on Power Systems, 1999, 14(1): 9-14.

[7] Stankovic A M, Lesieutre B C, Aydin T. Dynamic phasors in modeling and analysis of unbalanced polyphase AC machines[J]. IEEE Transactions on Energy Conversion, 2002, 17(1): 107-113.

[8] Stankovic A M, Aydin T. Analysis of asymmetrical faults in power systems using dynamic phasors[J]. IEEE Transactions on Power Systems, 2000, 15(3): 1062-1068.

[9] Shuai Z, Peng Y, Guerrero J M, et al. Transient response analysis of inverter-based microgrids under unbalanced conditions using a dynamic phasor model[J]. IEEE Transactions on Industrial Electronics, 2019, 66(4): 2868-2879.

[10] 曾正, 李辉, 冉立. 交流微电网逆变器控制策略述评[J]. 电力系统自动化, 2016, 40(9): 142-151.

[11] Zhi D, Xu L, Williams B W. Improved direct power control of grid-connected dc-ac converters[J]. IEEE Transactions on Power Electronics, 2009, 24(5): 1280-1292.

[12] Junbum K, Sunjae Y, Sewan C. Indirect current control for seamless transfer of three-phase utility interactive inverters[J]. IEEE Transactions on Power Electronics, 2012, 27(2): 773-781.

[13] Zeng Z, Shao W H, Li H, et al. Direct impedance control of grid-connected inverter[C]. IEEE Energy Conversion Congress & Exposition, Montreal, 2015: 1-6.

[14] Teodorescu R, Liserre M, Rodriguez P. 光伏与风力发电系统并网变换器[M]. 周克亮, 王政, 徐青山译. 北京: 机械工业出版社, 2012.

[15] Liu F, Zhou Y, Duan S, et al. Parameter design of a two-current-loop controller used in a grid-connected inverter system with LCL filter[J]. IEEE Transactions on Industrial Electronics, 2009, 56(11): 4483-4491.

[16] 张兴, 曹仁贤. 太阳能光伏并网发电及其逆变控制[M]. 北京: 机械工业出版社, 2017.

[17] Yang S, Lei Q, Peng F Z, et al. A robust control scheme for grid-connected voltage-source inverters[J]. IEEE Transactions on Industrial Electronics, 2011, 58(1): 202-212.

[18] Liserre M, Blaabjerg F, Hansen S. Design and control of an LCL-filter-based three-phase active rectifier[J]. IEEE Transactions on Industry Applications, 2005, 41(5): 1281-1291.

[19] 马皓, 雷彪. 逆变器无连线并联系统的统一小信号模型及应用[J]. 浙江大学学报(工学版), 2007, 41(7): 1111-1115.

[20] Kim J, Guerrero J M, Rodriguez P, et al. Mode adaptive droop control with virtual output impedances for an inverter-based flexible AC microgrid[J]. IEEE Transactions on Power Electronics, 2011, 26(3): 689-701.

[21] 郑永伟, 陈民铀, 李闯, 等. 自适应调节下垂系数的微电网控制策略[J]. 电力系统自动化, 2013, 37(7): 6-11.

[22] 郜登科, 姜建国, 张宇华. 使用电压-相角下垂控制的微电网控制策略设计[J]. 电力系统自动化, 2012, 36(5): 29-34.

[23] Zhong Q C, Nguyen P L, Ma Z, et al. Self-synchronized synchronverters: Inverters without a dedicated synchronization unit[J]. IEEE Transactions on Power Electronics, 2014, 29(2): 617-630.

[24] Newman M J, Holmes D G. Delta operator digital filters for high performance inverter applications[J]. IEEE Transactions on Power Electronics, 2003, 18(1): 447-454.

[25] Ma Z, Zhang X, Huang J, et al. Stability-constraining-dichotomy-solution-based model predictive control to improve the stability of power conversion system in the MEA[J]. IEEE Transactions on Industrial Electronics, 2019, 66(7): 5696-5706.

[26] 年珩, 潘再平. 双馈风力发电机变流控制技术[M]. 北京: 科学出版社, 2016.

[27] 曾正, 杨欢, 赵荣祥, 等. 基于无源哈密尔顿系统理论的 LC 滤波并网逆变器控制[J]. 电网技术, 2012, 36(4): 207-212.

[28] 程冲, 曾正, 汤胜清, 等. 复合功能并网逆变器的线性最优控制[J]. 电力自动化设备, 2016, 36(1), 135-142.

第 4 章　并网逆变器的电能质量定制补偿控制

第 2 章和第 3 章介绍了并网逆变器的建模与控制，本章介绍具有电能质量治理功能的柔性并网逆变器及其控制策略。可再生能源的持续渗透给电网的运行控制带来了不小的挑战，但是也给电能质量的治理引入了新的控制自由度。本章首先介绍电能质量综合评估的概念，由此引入电能质量定制的概念。随后，针对三相组式并网逆变器和三相两电平并网逆变器，介绍具有电能质量治理功能的柔性并网逆变器控制策略。由于并网逆变器的主要功能为可再生能源并网，其用于电能质量治理的容量可能是有限的。本章最后介绍容量受限条件下，该类柔性并网逆变器的电能质量定制控制策略。

4.1　电能质量的评估与定制

4.1.1　电能质量综合评估

按质定价是电力市场的发展趋势，电能质量的优劣是按质定价的重要依据。电能质量包含多个方面的特征指标，急需公平、有效的电能质量综合评估方法，作为考核电能质量的依据和修正上网电价的凭证，实现电能的分质计价[1, 2]。因此，建立电能质量综合评估的数学模型，不仅能掌握电网的运行管理水平，而且还能作为按质定价的依据。此外，及时向用户提供其电能质量的综合评估结果，不仅能提升电力市场的透明度，而且还能激励可再生能源售电方参与电能质量问题的治理[3]。

下面给出一种基于突变论的电能质量综合评估方法。该方法将评估目标进行多层次分解，通过自底向上的综合过程，最终获得综合评估指标。由于不需要确定各单项指标的权重，该方法减少了主观性，而且计算简便，得到了广泛的应用。

突变论于 20 世纪 70 年代由法国数学家雷内·托姆创立，他还归纳出了若干个初等突变模型[4]。其中，最常见的四种模型如图 4.1 所示。

(a) 折叠突变　　(b) 尖点突变　　(c) 燕尾突变　　(d) 蝴蝶突变

图 4.1　几种常见的突变模型

折叠突变模型为

$$f(x) = x^3 + ax \tag{4.1}$$

尖点突变模型为

$$f(x) = x^4 + ax^2 + bx \tag{4.2}$$

燕尾突变模型为

$$f(x) = x^5 + ax^3 + bx^2 + cx \tag{4.3}$$

蝴蝶突变模型为

$$f(x) = x^6 + ax^4 + bx^3 + cx^2 + dx \tag{4.4}$$

式中，$f(x)$ 为势函数；x 为状态变量；a、b、c、d 为控制变量。在势函数中，状态变量和控制变量之间，既相互矛盾，又相互作用。

以尖点突变模型的势函数为例，阐释突变决策方法的基本原理。在三维空间 (x, a, b) 中，势函数的平衡曲面和奇点集满足

$$\begin{cases} f'(x) = 4x^3 + 2ax + b = 0 \\ f''(x) = 12x^2 + 2a = 0 \end{cases} \tag{4.5}$$

消去 x，得到分歧方程

$$8a^3 + 27b^2 = 0 \tag{4.6}$$

如图 4.2 所示，平衡曲面上尖点褶皱对应的两条折痕 OF 和 OG 为奇点集，其在平面 Oab 上的投影 OF' 和 OG' 为分歧集。

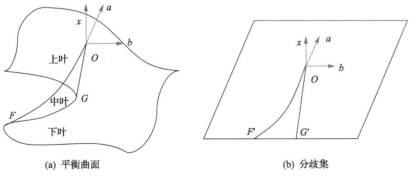

(a) 平衡曲面　　　　　　　　　　　　**(b) 分歧集**

图 4.2　尖点突变模型的平衡曲面和分歧集

根据图 4.2(a)，奇点集 OF 和 OG 把平衡曲面分为上叶、中叶和下叶三部分。当控制变量 a、b 满足式(4.6)时，系统的质态将发生突变，势函数的值将在上叶

和下叶之间跳变。由此可得，突变决策的基本原理如下所示。

(1)从决策的角度出发，把平衡曲面的上叶定义为"可取"，下叶定义为"不可取"。

(2)奇点集上的点均能发生突变，其突变程度由 x 决定，x 的大小代表了方案可取与否的程度。

(3)当 $a>0$ 时，b 的变化，只会引起 x 的连续变化；然而，当 $a<0$ 时，平衡曲面上将会出现褶皱，x 的变化不再连续，对应系统发生了突变。在突变论中，称 a 为剖分因子，称 b 为正则因子。从决策的角度来看，a、b 分别代表了两个不同的决策目标，其中，a 为主要目标，b 为次要目标。

(4)类似于(3)，在燕尾突变模型中，三个控制变量的重要性依次为 a、b、c，代表了三个决策目标的相对重要性排序。同理，蝴蝶突变模型中四个控制变量的重要性排序为 a、b、c、d。

直接采用分歧方程，还不能进行决策评价，必须把分歧方程加以引申，获得归一化公式，将各控制变量代表的不同质态，统一转换为由状态变量表示的质态。对于式(4.6)，令 $a=-6a_1$，$b=8b_1$，则有

$$a_1^3 - b_1^2 = 0 \tag{4.7}$$

得到尖点突变模型的归一化公式

$$x_a = \sqrt{a}, \ x_b = \sqrt[3]{b} \tag{4.8}$$

出于方便考虑，式(4.8)仍采用 a、b 代替 a_1、b_1。类似地，可得折叠突变模型的归一化公式

$$x_a = a \tag{4.9}$$

燕尾突变模型的归一化公式

$$x_a = \sqrt{a}, \ x_b = \sqrt[3]{b}, \ x_c = \sqrt[4]{c} \tag{4.10}$$

蝴蝶突变模型的归一化公式

$$x_a = \sqrt[4]{a}, \ x_b = \sqrt[5]{b}, \ x_c = \sqrt[2]{c}, \ x_d = \sqrt[3]{d} \tag{4.11}$$

这些模型采用归一化公式计算出状态变量，求取总突变隶属函数值时，需要采用一定的原则。在多目标突变决策中，可选用的原则主要有以下三种。

(1)非互补决策原则。若各控制变量(如 a、b)之间不可相互替代或弥补，则系统的状态变量取各控制变量的最小值，即

$$x = \min\{x_a, x_b\} \tag{4.12}$$

(2)互补决策原则。若各控制变量(如 a、b)之间可相互替代或弥补,那么,系统的状态变量取各控制变量的平均值,即

$$x = \frac{x_a + x_b}{2} \tag{4.13}$$

(3)阈值互补决策原则。若各个控制变量在达到一定的阈值之后才能互补,那么,当满足阈值条件时,采用互补决策原则;否则,采用非互补决策原则。

在阈值互补决策原则中,阈值的大小由决策者依据实际经验决定,带有一定的主观性。出于计算方便和分析的客观性考虑,一般选用非互补决策原则和互补决策原则。

基于突变决策理论,电能质量综合评估方法的具体操作过程如下。

1. 建立分级指标体系

综合考虑电能质量所涉及的影响因素,建立电能质量分级指标体系,如图 4.3 所示。电能质量综合评估指标 x_c 分为两层。第一层指标比较凝练,包括频率、电压和三相不平衡三个因素,其决策目标分别记为 x_{f1}、x_{f2}、x_{f3}。第二层指标细化为电能质量的各个单项指标,包括频率偏差 x_{s1}、电压偏差 x_{s2}、电压波动 x_{s3}、电压闪变 x_{s4} 和谐波电压 x_{s5}、三相不平衡 x_{s6}。根据实际情况,该体系还可以方便地加以扩展或简化。

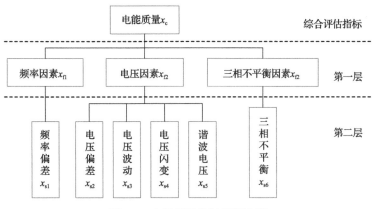

图 4.3　电能质量分级指标体系

2. 归一化决策指标

各指标的量纲不尽相同,缺乏可比性,采用极大极小化方法,对指标做归一

化处理，将指标分为正向指标和逆向指标。正向指标为数值越大越好的指标，而逆向指标为数值越小越好的指标。

对于正向指标，归一化方法为

$$y_{ij} = \frac{x_{ij} - x_{\min,j}}{x_{\max,j} - x_{\min,j}} \tag{4.14}$$

对于逆向指标，归一化方法为

$$y_{ij} = \frac{x_{\max,j} - x_{ij}}{x_{\max,j} - x_{\min,j}} \tag{4.15}$$

式中，x_{ij} 为第 i 个样本的第 j 项指标的数据；$x_{\max,j} = \max\limits_{i}\{x_{ij}\}$ 和 $x_{\min,j} = \min\limits_{i}\{x_{ij}\}$ 分别为所有样本中第 j 个指标的最大值和最小值；y_{ij} 为归一化处理后的数据。

3. 综合评估

对比图 4.1 和图 4.3，在第二层，电压因素的四个指标构成蝴蝶突变模型，频率偏差、三相不平衡分别构成折叠突变模型。在第一层，频率因素、电压因素和三相不平衡因素之间，构成燕尾突变模型。该综合评估方法采用互补决策原则。为了避免人为因素，考虑 x_{s2}、x_{s3}、x_{s4} 与 x_{s5}，以及 x_{f1}、x_{f2} 与 x_{f3} 之间的所有可能的重要性排序，最终的量化结果为各种排序的平均值。该方法可以根据式(4.8)～式(4.11)计算各层的突变级数，从而确定电能质量综合排序情况。

首先，计算第一层的各突变级数

$$x_{f1} = x_{s1} \tag{4.16}$$

$$x_{f3} = x_{s6} \tag{4.17}$$

$$x_{f2} = \frac{1}{4N_1} \sum_{i=1}^{N_1} \left(\sqrt[4]{x_{sAi1}} + \sqrt[5]{x_{sAi2}} + \sqrt{x_{sAi3}} + \sqrt[3]{x_{sAi4}} \right) \tag{4.18}$$

式中，$N_1 = 4! = 24$ 为 x_{s2}、x_{s3}、x_{s4}、x_{s5} 的全排列种数；A 为其全排列集，A_i 为第 i 组排列情况，$A_{ij} \in \{2, 3, 4, 5\}$ $(j=1, 2, 3, 4)$ 为第 $i \in \{1, 2, \cdots, N_1\}$ 组排列的第 j 个元素。类似地，可得综合评估指标的突变级数 x_c，其为

$$x_c = \frac{1}{3N_2} \sum_{i=1}^{N_2} \left(x_{fBi1} + \sqrt[3]{x_{fBi2}} + \sqrt[4]{x_{fBi3}} \right) \tag{4.19}$$

类似地，$N_2 = 3! = 6$ 为 x_{f1}、x_{f2}、x_{f3} 的全排列种数；B 为其全排列集，B_i 为第 i

组排列情况，$B_{ij} \in \{1, 2, 3\}$ $(j=1, 2, 3)$ 为第 $i \in \{1, 2, \cdots, N_2\}$ 组排列的第 j 个元素。

对于多个监测点的情况，重复上述步骤，可得到各监测点的 x_c。最后，以各监测点 x_c 的大小为依据排序，即可得到各监测点电能质量的优劣情况。x_c 越大，电能质量等级越高。

例如，依据电能质量实测结果，得到五个监测点的电能质量数据，如表 4.1 所示，其中包括六项电能质量指标：频率偏差 Δf、电压偏差 ΔU、电压波动 U_F、电压闪变 U_T、谐波电压 U_H、三相不平衡 U_U[5]。

表 4.1　各母线电能质量的监测数据

监测点	Δf/Hz	ΔU/%	U_F/%	U_T/%	U_H/%	U_U/%
1	0.09	2.53	0.96	0.22	1.12	0.88
2	0.04	1.66	1.05	0.34	1.26	1.07
3	0.19	3.85	1.41	0.47	1.18	0.83
4	0.11	2.01	0.85	0.38	0.82	0.58
5	0.07	3.18	1.27	0.53	1.35	1.23

由于各指标均为逆向型指标，其可采用式(4.15)做归一化处理。基于突变决策方法，得到各监测点的 x_c，如表 4.2 所示。根据 x_c 的大小，确定各监测点电能质量的排序为监测点 4≻监测点 1≻监测点 2≻监测点 5≻监测点 3，其中，"≻"为优先序号。

表 4.2　各母线电能质量的综合评估结果

监测点	1	2	3	4	5
x_c	0.8303	0.8105	0.4577	0.8995	0.4960
排序	2	3	5	1	4

4.1.2　电能质量柔性定制

从学术研究的角度来看，最好能彻底消除电网的电能质量问题，但是，从工程实际的角度来看，由于实际装置容量和成本的限制，不可能彻底消除电网的电能质量问题。此外，当彻底消除电能质量问题所带来的效益，并不足以弥补所投入的成本时，彻底治理也是没有必要的。因此，电网的电能质量应该实现柔性定制，即电网运行方采取相应的治理措施，使其并网点电能质量满足一定的标准即可[6]。

电能质量的定制依赖于电能质量的综合评估策略，不同的评估策略将引导不同的电能质量定制方案，这些方案都是基于该评估策略意义的最优结果。

从经济性和技术性的角度来看，要实现电能质量的定制，柔性并网逆变器具有重要的应用前景。

在经济性方面，柔性并网逆变器基于电网中已有的并网逆变器，不增加新的补偿设备，与各类有源或无源补偿装置相比，大大降低了系统的成本和体积。

在技术性方面，相对于无源电能质量治理装置，柔性并网逆变器可以充分利用逆变器的闲置容量，改善电能质量，控制灵活，能适应电能质量定制的目标。

传统电网提供的统一标准的电能质量服务，难以适应负荷对电能质量的差异化需求，如图 4.4 所示[7]。对于常规负荷，电网提供的电能质量过于充裕；然而，对于关键负荷，电网提供的电能质量往往难以满足要求。

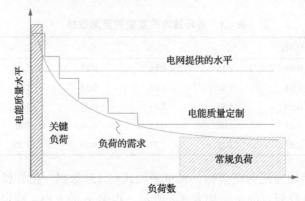

图 4.4　电能质量定制的需求

通常，负荷数与其对电能质量水平的需求之间，呈指数衰减关系，对电能质量要求越高，负荷数量越少，因此，为了满足少数敏感负荷的高电能质量需求，而整体提高电网的电能质量水平是不经济的。一个理想的曲线是根据负荷需求给出其定制的电能质量服务，这也就是电能质量定制的概念。

传统电网要实现电能质量定制，需要额外投入大量的电能质量治理装置，使得系统的体积、成本都大大增加。然而，采用具有电能质量治理功能的柔性并网逆变器，实现电网电能质量定制，其可行性更高[8]。

4.2　并网逆变器的电能质量治理功能验证

4.2.1　三相组式柔性并网逆变器

针对三相组式柔性并网逆变器，下面围绕单台运行和组网运行两种情况，分别进行阐述。

1. 单台运行

搭建一台 15kV·A 的实验室样机，如图 4.5 所示，其电路拓扑如图 4.6 所示，其控制策略如图 4.7 所示[9, 10]，系统参数如表 4.3 所示，IGBT 的开关频率为 10kHz，控制器的采样频率为 20kHz。

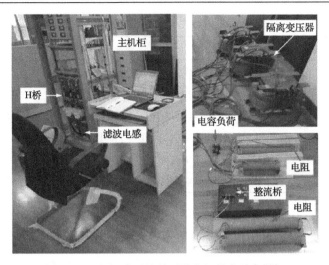

图 4.5　三相组式柔性并网逆变器的实验室样机

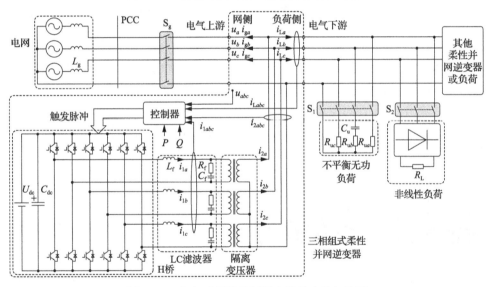

图 4.6　三相组式柔性并网逆变器的电路拓扑图

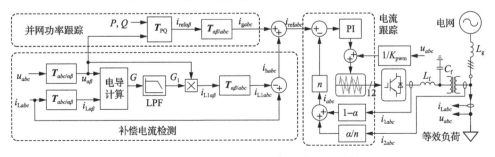

图 4.7　三相组式柔性并网逆变器的控制策略图

表 4.3　三相组式柔性并网逆变器的参数

并网逆变器部件和电网	参数和取值
直流源	电压 U_{dc}=400V、直流电容 C_{dc}=4400μF
LC 滤波器	滤波电感 L_f=1mH、电容 C_f=10μF、阻尼电阻 R_f=4Ω
隔离变压器	匝比 $n=N_1:N_2$=150:220、原副边漏感 $L_{σ1}=L_{σ2}$=0.5mH、激磁电感 L_m=0.6H
电网	线电压有效值为 380V、频率 f_0=50Hz、内阻抗 L_g=2.3mH
不平衡无功负荷	A 相：R_{ua}=60Ω；B 相：R_{ub}=20Ω，C_u=120μF；C 相：R_{uc}=25Ω
非线性负荷	二极管不控整流负荷，直流侧电阻 R_L=50Ω

基于图 4.6，三相组式柔性并网逆变器采样电气下游的等效负荷电流 i_{Labc}，并补偿其中的谐波、不平衡和无功电流分量，保证电气上游和 PCC 处电流 i_{PCCabc} 的电能质量。整个控制在 $αβ0$ 坐标系下完成，并网电流指令为

$$\begin{bmatrix} i_{\text{ref}α} \\ i_{\text{ref}β} \end{bmatrix} = \boldsymbol{T}_{\text{PQ}} \begin{bmatrix} P \\ Q \end{bmatrix} = \frac{1}{u_α^2 + u_β^2} \begin{bmatrix} u_α & u_β \\ u_β & -u_α \end{bmatrix} \begin{bmatrix} P \\ Q \end{bmatrix} \tag{4.20}$$

在图 4.7 中，并网电流指令 i_{gabc} 和电能质量补偿电流指令 i_{habc} 之和，共同构成柔性并网逆变器的电流指令 i_{refabc}，采用加权电流反馈控制及前馈控制[11, 12]，实现对并网输出电流的调节，如 3.1.2 节所述。

基于三相组式柔性并网逆变器样机，图 4.8 给出了其有功指令从 10kW 阶跃到 15kW 时的动态响应。在所设计的电流跟踪控制策略下，该三相组式柔性并网逆变器的动静态功率跟踪性能较好。

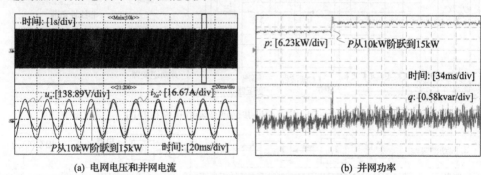

(a) 电网电压和并网电流　　　　　　　　　(b) 并网功率

图 4.8　有功指令阶跃时三相组式柔性并网逆变器的实验结果

基于 FBD 功率理论的谐波电流检测方法，图 4.9 给出了对不平衡、无功和非线性负荷电流的实验检测效果[13]。该方法能从等效负荷电导 G 中提取基波电导 G_1，并准确检测出负荷电流中的不平衡、无功和谐波电流分量。

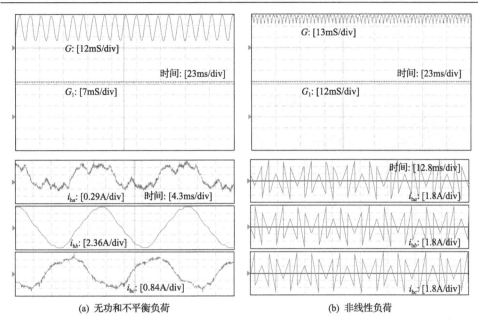

(a) 无功和不平衡负荷　　　　　　　　　　(b) 非线性负荷

图 4.9　基于 FBD 功率理论的补偿电流检测效果

在图 4.6 中，非线性负荷支路断开，柔性并网逆变器在实现并网功率跟踪的同时，完成对 PCC 处不平衡电流和无功电流的治理，其中并网功率指令为 $P=10\text{kW}$、$Q=0\text{var}$。PCC 处的并网电流和功率实验结果，如图 4.10 所示。当柔性并网逆变器不进行补偿时，由于存在不平衡负荷，网侧的有功和无功以 2 倍频波动。此外，由于存在容性无功负荷，网侧的无功存在一个负的直流偏置。当柔性并网逆变器投入补偿后，网侧电流三相对称，功率波动得到抑制，网侧无功接近于零。可见，柔性并网逆变器在实现可再生能源并网的同时，还能很好地治理电网的无功和不平衡问题，改善 PCC 处的电能质量。

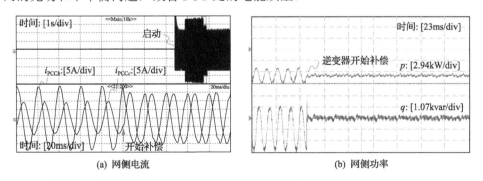

(a) 网侧电流　　　　　　　　　　(b) 网侧功率

图 4.10　基于 FBD 功率理论三相组式柔性并网逆变器治理不平衡和无功问题

在图 4.6 中，不平衡无功负荷支路断开，柔性并网逆变器能够治理电网的谐波问题，其中并网功率指令仍为 $P=10\text{kW}$、$Q=0\text{var}$。网侧电压、电流和功率的实验波形，如图 4.11 所示。若不治理谐波电流，非线性负荷电流和并网电流叠加，将引起网侧电流波形畸变，以及网侧功率的 6 倍频脉动。柔性并网逆变器投入补偿后，能明显消除电流波形畸变，改善电网的电能质量。

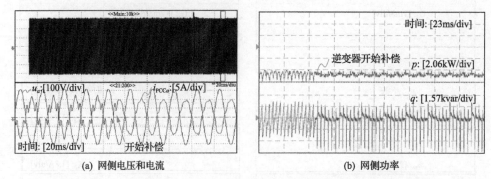

(a) 网侧电压和电流　　　　　　　　　　(b) 网侧功率

图 4.11　基于 FBD 功率理论三相组式柔性并网逆变器治理谐波问题

　　前述分析表明：在众多的补偿电流检测方法中，除基于 FBD 功率理论的检测方法外，基于投影的检测方法，也具有很好的效果[14]。采用基于投影的电流检测方法，图 4.12 给出了柔性并网逆变器的控制框图，图 4.13 给出了对不平衡和无功电流的补偿效果，图 4.14 给出了对谐波电流的补偿效果，并网功率指令均为 P=15kW、Q=0var。

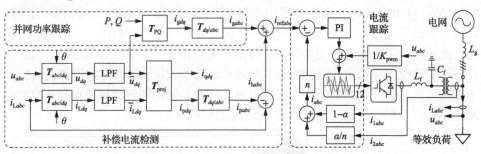

图 4.12　基于投影的电流检测在三相组式柔性并网逆变器中的应用

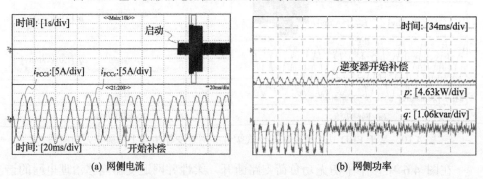

(a) 网侧电流　　　　　　　　　　(b) 网侧功率

图 4.13　基于投影理论三相组式柔性并网逆变器治理不平衡和无功问题

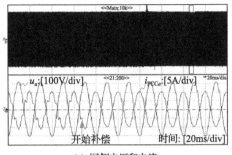
(a) 网侧电压和电流

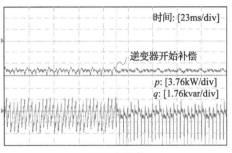
(b) 网侧功率

图 4.14　基于投影理论三相组式柔性并网逆变器治理谐波问题

在图 4.12 中,采用了无锁相环电网同步方法,其中 $\theta=2\pi f_0 t$ 为与电网额定频率 f_0 对应的角位移,变换矩阵 $\boldsymbol{T}_{\mathrm{PQ}}$ 用于计算并网逆变器功率跟踪部分的电流指令,即

$$\begin{bmatrix} i_{gd} \\ i_{gq} \end{bmatrix} = \boldsymbol{T}_{\mathrm{PQ}} \begin{bmatrix} \bar{u}_d \\ \bar{u}_q \end{bmatrix} = \frac{1}{\bar{u}_d^2 + \bar{u}_q^2} \begin{bmatrix} P & Q \\ -Q & P \end{bmatrix} \begin{bmatrix} \bar{u}_d \\ \bar{u}_q \end{bmatrix} \tag{4.21}$$

采用基于投影的补偿电流检测方法,$\boldsymbol{T}_{\mathrm{proj}}$ 用于计算负荷电流 i_{Labc} 中的基波电流有功分量 i_{pdq} 和无功分量 i_{qdq},即

$$\begin{bmatrix} i_{pd} \\ i_{pq} \end{bmatrix} = \frac{\bar{u}_d \bar{i}_d + \bar{u}_q \bar{i}_q}{\bar{u}_d^2 + \bar{u}_q^2} \begin{bmatrix} 1 & 0 \\ 0 & 1 \end{bmatrix} \begin{bmatrix} \bar{u}_d \\ \bar{u}_q \end{bmatrix} \tag{4.22}$$

$$\begin{bmatrix} i_{qd} \\ i_{qq} \end{bmatrix} = \frac{\bar{u}_q \bar{i}_d - \bar{u}_d \bar{i}_q}{\bar{u}_d^2 + \bar{u}_q^2} \begin{bmatrix} 0 & 1 \\ -1 & 0 \end{bmatrix} \begin{bmatrix} \bar{u}_d \\ \bar{u}_q \end{bmatrix} \tag{4.23}$$

基于上述实验结果,柔性并网逆变器在实现可再生能源并网的同时,还兼具补偿无功、不平衡和谐波电流的能力。柔性并网逆变器能同时完成多个相互独立的功能,省去电网额外的电能质量治理装置,充分挖掘可再生能源并网逆变器的闲置容量,具有较好的应用前景。

2. 组网运行

图 4.15 所示的微电网结构,包含三台基于并网逆变器的分布式发电机(distributed generator,DG),第 3 章已经给出了并网逆变器的电路拓扑和控制策略,下面进一步给出电磁暂态综合分析程序 PSCAD/EMTDC 的仿真结果[9]。

典型线路参数如表 4.4 所示,对于低压电网,线电压有效值为 380V,故选择低压线路参数。线路 1~线路 3 和网侧线路的长度分别为 0.3km、0.2km、0.2km、

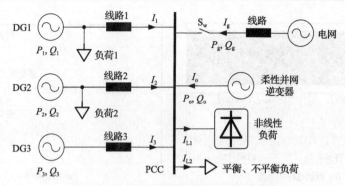

图 4.15　一个典型的微电网系统接线图

表 4.4　线路的典型参数

线路类型	$R_{line}/(\Omega/km)$	$X_{line}/(\Omega/km)$	R_{line}/X_{line}
低压线路	0.642	0.083	7.70
中压线路	0.161	0.190	0.85
高压线路	0.060	0.191	0.31

0.1km。三相不平衡负荷分别为 0.1H+20Ω、0.01H+15Ω、0.15H+10Ω。非线性负荷为三相不控整流器,其直流负荷为 0.1H+50Ω。三相对称负荷的各相电阻为20Ω。机端负荷 1 和负荷 2 的大小分别为 12kW/0var、6kW/0var。

　　各 DG 的输出功率分别为 5kW/0var、3kW/0var、1kW/0var,其他参数如表 4.5 所示。各 DG 均从 10ms 开始并网发电,100ms 时柔性并网逆变器的输出功率指令从 0 阶跃变化到 6kW/3kvar。并网开关 S_w 在 70~150ms 断开,微电网进入孤岛运行状态。此时,DG3 从恒功率控制模式切换为 Vf 控制模式,代替电网的作用,使微电网内的功率供需平衡,其他 DG 仍工作在恒功率控制模式。由于 i_{gabc} 均为零,为了治理孤岛微电网的电能质量问题,柔性并网逆变器需采集 DG3 的输出电流代替 i_{gabc}。

表 4.5　微电网系统的参数

变量	取值
开关频率 f_s	8kHz
柔性并网逆变器直流母线电压 U_{dc}	400V
DG 直流母线电压 U_{dc}	700V
DG 滤波电感和电容	L_f=2mH、C_f=10μF
DG3 下垂控制系数	k_v=10^{-4}、k_f=10^{-5}
DG3 下垂控制额定电压 E_0、额定角频率 ω_0	E_0=311V、ω_0=314rad/s

　　图 4.16 给出了非线性负荷和不平衡负荷的电流波形。从图 4.16(a)可以看出,非线性负荷电流中含有大量的谐波。此外,70ms 时,微电网运行模式发生切换,

PCC 处电压出现了小的暂态过程，也影响到了负荷电流波形。根据图 4.16(b)，电网存在严重的三相不平衡问题，具有较大的零序和负序电流。

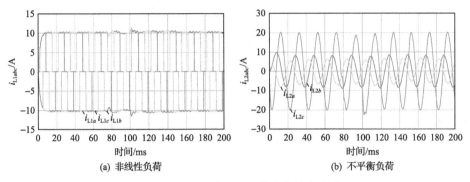

(a) 非线性负荷　　　　　　　　　　(b) 不平衡负荷

图 4.16　非线性负荷和不平衡负荷的电流波形

图 4.17 给出了微电网 PCC 处电压的波形。当柔性并网逆变器投入电能质量治理功能时，微电网内无功和非线性负荷电流能得到有效补偿，尤其是在微电网离网运行时，能在一定程度上提升微电网的电压质量。

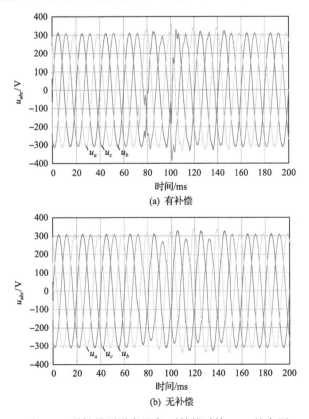

(a) 有补偿

(b) 无补偿

图 4.17　柔性并网逆变器有/无补偿时的 PCC 处电压

当柔性并网逆变器不投入电能质量治理功能时，图 4.18 给出了 DG1、DG2 的支路电流及输出功率。不平衡负荷使电网电压不平衡，进一步导致 DG 输出电流不平衡。由于 DG 采用恒功率控制，各支路的输出功率恒定。

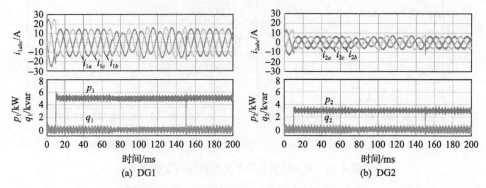

图 4.18　无补偿功能时 DG 的支路电流及输出功率

当柔性并网逆变器投入电能质量治理功能时，图 4.19 给出了 DG1、DG2 的支路电流及输出功率。10ms 之前，DG 没有输出功率，机端负荷由电网供电，支路电流较大。10ms 之后，DG 输出功率，部分负荷功率由 DG 提供，支路电流的幅值降低。70ms 和 100ms 处的动态表明：微电网并网和离网运行模式的切换，以及柔性并网逆变器的动态，都会耦合到各 DG 的工作波形。此外，当柔性并网逆变器补偿不平衡负荷后，各支路电流三相平衡。

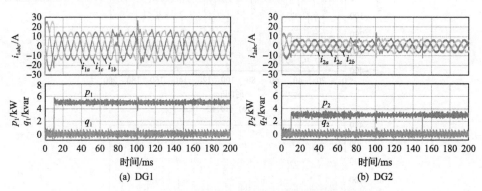

图 4.19　有补偿功能时 DG 的支路电流及输出功率

DG3 为大容量的储能并网发电系统，图 4.20 给出了 DG3 的支路电流及输出功率，70～150ms 微电网切换到离网运行模式时，DG3 代替电网向微电网提供电压和频率支撑，并承担不平衡功率，保证微电网功率的供需平衡。100ms 以后，柔性并网逆变器输出功率，DG3 的输出功率降低。当柔性并网逆变器投入补偿功能时，其能治理微电网内的不平衡和谐波，并保证 DG3 输出电流的质量。

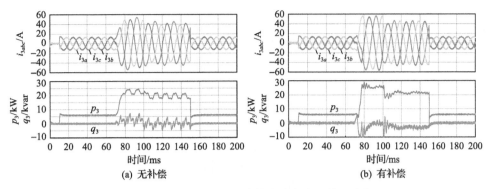

图 4.20　有无补偿时 DG3 的支路电流及输出功率

图 4.21 给出了电网的网侧电流和功率，当柔性并网逆变器投入补偿功能时，网侧电流三相对称，且谐波含量较小，其总谐波畸变化(total harmonic distortion，THD)如图 4.22 所示。柔性并网逆变器不但能补偿负荷电流的谐波、无功和不平衡分量，而且还能调节微电网与电网之间的潮流，在必要时为电网提供一定的功率支撑。

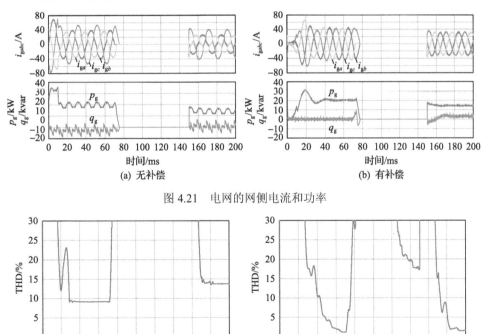

图 4.21　电网的网侧电流和功率

图 4.22　网侧电流的 THD

柔性并网逆变器输出的电流和功率，如图 4.23 所示。柔性并网逆变器投入补偿后，其输出电流完全不同于恒功率控制的并网逆变器。为了补偿本地负荷的谐波、无功和不平衡电流，柔性并网逆变器输出了更加复杂的电流波形。

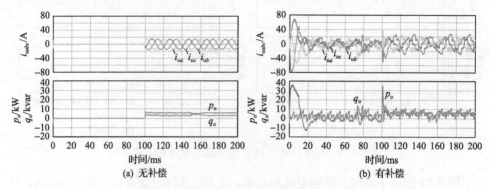

图 4.23　柔性并网逆变器输出的电流和功率

综上，三相组式柔性并网逆变器的仿真结果表明：在完成可再生能源并网的同时，柔性并网逆变器还能补偿负荷谐波、无功和不平衡电流，提升微电网的电能质量水平。

4.2.2　三相两电平柔性并网逆变器

在实际中，三相组式并网逆变器并不常见，三相两电平并网逆变器的应用更为普遍。仍以单台运行和组网运行两种工况，验证三相两电平柔性并网逆变器的性能。

1. 单台运行

基于一条典型的电网馈线，图 4.24 给出了三相两电平柔性并网逆变器的系统框架，包含本地的非线性和无功负荷，非线性负荷为带直流电阻 R_L 的二极管整流负荷，无功负荷为 RC 串联负荷，电网等效为一组电感为 L_g 的电压源[10]。

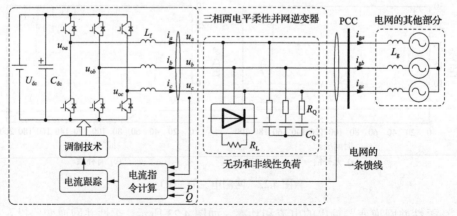

图 4.24　三相两电平柔性并网逆变器

基于图 4.24，滤波电感电流的动态响应为

$$L_{\text{f}}\dot{i}_{abc} = u_{oabc} - u_{abc} - R_{\text{f}}i_{abc} \tag{4.24}$$

式中，R_{f} 为滤波电感的寄生电阻。三相两电平柔性并网逆变器输出电流到输出电压和电网电压的传递函数，分别为

$$G_1(s) = \frac{I(s)}{U_{\text{o}}(s)} = \frac{1}{L_{\text{f}}s + R_{\text{f}}}, \quad G_2(s) = \frac{I(s)}{U(s)} = -\frac{1}{L_{\text{f}}s + R_{\text{f}}} \tag{4.25}$$

假设柔性并网逆变器系统三相对称，以任意一相为例，可得柔性并网逆变器的框图模型如图 4.25 所示。并网电流跟踪控制，采用多谐振 PR 控制器。柔性并网逆变器的控制策略如图 4.26 所示。

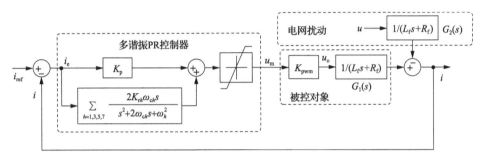

图 4.25 柔性并网逆变器的控制框图

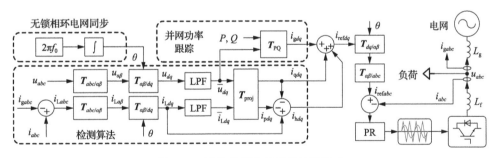

图 4.26 柔性并网逆变器的控制策略

在图 4.26 中，变换矩阵 $\boldsymbol{T}_{\text{PQ}}$ 用于计算并网逆变器功率跟踪部分的电流指令，采用基于投影的补偿电流检测算法，$\boldsymbol{T}_{\text{proj}}$ 用于计算等效负荷电流 $i_{Labc} = i_{abc} - i_{gabc}$ 中的基波电流有功分量 i_{pdq} 和无功分量 i_{qdq}。进而，得到等效负荷电流中的谐波电流分量

$$i_{\text{h}dq} = i_{dq} - i_{pdq} - i_{qdq} \tag{4.26}$$

综上，谐波电流分量 $i_{\text{h}dq}$、无功电流分量 i_{qdq} 和并网功率跟踪指令 i_{gdq} 之和，共同构成了柔性并网逆变器的电流指令。

　　本书搭建了一台 10kV·A 的柔性并网逆变器样机，电路拓扑采用三相两电平逆变电路，实验平台的接线如图 4.24 所示。系统参数如表 4.6 所示。电网相电压有效值为 110V，频率为 50Hz。

表 4.6　三相两电平柔性并网逆变器样机的参数

部件	变量与取值
直流母线	电压 U_{dc}=350V、稳压电容 C_{dc}=4400μF
滤波电感	电感 L_f=0.5mH、电阻 R_f=0.05Ω
无功负荷	电阻 R_Q=10Ω、电容 C_Q=1000μF
非线性负荷	电阻 R_L=20Ω

　　当有功指令从 5kW 阶跃到 8kW 时，图 4.27 给出了三相两电平柔性并网逆变器的实验波形。如图 4.27(b) 所示，得益于所采用的多谐振 PR 控制策略，在稳态和动态下，并网电流都能较好地跟踪电流指令。

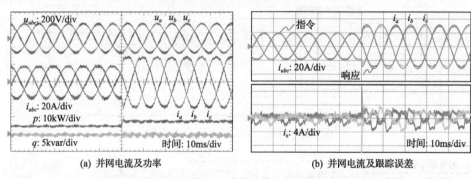

(a) 并网电流及功率　　　　　　　　　　(b) 并网电流及跟踪误差

图 4.27　三相两电平柔性并网平逆变器的动态实验波形

　　当有功指令从 4kW 阶跃到 6kW，同时无功指令从 2kvar 阶跃到–2kvar 时，图 4.28 给出了三相两电平柔性并网逆变器的实验波形。基于所设计的控制器，三相两电平柔性并网逆变器能快速、精确地输出给定的无功功率，补偿本地负荷的无功功率，提升电网的电能质量水平。

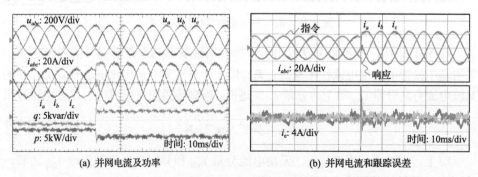

(a) 并网电流及功率　　　　　　　　　　(b) 并网电流和跟踪误差

图 4.28　三相两电平柔性并网逆变器输出无功的实验波形

在不同并网功率下，图 4.29 给出了三相两电平柔性并网逆变器功率因数和 THD。在全功率范围内，三相两电平柔性并网逆变器都具有较高的功率因数，在半载以上功率范围，THD 降低到 5% 以下。

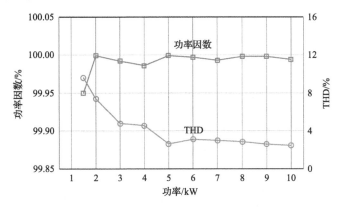

图 4.29 三相两电平柔性并网逆变器的并网特性

当并网有功指令为 1.5kW 时，三相两电平柔性并网逆变器投入谐波和无功补偿功能的动态，如图 4.30(a) 所示。图 4.30(b) 给出了网侧电流的谐波分布，不补偿时，网侧电流 i_{gabc} 的 THD 为 15.34%，功率因数为 0.9808。补偿后，网侧电流的 THD 降低至 5.31%，功率因数提升为 0.9999。

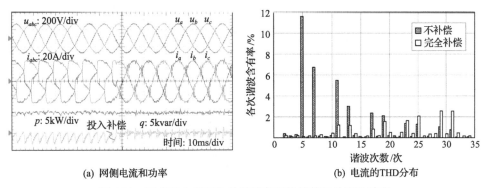

(a) 网侧电流和功率   (b) 电流的THD分布

图 4.30 三相两电平柔性并网逆变器补偿前后的实验波形

2. 组网运行

基于一个典型的微电网，验证柔性并网逆变器的组网运行能力，系统配置如表 4.7 所示，系统接线图如图 4.31 所示。在微电网的母线 DB C6 上开展实验研究，该馈线以外的其他馈线和电网等效为一组电压源，得到馈线 DB C6 支路的简略接线图，如图 4.31(b) 所示。DG1 和 DG2 均为三相两电平柔性并网逆变器，逆变器的拓扑及其控制框图，如图 4.26 所示。馈线 DB C6 的详细接线如图 4.31(c) 所示。图 4.31(d) 给出了样机的现场照片。

表 4.7　某微电网实验平台的部分装备

装置	类型	容量	备注
永磁风力发电机	电源	5kW	单相
光伏并网逆变器	电源	3kW	薄膜电池，每相 1kW
柴油发电机	电源	5kW	三相
风机模拟器	电源	5kW	永磁直驱、双馈各一套
燃料电池	电源	30kW	质子膜交换燃料电池
锂电池	储能	15kW/14.2kW·h	混合储能单元
超级电容	储能	15kW	
柔性并网逆变器	电源	20kW	电能质量治理
R/L/C 可控负荷	负荷	30kW/15kvar/15kvar	无源负荷

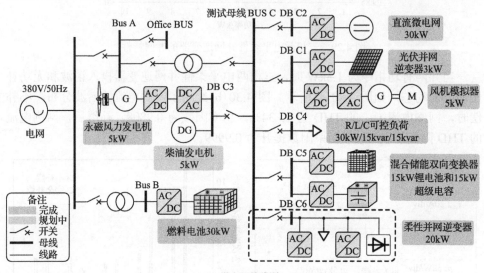

(a) 微电网接线图

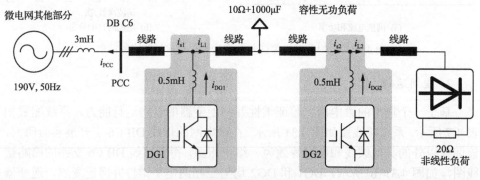

(b) 馈线DB C6简略接线图

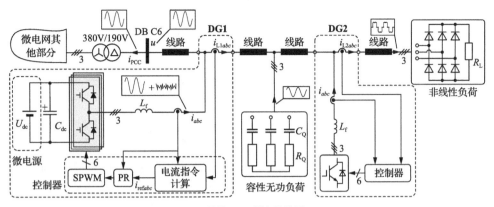

(c) 馈线DB C6详细接线图

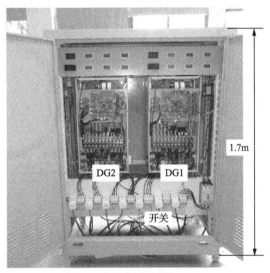

(d) 柔性并网逆变器样机

图 4.31　实验装置及接线

DG 的参数如表 4.6 所示，额定容量 10kV·A。电网相电压有效值和频率，分别为 110V 和 50Hz。无功负荷为三相对称的阻容负荷，各相均为电容 C_Q=1000μF 和电阻 R_Q=10Ω 串联。非线性负荷为不控整流负荷，直流电阻为 R_L=20Ω。

图 4.31 所示微电网中，DG1 有功和无功指令为 7kW 和 0var，DG2 有功和无功指令分别为 8kW 和 0var。DG1 投入电能质量补偿功能前后，网侧电压、电流和功率的动态实验波形如图 4.32 所示。DG1 投入无功和谐波补偿功能前，网侧电压的 THD 为 4.21%，网侧电流的 THD 为 13.16%，功率因数为 0.9744。DG1 投入补偿功能后，网侧电压的 THD 为 4.24%，而网侧电流的 THD 降低为 6.43%，功率因数提高为 0.9999。从电网电流的相图来看，DG1 不投入补偿功能时，网侧电

流在相空间中存在 6 个明显的尖峰，这是因为不控整流负荷每隔 60°完成一次换相。当 DG1 投入补偿功能后，网侧电流更加接近标准圆，表明负荷的谐波电流得到了很好的抑制。

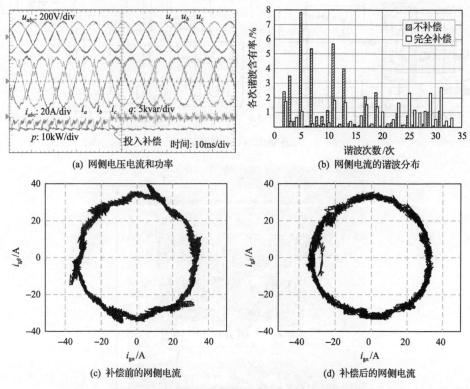

(a) 网侧电压电流和功率　　　　　　　(b) 网侧电流的谐波分布

(c) 补偿前的网侧电流　　　　　　　(d) 补偿后的网侧电流

图 4.32　柔性并网逆变器投入补偿前后的实验波形

　　综上，三相两电平柔性并网逆变器在完成可再生能源并网的同时，还具有补偿本地谐波和无功电流的能力，该类柔性并网逆变器也能适应电能质量治理的应用场景。

4.3　并网逆变器的电能质量定制补偿

4.3.1　三相组式柔性并网逆变器

　　本节以电能质量综合评估为依据，利用三相组式柔性并网逆变器，实现微电网电能质量的定制[6]。电能质量综合评估方法有很多，出于方便考虑，本节采用层次分析法。该方法具有原理清晰、简洁实用、可操作性强等优点。

　　在微电网中，PCC 是微电网与电网之间的产权分界点。电网以 PCC 处电能质量指标为依据，量化微电网的电能质量。若电网容量远大于微电网的容量，则电压相关的电能质量基本不受影响，主要考虑电流相关的电能质量问题，建立如

图 4.33 所示的电能质量综合评估模型。无功、谐波和不平衡构成模型的第一层，零序和负序不平衡构成模型的第二层。

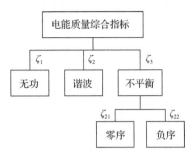

图 4.33　微电网电能质量综合评估模型

基于图 4.33 的模型，定制微电网 PCC 处的电能质量，并给出柔性并网逆变器的定制补偿控制方法。对于无功功率，有

$$Q = 3UI_1 \sin\varphi_L = 3UI_q \tag{4.27}$$

式中，φ_L 为负荷功率因数角；U 为电网相电压有效值；I_q 为网侧无功电流的有效值；I_1 为网侧电流基波分量的有效值。定义无功系数

$$p_q = \frac{Q}{S_1} = \frac{3UI_q}{3UI_1} = \frac{I_q}{I_1} \tag{4.28}$$

式中，S_1 为基波视在功率。

考虑网侧电流的 THD，定义谐波系数

$$p_h = I_h / I_1 \tag{4.29}$$

式中，$I_h = \sqrt{\sum_{k=-\infty,\,k\neq\pm1}^{\infty} I_k^2}$ 为谐波电流的有效值。对于不平衡分量，定义负序(零序)不平衡度为基波负序(零序)电流有效值与基波电流有效值之比，有

$$p_n = I_n / I_1, \quad p_z = I_z / I_1 \tag{4.30}$$

式中，I_n 和 I_z 分别为网侧电流负序基波电流有效值和零序电流的有效值。

在电能质量综合评估的层次分析模型中，各电能质量指标的重要性排序为谐波、无功、不平衡，不平衡中的零序和负序分量同等重要。根据层次分析法，第二层中的零序和负序指标，可构造成对比较矩阵

$$C_2 = \begin{bmatrix} 1 & 1 \\ 1 & 1 \end{bmatrix} \tag{4.31}$$

求该矩阵的特征值和特征向量，取一致性指标

$$CI = (\lambda_{max} - n)/(n-1) \tag{4.32}$$

式中，$\lambda_{max}=2$ 为 C_2 特征值中的最大值；$n=2$ 为 C_2 的阶数。由此可知 CI=0，一致性检验通过。将最大特征值所对应的特征向量做归一化处理，得到权向量 $\zeta_2=(\zeta_{21},$ $\zeta_{22})=(0.5, 0.5)$。同理，对于第一层指标，可构造成对比较矩阵

$$C_1 = \begin{bmatrix} 1 & 1/2 & 3 \\ 2 & 1 & 5 \\ 1/3 & 1/5 & 1 \end{bmatrix} \tag{4.33}$$

求该矩阵的特征值和特征向量，可得一致性指标 CI=0.0018。此时 $n=3$，根据层次分析法，需要做随机一致性检验，其随机一致性指标 RI=0.58，一致性比率为

$$CR = \frac{CI}{RI} = \frac{0.0018}{0.58} = 0.0031 \tag{4.34}$$

由于 CR<0.1，一致性检验通过。归一化最大特征值对应的特征向量，得到第一层各指标所对应的权向量 $\zeta_1=(\zeta_1, \zeta_2, \zeta_3)=(0.3090, 0.5816, 0.1095)$。

柔性并网逆变器的定制补偿控制策略，如图 4.34 所示，补偿系数 $\alpha_1 \sim \alpha_4$ 满足

$$\begin{cases} p_h = (1-\alpha_1)p_{h0} \\ p_q = (1-\alpha_2)p_{q0} \\ p_z = (1-\alpha_3)p_{z0} \\ p_n = (1-\alpha_4)p_{n0} \end{cases} \tag{4.35}$$

式中，下标 0 为无补偿时的值。图 4.34 中的模块 BPF 为中心频率为 $2\omega_0$ 的带通滤波器(band-pass filter，BPF)。

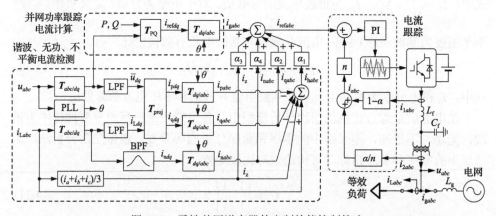

图 4.34　柔性并网逆变器的定制补偿控制策略

在电能质量定制补偿中，为了达到所给定的电能质量综合指标，补偿系数的取值存在多种组合。这里，以柔性并网逆变器投入的补偿容量最小为目标，确定补偿系数 $\alpha_1 \sim \alpha_4$ 的最优方案。柔性并网逆变器投入的补偿容量可以表示为

$$S_T = 3U\sqrt{\alpha_1^2 I_h^2 + \alpha_2^2 I_q^2 + \alpha_3^2 I_z^2 + \alpha_4^2 I_n^2} \tag{4.36}$$

选择优化的目标函数

$$\min \ F = \alpha_1^2 I_h^2 + \alpha_2^2 I_q^2 + \alpha_3^2 I_z^2 + \alpha_4^2 I_n^2 \tag{4.37}$$

若要使补偿后的电能质量综合指标为 T_o，基于以上分析，有

$$\zeta_1 p_q + \zeta_2 p_h + \zeta_{21}\zeta_3 p_z + \zeta_{22}\zeta_3 p_n = T_o \tag{4.38}$$

由式(4.36)和式(4.38)，构造拉格朗日函数

$$L_J = \alpha_1^2 I_h^2 + \alpha_2^2 I_q^2 + \alpha_3^2 I_z^2 + \alpha_4^2 I_n^2 + \lambda(\zeta_1 p_q + \zeta_2 p_h + \zeta_{21}\zeta_3 p_z + \zeta_{22}\zeta_3 p_n - T_o) \tag{4.39}$$

式中，λ 为拉格朗日乘子。根据拉格朗日乘子法，有

$$\begin{cases} \partial L_J / \partial \alpha_1 = 2\alpha_1 (p_{h0} I_1)^2 - \lambda p_{h0}\zeta_2 = 0 \\ \partial L_J / \partial \alpha_2 = 2\alpha_2 (p_{q0} I_1)^2 - \lambda p_{q0}\zeta_1 = 0 \\ \partial L_J / \partial \alpha_3 = 2\alpha_3 (p_{z0} I_1)^2 - \lambda p_{z0}\zeta_{21}\zeta_3 = 0 \\ \partial L_J / \partial \alpha_4 = 2\alpha_4 (p_{n0} I_1)^2 - \lambda p_{n0}\zeta_{22}\zeta_3 = 0 \\ \partial L_J / \partial \lambda = \zeta_1 p_q + \zeta_2 p_h + \zeta_{21}\zeta_3 p_z + \zeta_{22}\zeta_3 p_n - T_o = 0 \end{cases} \tag{4.40}$$

求解式(4.40)，λ 满足

$$\lambda = \frac{(\sigma - T_o)2I_1^2}{W} \tag{4.41}$$

式中，逆变器不补偿时，电网的电能质量综合指标为 σ，逆变器补偿后的电能质量综合指标为 T_o，$\sigma \geqslant T_o$。且有

$$W = \zeta_1^2 + \zeta_2^2 + \zeta_3^2(\zeta_{21}^2 + \zeta_{22}^2) \tag{4.42}$$

$$\sigma = \zeta_1 p_{q0} + \zeta_2 p_{h0} + \zeta_{21}\zeta_3 p_{z0} + \zeta_{22}\zeta_3 p_{n0} \tag{4.43}$$

根据 α_i 的定义，易知 $\alpha_i \geqslant 0 (i=1, 2, 3, 4)$，根据式(4.40)，得到最优的补偿系数为

$$\begin{cases} \alpha_1 = \dfrac{(\sigma - T_{\mathrm o})\zeta_2}{p_{\mathrm h0}W} \\[2mm] \alpha_2 = \dfrac{(\sigma - T_{\mathrm o})\zeta_1}{p_{\mathrm q0}W} \\[2mm] \alpha_3 = \dfrac{(\sigma - T_{\mathrm o})\zeta_{21}\zeta_3}{p_{\mathrm z0}W} \\[2mm] \alpha_4 = \dfrac{(\sigma - T_{\mathrm o})\zeta_{22}\zeta_3}{p_{\mathrm n0}W} \end{cases} \tag{4.44}$$

式中，$0\leqslant\alpha_i\leqslant1\,(i=1,2,3,4)$，当求得各补偿系数 $\alpha_i\geqslant1$ 时，需要做一定的处理。以谐波补偿系数 α_1 为例，当目标 $T_{\mathrm o}$ 为

$$T_{\mathrm o} \geqslant \frac{\sigma - p_{\mathrm h0}W}{\zeta_2} \tag{4.45}$$

时，$\alpha_1\geqslant1$，应取 $\alpha_1=1$，即完全投入谐波补偿，在理想条件下，补偿后的 THD 为 0，也即 $p_{\mathrm h}=0$。完全补偿谐波之后，再以 $p_{\mathrm h0}=0$、$\zeta_2=0$ 继续求解上述拉格朗日优化模型。对于其他补偿系数大于 1 的情况，做类似处理。基于图 4.35 所示的算法，可得到最优补偿系数。其中，当某补偿系数 $\alpha_i\geqslant1$ 后，将该指标对应的直接权系数置 0，也即，当 $\alpha_1\geqslant1$ 或 $\alpha_2\geqslant1$ 时将 ζ_2 或 ζ_1 置 0，当 $\alpha_3\geqslant1$ 或 $\alpha_4\geqslant1$ 时将 ζ_{21} 或 ζ_{22} 置 0。

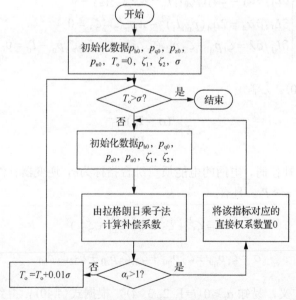

图 4.35　最优补偿系数的求解算法

针对图 4.15 所示的微电网，本节采用 PSCAD/EMTDC 开展仿真研究，三相不平衡负荷分别为 0.15H+3Ω、0.085H+4.5Ω、0.03H+2Ω，三相不控整流负荷的直流电阻为 50Ω，三相对称负荷的各相电阻均为 20Ω。机端负荷 1 和负荷 2 的功率分别为 12kW 和 6kW。DG1～DG3 的功率分别为 9kW/0var、15kW/0var、6kW/0var，均从 0.01s 开始并网发电，柔性并网逆变器的功率为 15kW/0var。

仿真中，柔性并网逆变器的设置如下：0.10s 之前不投入补偿；0.10～0.15s 只补偿谐波电流；0.15～0.20s 同时补偿谐波电流和不平衡负荷电流；0.20～0.25s 进一步补偿 50% 的无功电流；0.25～0.30s 完全补偿所有的无功电流、不平衡负荷电流和谐波电流；0.30～0.40s 采用最优补偿方案，将电能质量综合指标定制为不补偿时的 10%，即 $T_o=0.1\sigma$。

网侧电流和功率的波形，如图 4.36(a) 所示。0.10s 之前，柔性并网逆变器未投入补偿功能，非线性负荷使网侧功率出现高次谐波脉动。0.10～0.15s，柔性并网逆变器投入谐波电流补偿后，电流波形基本保持正弦，但是不平衡负荷使得功率以 2 倍频波动。0.15～0.20s，柔性并网逆变器进一步投入不平衡电流补偿后，网侧电流三相对称且无畸变，消除了网侧功率的波动，但是无功负荷与电网之间仍然存在无功交换。0.20～0.30s，柔性并网逆变器再投入无功电流补偿后，由于没有了无功电流，网侧电流的幅值有所减少，相位也有所移动。0.30s 之后，柔性并网逆变器采取最优补偿方案，电能质量较完全补偿时稍差；但是，在满足电能质量定制目标的同时，该方案可以减少投入的补偿容量。综上，柔性并网逆变器的定制补偿控制，能够实现对特定补偿分量的精准补偿，完成对微电网电能质量的定制。

DG2 的支路电流和输出功率，如图 4.36(b) 所示。在 0.01s 之前，DG2 未启动，支路电流为负荷电流。当 DG2 启动后，DG2 发出的功率首先供给机端负荷，过剩的电能再注入 PCC 处，此时流过 DG2 的支路电流为 DG2 并网电流和机端负荷电流之差。DG2 具有较好的静态和动态性能，能实现对功率指令的跟踪。柔性并网逆变器的补偿功能，对其他并网逆变器影响不大。

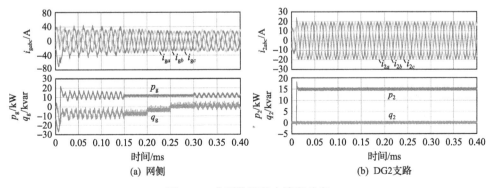

(a) 网侧　　　　　　　　　　　　　(b) DG2支路

图 4.36　典型位置的电流和功率

　　柔性并网逆变器的输出电流波形，如图 4.37 所示。当柔性并网逆变器不投入电能质量补偿功能时，其输出电流和常规并网逆变器没有区别。当柔性并网逆变器投入电能质量补偿功能时，其输出电流不再为纯有功电流，还包括微电网所需补偿的无功电流、谐波电流和不平衡负荷电流。

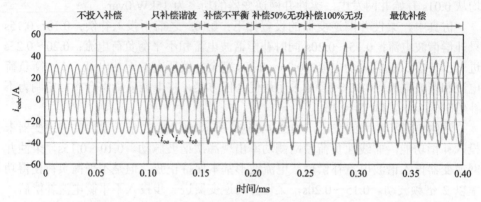

图 4.37　柔性并网逆变器的输出电流

　　网侧电流的功率因数、无功系数和不平衡度、THD 的分布情况，如图 4.38 所示。柔性并网逆变器投入补偿功能之后，能明显改善网侧电流的功率因数、不平衡度和 THD，使其满足电网标准。

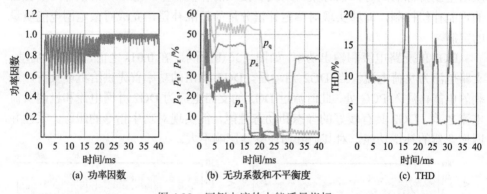

图 4.38　网侧电流的电能质量指标

　　根据图 4.38，若柔性并网逆变器不投入补偿功能，电能质量指标的初始值为 $p_{h0}=0.09$、$p_{q0}=0.55$、$p_{z0}=0.45$、$p_{n0}=0.25$。基于图 4.35，当电能质量定制的目标 T_o 取不同的值时，各最优补偿系数如图 4.39 所示。若将微电网的电能质量定制为 $T_o=0.16=0.0245$，可得最优补偿系数向量 $(\alpha_1, \alpha_2, \alpha_3, \alpha_4)=(1, 1, 0.2801, 0.5041)$，对应仿真中 0.3～0.4s 时的情况。

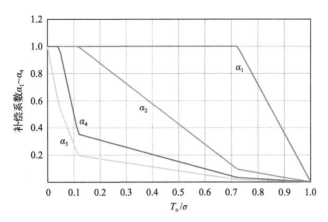

图 4.39　不同电能质量定制目标时的最优补偿系数

　　针对电能质量定制的效益，下面给出定量分析。为了补偿谐波电流，需要安装滤波器，其容量 S_{T1} 为

$$S_{\text{T1}} = \varepsilon_1 S_{10} = 3\varepsilon_1 U I_{\text{h}} \tag{4.46}$$

式中，ε_1 为谐波裕量系数。同理，为了补偿负序和零序电流，需要投入的补偿容量 S_{T2} 和 S_{T3} 分别为

$$\begin{cases} S_{\text{T2}} = 3\varepsilon_2 U I_{\text{n}} \\ S_{\text{T3}} = 3\varepsilon_3 U I_{\text{z}} \end{cases} \tag{4.47}$$

式中，ε_2 和 ε_3 分别为负序裕量系数和零序裕量系数。类似地，为了补偿无功电流，需要的补偿容量 S_{T4} 为

$$S_{\text{T4}} = \varepsilon_4 P[\tan(\arccos \text{PF}_1) - \tan(\arccos \text{PF}_2)] \tag{4.48}$$

式中，ε_4 为无功裕量系数；P 为网侧有功功率的稳态值；PF_1 和 PF_2 分别为补偿前后的功率因数。出于方便考虑，保守地取 $\varepsilon_1=\varepsilon_2=\varepsilon_3=\varepsilon_4=1$，根据图 4.36(a) 可知，网侧有功功率为 13kW，补偿前的功率因数为 $\text{PF}_1=0.866$，补偿后的功率因数为 $\text{PF}_2=1$。

　　柔性并网逆变器投入补偿容量 $S_{\text{T}} = \sum_{i=1}^{4} \sqrt{S_{\text{T}i}^2}$ 的实时值，如图 4.40 所示。根据图 4.38 和图 4.40 可知，投入的补偿电流越多，电能质量问题治理得越彻底，但是，柔性并网逆变器投入的补偿容量也越大。相对于完全补偿，电能质量定制补偿所投入的补偿容量节省了 1kV·A。相对于安装各类补偿装置，最多可节省近 10kV·A 的额外设备。可见，采用柔性并网逆变器，可以降低系统的投资成本。此外，减少额外的电能质量补偿装置，在一定程度上提高了微电网的可靠性。

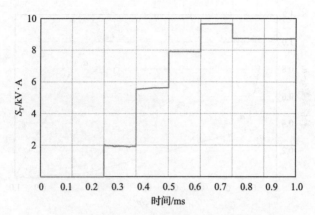

图 4.40　柔性并网逆变器投入的补偿容量

综上，采用柔性并网逆变器，以基于层次分析法的电能质量综合评估为目标，优化逆变器投入的补偿容量，有选择地治理微电网的电能质量问题，能定制微电网的电能质量。仿真结果验证了该方法的可行性和有效性。

4.3.2　三相两电平柔性并网逆变器

三相两电平柔性并网逆变器补偿不平衡负荷电流的能力不强，主要用于补偿谐波电流和无功电流[15, 16]。针对图 4.31 微电网的 DB C6 支路，基于层次分析法，建立微电网电能质量综合评估模型，如图 4.41 所示。在该模型中，电能质量综合指标下，由网侧电流的谐波和功率因数加权得到。假设谐波电流相对于无功电流对微电网的影响稍强，依据 Satty 等提出的比较尺度，选取成对比较矩阵

$$C = \begin{bmatrix} 1 & 3 \\ 1/3 & 1 \end{bmatrix} \tag{4.49}$$

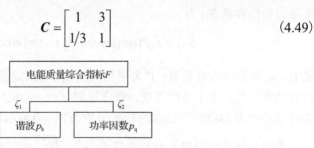

图 4.41　电能质量综合评估模型

求该矩阵的特征值和特征向量，取一致性指标

$$CI = \frac{\lambda_{max} - n}{n - 1} \tag{4.50}$$

式中，$\lambda_{max}=2$ 为矩阵 C 的最大特征值；$n=2$ 为 C 的阶数。由此可知 CI=0，一致性

检验通过。将最大特征值对应的特征向量做归一化处理，得到权向量 $\zeta = (\zeta_1, \zeta_2) = (0.75, 0.25)$。

在柔性并网逆变器中，逆变器所能投入的补偿容量往往有限，只能根据优化补偿目标，投入一定比例的无功补偿电流和谐波补偿电流，如图 4.42 所示。下面针对两种不同的目标，确定定制补偿控制策略中的比例系数 α_1 和 α_2。

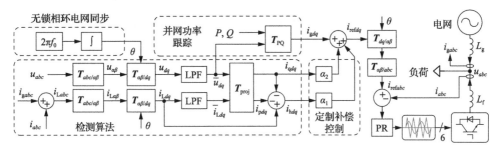

图 4.42　三相两电平柔性并网逆变器的定制补偿控制

1. 目标 1: 达到相同电能质量指标时，投入的补偿容量最小

柔性并网逆变器投入的补偿容量为

$$S_T = \sqrt{S_h^2 + S_q^2} = 3U\sqrt{(\alpha_1 I_{h0})^2 + (\alpha_2 I_{q0})^2} \tag{4.51}$$

式中，S_h 和 S_q 分别为逆变器投入的谐波补偿容量和无功补偿容量；I_{h0} 和 I_{q0} 分别为负荷谐波电流有效值和无功电流有效值。优化补偿模型的目标函数选为

$$\min\ I_T = \alpha_1^2 I_{h0}^2 + \alpha_2^2 I_{q0}^2 \tag{4.52}$$

式中

$$\begin{cases} I_{h0} = p_{h0} I_1 \\ I_{q0} = p_{q0} I_1 \end{cases} \tag{4.53}$$

式中，p_{h0} 和 p_{q0} 分别为柔性并网逆变器补偿前网侧电流的 THD 和无功系数。如式 (4.28) 所示，无功系数 p_q 定义为无功功率与基波视在功率之比，即

$$p_q = \frac{Q}{3UI_1} = \frac{3UI_q}{3UI_1} = \frac{I_q}{I_1} \tag{4.54}$$

柔性并网逆变器补偿后，假设网侧电流的 THD 和无功系数分别为 p_h 和 p_q，预期的电能质量综合评估指标为

$$T_o = \zeta_1 p_h + \zeta_2 p_q \tag{4.55}$$

一方面，微电网的电能质量应该满足相关标准的规定，譬如，THD<5%和功率因数>0.98，此时 T_o 可以根据电能质量标准直接设定。另一方面，柔性并网逆变器应能参与电网调度，向电网提供无功支撑等辅助服务，此时 T_o 可以根据电网的调度指令设定。一般地，基波电流在补偿前后变化不大，出于分析方便考虑，认为 I_1 在补偿前后近似不变。理想情况下，补偿前后的 THD 和无功系数之间满足关系：

$$\begin{cases} p_h = (1 - \alpha_1) p_{h0} \\ p_q = (1 - \alpha_2) p_{q0} \end{cases} \tag{4.56}$$

构造拉格朗日函数：

$$L_{J1} = \alpha_1^2 I_{h0}^2 + \alpha_2^2 I_{q0}^2 + \lambda_1 (\zeta_1 p_h + \zeta_2 p_q - T_o) \tag{4.57}$$

式中，λ_1 为控制目标 1 的拉格朗日乘子。当柔性并网逆变器不投入电能质量补偿时，$\alpha_1 = \alpha_2 = 0$、$T_o = \sigma$ 且 $L_{J1} = 0$。σ 为无补偿时的电能质量综合指标，$\sigma = \zeta_1 p_{h0} + \zeta_2 p_{q0}$。当逆变器完全补偿微电网的电能质量问题时，$\alpha_1 = \alpha_2 = 1$、$p_h = p_q = 0$、$T_o = 0$ 且 $L_{J1} = I_{h0}^2 + I_{q0}^2$。因此，$L_{J1}$ 的取值范围为$[0,\ I_{h0}^2 + I_{q0}^2]$。根据式(4.57)，有

$$\begin{cases} \dfrac{\partial L_{J1}}{\partial \alpha_1} = 2\alpha_1 (p_{h0} I_1)^2 - \lambda_1 p_{h0} \zeta_1 = 0 \\[2mm] \dfrac{\partial L_{J1}}{\partial \alpha_2} = 2\alpha_2 (p_{q0} I_1)^2 - \lambda_1 p_{q0} \zeta_2 = 0 \\[2mm] \dfrac{\partial L_{J1}}{\partial \lambda_1} = \zeta_1 p_h + \zeta_2 p_q - T_o = 0 \end{cases} \tag{4.58}$$

可解得

$$\begin{cases} \alpha_1 = \dfrac{(\sigma - T_o)\zeta_1}{(\zeta_1^2 + \zeta_2^2) p_{h0}} \\[3mm] \alpha_2 = \dfrac{(\sigma - T_o)\zeta_2}{(\zeta_1^2 + \zeta_2^2) p_{q0}} \\[3mm] \lambda_1 = \dfrac{2(\sigma - T_o) I_1^2}{\zeta_1^2 + \zeta_2^2} \end{cases} \tag{4.59}$$

综上，最优补偿系数的求解算法，如图 4.43(a) 所示，当某个电能质量指标达到全补偿时(对应的补偿系数为 1)，认为并网点已经无该项电能质量问题，此时剩下的电能质量影响因子的权重算作 1，重新计算最优补偿系数。

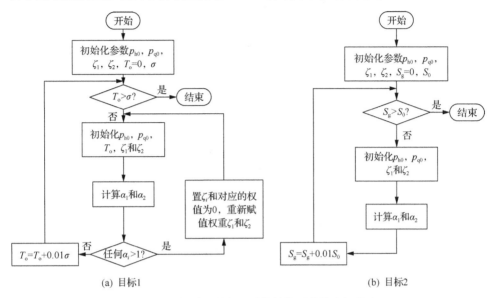

图 4.43   柔性并网逆变器最优补偿系数的求解算法

2. 目标 2：投入相同补偿容量时，电能质量综合指标最小

基于电能质量综合评估模型，优化目标为

$$\min \quad F = \zeta_1 p_h + \zeta_2 p_q \tag{4.60}$$

假设柔性并网逆变器所能投入的补偿容量为 S_g，满足等式约束

$$S_g = 3U\sqrt{\alpha_1^2 I_{h0}^2 + \alpha_2^2 I_{q0}^2} \tag{4.61}$$

构造拉格朗日函数：

$$L_{J2} = \zeta_1 p_h + \zeta_2 p_q + \lambda_2 \left(3U\sqrt{\alpha_1^2 I_{h0}^2 + \alpha_2^2 I_{q0}^2} - S_g\right) \tag{4.62}$$

式中，λ_2 为控制目标 2 的拉格朗日乘子。当逆变器不投入电能质量补偿时，$\alpha_1 = \alpha_2 = 0$、$S_g = 0$ 且 $L_{J2} = \sigma$。当逆变器完全补偿无功电流和谐波电流时，$\alpha_1 = \alpha_2 = 1$、$S_g = S_m = 3U\sqrt{I_{h0}^2 + I_{q0}^2}$ 且 $L_{J2} = 0$，其中，S_m 为负荷谐波电流和无功电流的视在容量。因此，L_{J2} 的取值范围为 $[0, \sigma]$。根据式 (4.62) 可知

$$\begin{cases} \dfrac{\partial L_{J2}}{\partial \alpha_1} = \dfrac{-\zeta_1 p_{h0} + 3\lambda_2 U \alpha_1 I_{h0}^2}{\sqrt{\alpha_1^2 I_{h0}^2 + \alpha_2^2 I_{q0}^2}} = 0 \\[4mm] \dfrac{\partial L_{J2}}{\partial \alpha_2} = \dfrac{-\zeta_2 p_{q0} + 3\lambda_2 U \alpha_2 I_{q0}^2}{\sqrt{\alpha_1^2 I_{h0}^2 + \alpha_2^2 I_{q0}^2}} = 0 \\[4mm] \dfrac{\partial L_{J2}}{\partial \lambda_2} = \dfrac{\alpha_1^2 I_{h0}^2 + \alpha_2^2 I_{q0}^2 - S_g^2}{9U^2} = 0 \end{cases} \tag{4.63}$$

可解得

$$\begin{cases} \alpha_1 = \dfrac{\zeta_1 p_{h0} S_g I_{q0}}{3 U I_{h0} \sqrt{(\zeta_1 p_{h0} I_{q0})^2 + (\zeta_2 p_{q0} I_{h0})^2}} \\[5mm] \alpha_2 = \dfrac{\zeta_2 p_{q0} S_g I_{h0}}{3 U I_{q0} \sqrt{(\zeta_1 p_{h0} I_{q0})^2 + (\zeta_2 p_{q0} I_{h0})^2}} \\[5mm] \lambda_2 = \dfrac{\sqrt{(\zeta_1 p_{h0} I_{q0})^2 + (\zeta_2 p_{q0} I_{h0})^2}}{3 U I_{h0} I_{q0}} \end{cases} \tag{4.64}$$

和目标 1 的情况不同，当优先补偿完谐波电流后，剩余的柔性并网逆变器容量用于补偿无功电流，当 α_1 达到 1 后，补偿系数 α_2 的计算变为

$$\begin{cases} \alpha_2 = \dfrac{\sqrt{S_g^2 - (3 U I_1 p_{h0})^2}}{3 U I_1 p_{q0}} \\[5mm] \lambda_2 = \dfrac{\sqrt{\alpha_2^2 (p_{q0} I_1)^2 + (p_{h0} I_1)^2}}{3 U \alpha_2 p_{q0} I_1^2} \end{cases} \tag{4.65}$$

根据式 (4.64) 和式 (4.65)，可得最优补偿系数的求解流程，如图 4.43(b) 所示。

基于图 4.31 所示的微电网，两台 DG 的额定容量均为 10kV·A，并网功率指令分别为 7kW/0var 和 8kW/0var，DG1 为柔性并网逆变器。无功负荷为三相对称的阻容负载，各相参数均为 1000μF 和 10Ω，对应功率均为 3.30kW 和 1.05kvar。非线性负荷为不控整流负荷，直流电阻为 R_L=20Ω，对应有功功率为 3.63kW。

基于图 4.32 的实验结果，如果完全补偿负荷的无功电流和谐波电流 ($\alpha_1=\alpha_2=1$) 柔性并网逆变器需要补偿容量 1.71kV·A，占柔性并网逆变器额定容量的 17.1%。然而，电能质量补偿只是柔性并网逆变器的辅助功能，将大量的容量用于电能质量治理，显然是不合适的，有时甚至是不现实的。因此，如何优化利用有限的补偿容量，尽可能提高微电网的电能质量，显得十分关键。

对于前述优化控制目标 1，基于图 4.32 的实验结果，当柔性并网逆变器不投入补偿功能时，$p_{h0}=0.1316$，$p_{q0}\approx\sin(\arccos 0.9744)=0.2248$。此时，电能质量综合指标为 $\sigma=\zeta_1 p_{h0}+\zeta_2 p_{q0}=0.1549$。对应于目标 1 的优化补偿模型，最优补偿系数如图 4.44（a）所示。

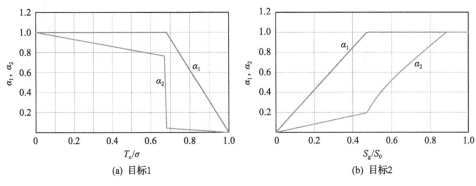

(a) 目标1　　　　　　　　　　　　　　(b) 目标2

图 4.44　柔性并网逆变器最优补偿系数的求解结果

柔性并网逆变器投入补偿后，若将电能质量指标降低为原来的一半，即 $T_0=0.5\sigma=0.0775$。根据图 4.44（a），最优补偿系数为 $\alpha_1=1$、$\alpha_2=0.8242$。从不补偿到按目标 1 实施补偿，柔性并网逆变器的动态响应，如图 4.45 所示。柔性并网逆变器投入补偿前，网侧电流的 THD 为 12.97%，功率因数为 0.9762。柔性并网逆变器投入补偿后，网侧电流的 THD 降低为 6.11%，功率因数提升为 0.9990，电流的相图更加接近标准圆。

对于优化控制目标 2，取补偿容量的基准值为 $S_0=2\text{kV}\cdot\text{A}$，柔性并网逆变器的最优补偿系数如图 4.44（b）所示。若柔性并网逆变器所能投入的补偿容量仅为 $S_g=0.9\text{kV}\cdot\text{A}$，最优补偿系数分别为 $\alpha_1=0.5106$、$\alpha_2=0.4327$。从不补偿到按目标 2 实施补偿，柔性并网逆变器的动态响应，如图 4.46 所示。柔性并网逆变器投入补偿前，网侧电流的 THD 为 12.97%，功率因数为 0.9774。柔性并网逆变器投入补偿后，网侧电流的 THD 降低为 6.78%，功率因数提高为 0.9919。

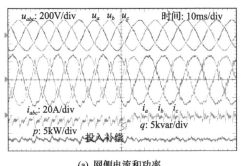

(a) 网侧电流和功率

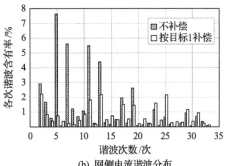

(b) 网侧电流谐波分布

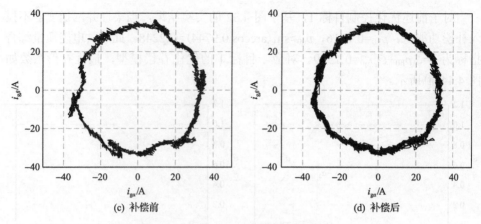

(c) 补偿前　　　　　　　　　　　(d) 补偿后

图 4.45　柔性并网逆变器按目标 1 运行

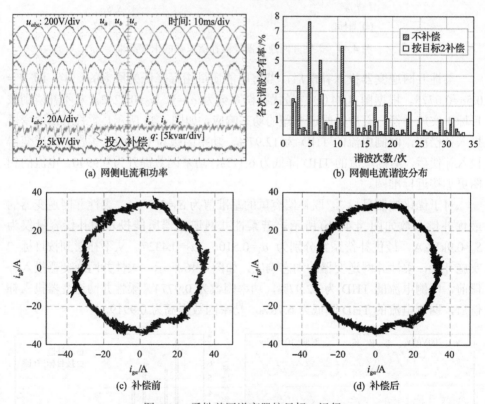

(c) 补偿前　　　　　　　　　　　(d) 补偿后

图 4.46　柔性并网逆变器按目标 2 运行

4.4　本　章　小　结

本章介绍了柔性并网逆变器治理电能质量问题的控制技术。首先，分析了电能质量的综合评估方法，以及电能质量定制的概念。分析结果表明：柔性并网逆变器可以参与电网的电能质量治理，向负荷提供灵活的电能质量定制服务。然后，针对三相组式和三相两电平并网逆变器拓扑，分别介绍了具有电能质量治理功能的柔性并网逆变器控制方法，仿真和实验结果表明：基于先进的控制技术，柔性并网逆变器具有输出谐波、不平衡和无功电流的能力，补偿本地负荷的电能质量问题。最后，考虑到柔性并网逆变器容量的限制，提出了以电能质量综合指标为依据的电能质量定制补偿控制方法，优化利用柔性并网逆变器的剩余容量，最大限度提高电网的电能质量水平。

参 考 文 献

[1] 肖湘宁, 韩民晓, 徐永海, 等. 电能质量分析与控制[M]. 北京: 中国电力出版社, 2010.

[2] 金广厚, 李庚银, 周明. 电能质量市场理论的初步探讨[J]. 电力系统自动化, 2004, 28(12): 1-6.

[3] 曾正, 杨欢, 赵荣祥. 基于突变决策的分布式发电系统电能质量综合评估[J]. 电力系统自动化, 2011, 35(21): 52-57.

[4] Gilmore R. Catastrophe Theory for Scientists and Engineers[M]. New York: Dover Publications Inc, 1993.

[5] 胡文锦, 武志刚, 张尧, 等. 风电场电能质量分析与评估[J]. 电力系统及其自动化学报, 2009, 21(4): 82-87.

[6] 曾正, 赵荣祥, 杨欢, 等. 多功能并网逆变器及其在微电网电能质量定制中的应用[J]. 电网技术, 2012, 36(5): 58-67.

[7] Domijan A, Montenegro A, Keri A J F, et al. Simulation study of the world's first distributed premium power quality park[J]. IEEE Transactions on Power Delivery, 2005, 20(2): 1483-1492.

[8] Zeng Z, Li X, Shao W. Multi-functional grid-connected inverter: Upgrading distributed generator with ancillary services[J]. IET Renewable Power Generation, 2018, 12(7): 797-805.

[9] 曾正, 杨欢, 赵荣祥. 多功能并网逆变器及其在微电网中的应用[J]. 电力系统自动化, 2012, 36(4): 28-34.

[10] Zeng Z, Yang H, Guerrero J M, et al. Multi-functional distributed generation unit for power quality enhancement[J]. IET Power Electronics, 2015, 8(3): 467-476.

[11] Shen G, Xu D, Cao L, et al. An improved control strategy for grid-connected voltage source inverters with an LCL filter[J]. IEEE Transactions on Power Electronics, 2008, 23(4): 1899-1906.

[12] Li W, Ruan X, Pan D, et al. Full-feedforward schemes of grid voltages for a three-phase LCL-type grid-connected inverter[J]. IEEE Transactions on Industrial Electronics, 2013, 60(6): 2237-2250.

[13] Depenbrock M. The FBD-method, a generally applicable tool for analyzing power relations[J]. IEEE Transactions on Power Systems, 1993, 8(2): 381-387.

[14] 杨欢, 赵荣祥, 程方斌. 无锁相环同步坐标变换检测法的硬件延时补偿[J]. 中国电机工程学报, 2008, 28(27): 78-83.

[15] Zeng Z, Yang H, Tang S, et al. Objective-oriented power quality compensation of multifunctional grid-tied inverters and its application in microgrids[J]. IEEE Transactions on Power Electronics, 2015, 30(3): 1255-1265.

[16] Zeng Z, Li H, Tang S, et al. Multi-objective control of multi-functional grid-connected inverter for renewable energy integration and power quality service[J]. IET Power Electronics, 2016, 9(4): 761-770.

第5章　并网逆变器的电能质量协调控制

并网逆变器在实现可再生能源并网的同时，可以参与电网电能质量的治理。但是，所能投入的补偿容量往往是有限的。第4章介绍了容量受限情况下柔性并网逆变器的控制。本章进一步介绍多台柔性并网逆变器的协调控制。为了克服有互联线控制的不足，本章主要介绍无互联线的协调控制方法，包括电流瞬时值限幅、电导电纳限幅和下垂控制三种不同的方案。

5.1　柔性并网逆变器的无互联线协调控制

为了协调多台柔性并网逆变器，治理电网的电能质量问题，可采用有互联线和无互联线两类控制方案[1]。

有互联线的控制方法，主要是集中控制，原理如图 5.1(a) 所示。该类控制方法具有一个集中控制器，检测所有负荷的谐波电流和无功电流，监测各柔性并网逆变器的闲置容量，并给各 DG 发送补偿电流指令，将无功电流和谐波电流分摊到各柔性并网逆变器。DG 根据补偿电流指令，输出指定的谐波电流和无功电流。该类方法对通信的实时性和快速性要求较高，此外，在负荷处加装电流传感器，难以适应负荷的扩容。同时，由于存在集中控制器和互联通信线路，该类方法难以适应柔性并网逆变器的扩容和热插拔。

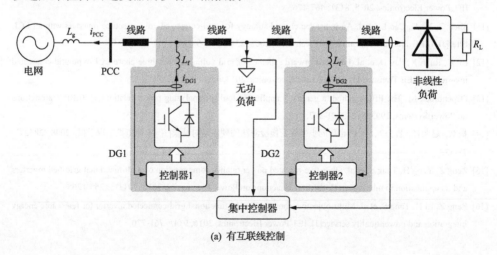

(a) 有互联线控制

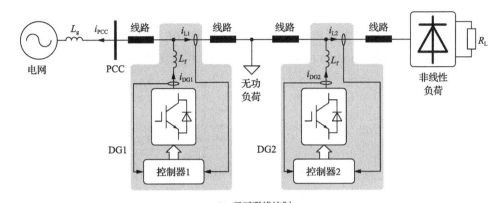

(b) 无互联线控制

图 5.1　谐波和无功的分摊控制策略

　　无互联线的控制方法,主要是级联控制,原理如图 5.1(b) 所示。该类控制方法普遍采用限幅控制策略[2],依据负荷电气距离的远近,多台柔性并网逆变器先后投入一定容量的补偿电流。如图 5.1(b) 所示,离负荷近的 DG2,先检查到负荷的谐波电流,根据自身补偿容量的限制,补偿不超过某个幅值的谐波电流,剩余的谐波电流会继续流过 DG1。DG1 将其电气下游的电流视作广义的负荷电流,DG1 也只需按照自身可投入的补偿容量,进行限幅补偿即可。显然,基于级联的控制方法不需要互联通信线,但是限幅环节会引入新的谐波分量[3]。

　　无互联线控制更适合于柔性并网逆变器间的协调控制。首先,柔性并网逆变器之间的电气和物理距离较大,有互联线的集中控制难以适应。然而,无互联的集中控制方法利用分散的柔性并网逆变器就近补偿非线性和无功负荷,实现谐波电流和无功电流的就地平衡,这也给电能质量的治理带来了一定的益处。其次,柔性并网逆变器和负荷投切频繁,具有“即插即用”“在线热插拔”的功能,有互联线的集中控制难以适应。相反,无互联线控制方法,不需要集中控制和调度,柔性并网逆变器利用局部信息,实现分散自治运行。

　　从瞬时值限幅控制、电导电纳限幅控制和下垂控制的角度出发,本章将给出柔性并网逆变器的协调控制策略。

5.2　基于瞬时值限幅的协调控制

5.2.1　方法原理

　　基于图 5.1 所示的微电网,柔性并网逆变器的电路结构和控制框图,如图 5.2(a)所示[4]。柔性并网逆变器检测电气下游的负荷电流 i_{Labc},计算 i_{Labc} 中的谐波电流和无功电流 i_{tdq},根据瞬时值限幅控制得到补偿电流指令 i_{cdq}。此外,根据柔性并网逆变器的功率指令，计算得到电流指令 i_{gdq}，两者共同决定逆变器电流指令 i_{refabc}。最后，根据逆变器输出电流反馈 i_{abc}，采用多谐振 PR 控制器和正弦脉宽调制（sinusoidal pulse-width modulation，SPWM）策略，得到逆变器的控制脉冲。

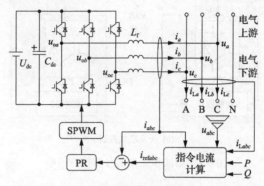

(a) 电路结构和控制框图

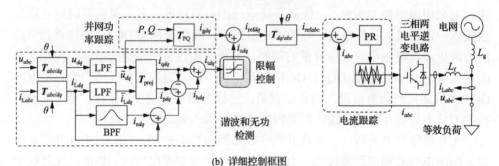

(b) 详细控制框图

图 5.2　柔性并网逆变器的瞬时值限幅控制

定义瞬时值限幅控制为

$$i_{cd} = \begin{cases} i_{td}, & |i_{td}| \leqslant I_{d\max} \\ I_{d\max}, & i_{td} > I_{d\max} \\ -I_{d\max}, & i_{td} < -I_{d\max} \end{cases}, \quad i_{cq} = \begin{cases} i_{tq}, & |i_{tq}| \leqslant I_{q\max} \\ I_{q\max}, & i_{tq} > I_{q\max} \\ -I_{q\max}, & i_{tq} < -I_{q\max} \end{cases} \quad (5.1)$$

式中，$I_{d\max}$ 和 $I_{q\max}$ 为设定的限幅值。并网逆变器投入的补偿容量 S_T 为

$$S_T = \sqrt{(u_d i_{cd} + u_q i_{cq})^2 + (u_q i_{cd} - u_d i_{cq})^2} \quad (5.2)$$

若采用电网电压定向，有 $u_d=0$ 和 $u_q = -\sqrt{3}U$，式(5.2)化简为

$$S_T = \sqrt{u_q^2 i_{cq}^2 + u_q^2 i_{cd}^2} \quad (5.3)$$

以图 5.1 所示的微电网为例，S_T 与 I_{dmax} 和 I_{qmax} 之间的关系，如图 5.3 所示。通过设置 I_{dmax} 和 I_{qmax} 的大小，即可调节柔性并网逆变器投入的补偿容量。

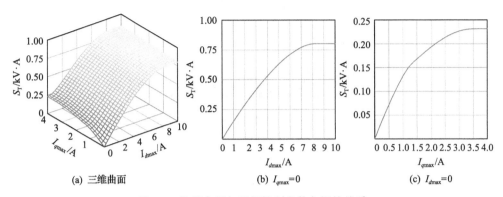

(a) 三维曲面　　　　　　(b) $I_{qmax}=0$　　　　　　(c) $I_{dmax}=0$

图 5.3　补偿容量与限幅控制参数之间的关系

5.2.2　实验结果

基于图 5.1(或图 4.31)所示的微电网，DG1 和 DG2 的输出功率分别为 7kW/0var 和 8kW/0var。DG1 的限幅参数设为 $I_{dmax}=I_{qmax}=5A$，由于 DG2 的输出功率较大，所能投入的补偿容量较小，限幅参数设为 $I_{dmax}=I_{qmax}=3A$。

DG1 投入补偿前后的动态响应，如图 5.4(a)所示，DG2 切除前后的动态响应，如图 5.4(b)所示。DG1 投入补偿前后，网侧电流的谐波分布如图 5.4(c)所示。DG2 投入补偿后，网侧电流的 THD 从 13.11% 降低为 8.63%，功率因数从 0.9744 提高到 0.9796。当 DG1 投入补偿后，网侧电流的 THD 进一步降低为 6.72%，功率因数进一步提高为 0.9915。DG2 切除后，流过 DG1 的谐波电流增大，DG1 自动分担更多的谐波电流。

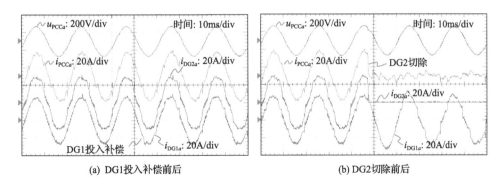

(a) DG1投入补偿前后　　　　　　　　(b) DG2切除前后

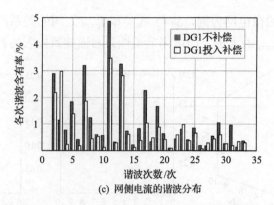

(c) 网侧电流的谐波分布

图 5.4　DG1 投入补偿与 DG2 切除时的实验波形

　　为了直观地认识谐波电流和无功电流的补偿过程，图 5.5 给出了 a 相电压和电流的相轨迹，观测点包括网侧、DG1 和 DG2。一般地，如果电流的功率因数为 1 且 THD 为 0，电压-电流相轨迹为一条直线。如果电流无畸变但功率因数不为 1，电压-电流相轨迹为一个椭圆。如果电流中同时含有无功和谐波，电压-电流相轨迹将出现曲折或褶皱。

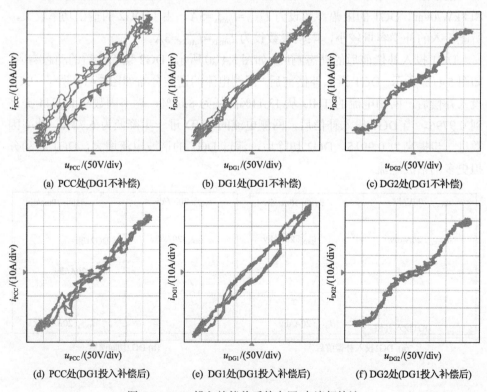

图 5.5　DG1 投入补偿前后的电压-电流相轨迹

如图 5.5(a) 所示，DG1 投入补偿前，网侧电流含有无功和谐波，相轨迹为曲折的椭圆。DG1 输出单位功率因数的纯正弦波，相轨迹为一直线，如图 5.5(b) 所示。DG2 已投入补偿，向微电网中注入谐波电流，其相轨迹为折线，如图 5.5(c) 所示。DG1 投入补偿后，如图 5.14(d) 所示，DG1 改善了微电网的电能质量，网侧相轨迹接近直线。然而，DG1 输出了谐波电流和无功电流，DG1 处和 DG2 处相轨迹分别为椭圆和折线形状，如图 5.5(e) 和图 5.5(f) 所示。

稳态运行时，瞬时值限幅控制的基本特性如图 5.6 所示。基于瞬时值限幅控制，柔性并网逆变器根据所检测到的补偿电流 i_{tdq}，结合自身所能提供的补偿容量 S_T，共同分担微电网内的无功电流和谐波电流。

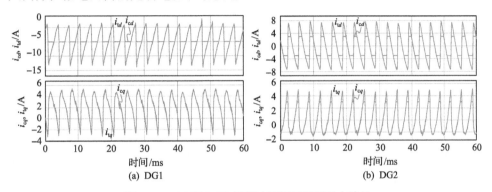

(a) DG1　　　　　　　　　　(b) DG2

图 5.6　DG1 和 DG2 的瞬时值限幅控制基本特性

DG1 投入补偿前后以及 DG2 切除前后，DG1 的动态响应如图 5.7(a) 和 (b) 所示。DG1 投入补偿前，DG1 输出电流的谐波分布如图 5.7(c) 所示。投入补偿功能后，柔性并网逆变器向微电网注入无功电流和谐波电流，其输出电流的 THD 从 3.06% 上升为 6.08%，功率因数从 0.9999 降低为 0.9927。切除 DG2 后，DG1 主动输出更多的谐波电流，暂态过程平滑，不存在大的冲击。

DG2 投入补偿前后的动态响应如图 5.8(a) 所示。投入补偿后，DG2 输出了谐波电流，柔性并网逆变器输出电流的 THD 从 2.92% 提升到 8.59%。

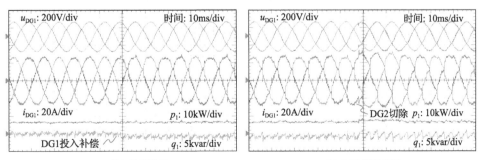

(a) DG1投入补偿前后　　　　　　　　　　(b) DG2切除前后

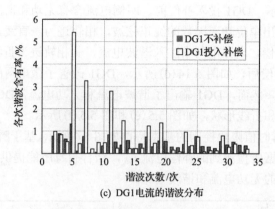

(c) DG1电流的谐波分布

图 5.7　模式切换时 DG1 的动态响应

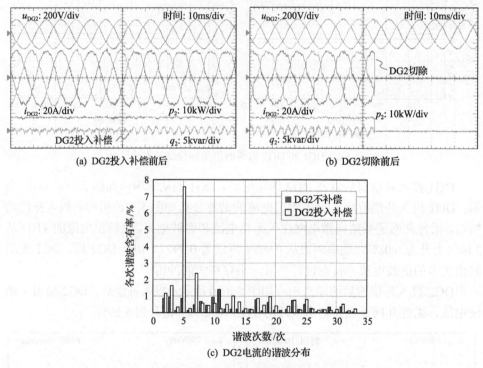

(c) DG2电流的谐波分布

图 5.8　模式切换时 DG2 的动态响应

　　基于瞬时值限幅的协调控制策略，投入非线性负荷和无功负荷时的动态响应，如图 5.9 所示。投入负荷后，DG1 和 DG2 根据各自的限幅控制参数设置，投入相应的谐波电流，提高微电网的电能质量。瞬时值限幅控制，对负荷投切的适应性好，动态过程中没有明显的超调或过冲。

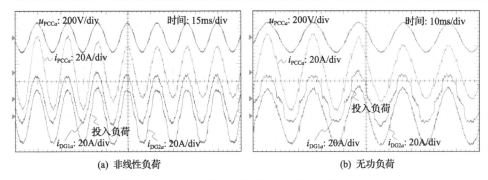

(a) 非线性负荷　　　　　　　　　　(b) 无功负荷

图 5.9　投入非线性负荷和无功负荷时的动态响应

综上，在无互联通信线的基础上，瞬时值限幅控制能较好地协调柔性并网逆变器，共同分担电网中的无功电流和谐波电流。但是，柔性并网逆变器实际输出的补偿电流，经过了波形限幅，改变了负荷电流的谐波分布特性，可能会产生其他频率的谐波电流。

5.3　基于电导电纳限幅的协调控制

5.3.1　方法原理

基于电导电纳限幅控制，柔性并网逆变器的协调控制方法，如图 5.10 所示[5]。本节采用基于 FBD 功率理论的补偿电流检测方法，得到电气下游负荷电流 i_{Labc} 的电导 G 和电纳 B，基于电导电纳限幅控制，得到柔性并网逆变器的补偿指令 G_c，采用多谐振 PR 控制器，实现柔性并网逆变器输出电流的跟踪控制。

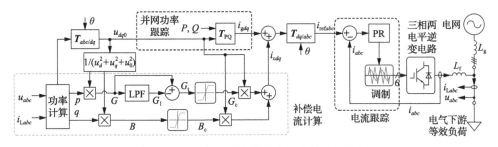

图 5.10　柔性并网逆变器的电导电纳限幅控制

FBD 功率理论认为：负载可以看作一系列电导和电纳的并联，如图 5.11 所示[6, 7]。G_1 和 B_1 分别为基波的电导和电纳，G_k 和 B_k 分别为 k 次谐波的电导和电纳。负荷的基波电流相量 $\boldsymbol{I}_1$ 和谐波电流相量 $\boldsymbol{I}_k$，是电压相量 $\boldsymbol{U}$ 在这些电导和电纳上产生的，其中 $\boldsymbol{U}$ 可表示为

$$U = \sqrt{3}U\mathrm{e}^{\mathrm{j}(\omega t + \varphi_u)} = \mathrm{e}^{\mathrm{j}\omega t}(u_d + \mathrm{j}u_q) \tag{5.4}$$

式中，$\sqrt{3}U$ 和 φ_u 分别为电压相量的模和相位；u_{dq} 为电压相量在 $dq0$ 坐标系中的投影，可以由 Park 变换得到，即

$$\begin{bmatrix} u_d \\ u_q \end{bmatrix} = \boldsymbol{T}_{abc/dq} \begin{bmatrix} u_a \\ u_b \\ u_c \end{bmatrix} = \boldsymbol{T}_{abc/dq} \begin{bmatrix} \sum\limits_p u_{ap} + \sum\limits_n u_{an} + \sum\limits_z u_{az} \\ \sum\limits_p u_{bp} + \sum\limits_n u_{bn} + \sum\limits_z u_{bz} \\ \sum\limits_p u_{cp} + \sum\limits_n u_{cn} + \sum\limits_z u_{cz} \end{bmatrix} \tag{5.5}$$

式中，下标中的 p、n 和 z 分别代表正序、负序和零序分量，可以表示为

$$\begin{cases} u_{xp} = U_p \sin \dfrac{p\omega t - 2\pi l}{3 + \varphi_p} \\ u_{xn} = U_n \sin \dfrac{n\omega t + 2\pi l}{3 + \varphi_n} \quad , l = 0,1,2; x = a,b,c \\ u_{xz} = U_z \sin(z\omega t + \varphi_z) \end{cases} \tag{5.6}$$

式中，U_p、U_n 和 U_z 分别为 p 次正序、n 次负序和 z 次零序电压的幅值；φ_p、φ_n 和 φ_z 分别为其对应的相位；$p=6v+1$、$n=6v-1$、$z=3v$，$v \in \mathbf{Z}$。若 Park 变换中所选择的相位与电网电压基波分量的相位一致，即 $\theta = \omega t + \varphi_1$，那么，基波电压分量在 $dq0$ 坐标系下为常数，且有

$$\begin{cases} u_d = u_{d1} + \sum\limits_{p>1} U_p \sin[(p-1)\omega t + \varphi_p - \varphi_1] + \sum\limits_n U_n \sin[(n+1)\omega t + \varphi_n + \varphi_1] \\ u_q = u_{q1} - \sum\limits_{p>1} U_p \cos[(p-1)\omega t + \varphi_p - \varphi_1] + \sum\limits_n U_n \cos[(n+1)\omega t + \varphi_n + \varphi_1] \\ u_0 = \sum\limits_z U_z \cos(z\omega t + \varphi_z + \varphi_1) \end{cases} \tag{5.7}$$

此外，k 次谐波电流相量可表示为

$$\boldsymbol{I}_{Lk} = I_{Lk} \mathrm{e}^{\mathrm{j}(k\omega t + \phi_k)} = \mathrm{e}^{\mathrm{j}k\omega t}(i_{Ldk} + \mathrm{j}i_{Lqk}) + \vartheta i_{L0k} \tag{5.8}$$

式中，I_{Lk} 和 ϕ_k 分别为 k 次谐波电流相量的幅值和相位；i_{Ldqk} 为 k 次谐波电流分量在 $dq0$ 坐标系下的投影；ϑ 为 $dq0$ 坐标系 0 轴分量的方向向量。实际所能直接测量的是负荷的总电流，而非各次谐波电流。对负荷电导和电纳做内部等效，总的负荷电流和电压相量分别为

$$\boldsymbol{I} = \sum_k \boldsymbol{I}_{\mathrm{L}k} = \sum_k [\mathrm{e}^{\mathrm{j}k\omega t}(i_{Ldk} + \mathrm{j}i_{Lqk}) + \vartheta i_{\mathrm{L}0k}] = \mathrm{e}^{\mathrm{j}\omega t}(i_{Ld} + \mathrm{j}i_{Lq}) + \vartheta i_{\mathrm{L}0} \tag{5.9}$$

$$\boldsymbol{U} = \sum_k \boldsymbol{U}_k = \sum_k [\mathrm{e}^{\mathrm{j}k\omega t}(u_{dk} + \mathrm{j}u_{qk}) + \vartheta u_{0k}] = \mathrm{e}^{\mathrm{j}\omega t}(u_d + \mathrm{j}u_q) + \vartheta u_0 \tag{5.10}$$

式中，$\boldsymbol{U}_k$ 为 k 次谐波电压相量。

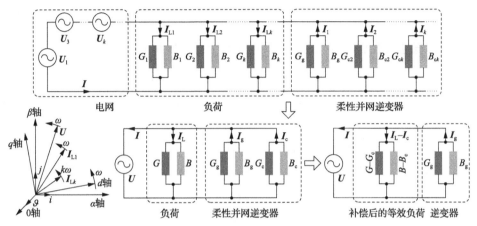

图 5.11　基于 FBD 功率理论的柔性并网逆变器的控制原理

总的负荷电导和电纳为

$$G + \mathrm{j}B = \sum_k (G_k + \mathrm{j}B_k) = \sum_k \frac{\boldsymbol{I}_{\mathrm{L}k}}{\boldsymbol{U}} = \sum_k \frac{\boldsymbol{I}_{\mathrm{L}k}}{\sum_k \boldsymbol{U}_k} = \frac{\sum_k \boldsymbol{I}_{\mathrm{L}k}}{\sum_k \boldsymbol{U}_k} = \frac{\sum_h [\mathrm{e}^{\mathrm{j}k\omega t}(i_{Ldk} + \mathrm{j}i_{Lqhk}) + \vartheta i_{\mathrm{L}0k}]}{\sum_k [\mathrm{e}^{\mathrm{j}k\omega t}(u_{dk} + \mathrm{j}u_{qk}) + \vartheta u_{0k}]}$$

$$= \frac{\boldsymbol{I}}{\boldsymbol{U}} = \frac{\boldsymbol{I}\boldsymbol{U}^*}{\boldsymbol{U}\boldsymbol{U}^*} = \frac{S}{|\boldsymbol{U}|^2} = \frac{p + \mathrm{j}q}{|\boldsymbol{U}|^2} = \frac{\boldsymbol{I} \cdot \boldsymbol{U} + \mathrm{j}\boldsymbol{I} \times \boldsymbol{U}}{|\boldsymbol{U}|^2}$$

$$= \frac{u_d i_{Ld} + u_q i_{Lq} + u_0 i_{L0} + \mathrm{j}[u_q i_{Ld} - u_d i_{Lq} + (u_d - u_q)i_0 + (i_{Lq} - i_{Ld})u_0]}{u_d^2 + u_q^2 + u_0^2}$$

$$\tag{5.11}$$

当电网电压三相对称且无畸变时，u_d 和 u_q 是常数，$u_0 = 0$。此外，若负荷也三相对称，没有零序电流（$i_0 = 0$），k 次谐波的电导和电纳可以表示为

$$G_k + \mathrm{j}B_k = \frac{\boldsymbol{I}_{\mathrm{L}k}}{\boldsymbol{U}} = \frac{\mathrm{e}^{\mathrm{j}k\omega t}(i_{Ldk} + \mathrm{j}i_{Lqk}) + \vartheta i_{0k}}{\mathrm{e}^{\mathrm{j}\omega t}(u_d + \mathrm{j}u_q) + \vartheta u_0} = \frac{\mathrm{e}^{\mathrm{j}k\omega t}(i_{Ldk} + \mathrm{j}i_{Lqk})}{\mathrm{e}^{\mathrm{j}\omega t}(u_d + \mathrm{j}u_q)} = \frac{\mathrm{e}^{\mathrm{j}(k-1)\omega t}(i_{Ldk} + \mathrm{j}i_{Lqk})}{u_d + \mathrm{j}u_q}$$

$$\tag{5.12}$$

在 $dq0$ 坐标系中，基波电流分量 i_{Ldq1} 为常数，基波电导和电纳（G_1 和 B_1）也为

常数。然而，谐波电流 i_{Ldk}、$i_{Lqk}(k>1)$ 及谐波电导和电纳(G_k 和 B_k)均为正弦量。

当电网电压存在不平衡和畸变时，u_d 和 u_q 不是常数，谐波电导和电纳可以表示为

$$G_k + jB_k = \frac{e^{j(k-1)\omega t}[(i_{Ldk}u_d - i_{Lqk}u_q) + j(i_{Ldk}u_q + i_{Lqk}u_d)] + i_{L0k}u_0 + j[(u_d - u_q)i_{L0k} + (i_{Lqk} - i_{Ldk})u_0]}{u_d^2 + u_q^2 + u_0^2}$$

(5.13)

采用低通滤波器，可以得到基波电流对应的电导和电纳，即

$$G_1 + jB_1 = \frac{i_{Ld1}u_{d1} - i_{Lq1}u_{q1} + j(i_{Ld1}u_{q1} + i_{Lq1}u_{d1})}{u_{d1}^2 + u_{q1}^2 + \sum_{p>1} U_p^2 + \sum_n U_n^2 + \sum_z U_z^2}$$

(5.14)

因此，在非理想电网电压条件下，基波电导和电纳无法直接计算，需要采用低通滤波器从 G 和 B 中滤出。一旦分离出 G_1 和 B_1，就能获得谐波电导和电纳

$$\begin{cases} G_t = G - G_1 \\ B_t = B - B_1 \end{cases}$$

(5.15)

基波电流和谐波电流的无功分量都需要补偿，负荷电纳 B 直接用于限幅控制。为了避免柔性并网逆变器投入补偿后的运行容量大于其额定容量，定义谐波电导和电纳的限幅控制为

$$G_c = \begin{cases} G_t, & |G_t| \leqslant G_{max} \\ G_{max}, & G_t > G_{max} \\ -G_{max}, & G_t < -G_{max} \end{cases}, \quad B_c = \begin{cases} B, & |B| \leqslant B_{max} \\ B_{max}, & B > B_{max} \\ -B_{max}, & B < -B_{max} \end{cases}$$

(5.16)

式中，G_c 和 B_c 分别为经过限幅控制后的电导和电纳；G_{max} 和 B_{max} 分别为电导和电纳的限幅值。不考虑零序电流，柔性并网逆变器实际投入的补偿电流为

$$i_{cd} + ji_{cq} = G_c(u_d + ju_q) + jB_c(u_d + ju_q) = G_cu_d - B_cu_q + j(G_cu_q + B_cu_d)$$

(5.17)

柔性并网逆变器投入的补偿容量 S_T 为

$$S_T = |U|\sqrt{I_{cd}^2 + I_{cq}^2} = \sqrt{3}U\sqrt{I_{cd}^2 + I_{cq}^2}$$

(5.18)

式中，$|U|$ 为电压相量 U 的模；I_{cdq} 为补偿电流的有效值。以图 5.1 所示微电网支路为例，计及非线性负荷，不同限幅值 G_{max} 和 B_{max} 与补偿容量 S_T 之间的关系，如图 5.12 所示。

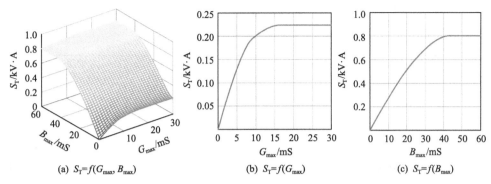

(a) $S_T=f(G_{max}, B_{max})$　　(b) $S_T=f(G_{max})$　　(c) $S_T=f(B_{max})$

图 5.12　电导电纳限幅控制的原理

并网功率跟踪部分电流指令的电导和电纳分别为

$$\begin{cases} G_g = \dfrac{P}{|U|^2} \\ B_g = \dfrac{Q}{|U|^2} \end{cases} \tag{5.19}$$

对应的电流指令为

$$i_{gd} + ji_{gq} = (G_g + jB_g)(u_d + ju_q) \tag{5.20}$$

根据图 5.11，柔性并网逆变器控制 G_c 和 B_c，补偿负荷电导 G 和电纳 B 中的谐波和无功分量，重塑负荷的阻抗特性，即 $G_c=G-G_1$、$B_c=B$，整个微电网可以等效为 G_1 的负荷。可见，柔性并网逆变器能控制微电网的负荷特性，提高微电网的电能质量。此外，通过控制电纳 B_g，柔性并网逆变器还能控制微电网的无功特性，提高电网的电压稳定性。

5.3.2　实验结果

基于图 5.1 所示的微电网，DG1 的限幅控制设置为 G_{max}=8mS 和 B_{max}=30mS，DG2 的限幅控制设置为 G_{max}=6mS 和 B_{max}=20mS。

在 DG2 已投入补偿的情况下，DG1 投入补偿前后的动态响应，如图 5.13（a）所示。DG2 切除前后的动态响应，如图 5.13（b）所示。DG1 投入补偿前后，网侧电流的谐波分布，如图 5.13（c）所示。DG1 不补偿时，网侧电流的 THD 为 7.60%，功率因数为 0.9768。DG1 投入补偿后，网侧电流的 THD 降低为 6.24%，功率因数提高为 0.9888。可见，在无互联通信线的情况下，DG1 投入补偿后，能进一步补偿微电网中的谐波电流，降低网侧电流的 THD。此外，DG1 还补偿了负荷无功电流,提高了网侧的功率因数。当 DG2 退出运行后,DG1 根据自身的容量补偿了更多的谐波电流。

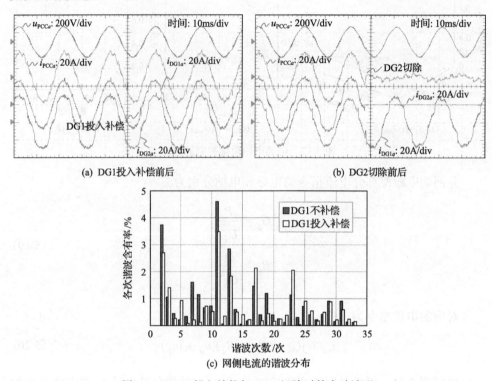

(a) DG1投入补偿前后　　　　　　　(b) DG2切除前后

(c) 网侧电流的谐波分布

图 5.13　DG1 投入补偿与 DG2 切除时的实验波形

　　DG1 投入补偿前后,电压-电流的相轨迹,如图 5.14 所示。DG1 投入补偿后,输出无功电流和谐波电流,使网侧的相轨迹从椭圆变为直线,无功负荷和非线性负荷得到了有效补偿。

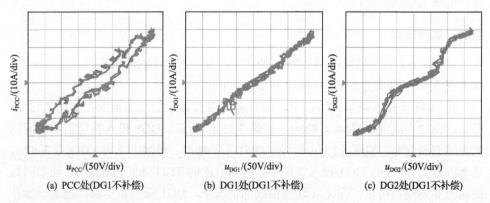

(a) PCC处(DG1不补偿)　　　(b) DG1处(DG1不补偿)　　　(c) DG2处(DG1不补偿)

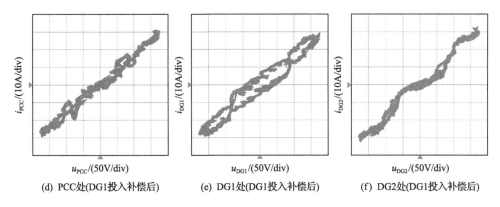

(d) PCC处(DG1投入补偿后)　　(e) DG1处(DG1投入补偿后)　　(f) DG2处(DG1投入补偿后)

图 5.14　DG1 投入补偿前后的电压-电流相轨迹

　　DG1 投入补偿前后的动态响应，如图 5.15（a）所示。当 DG1 不补偿时，其并网电流的质量较高，功率因数和 THD 分别为 0.9999 和 3.34%。当 DG1 投入补偿后，其并网电流中的功率因数降低为 0.9894，THD 升高为 5.87%。

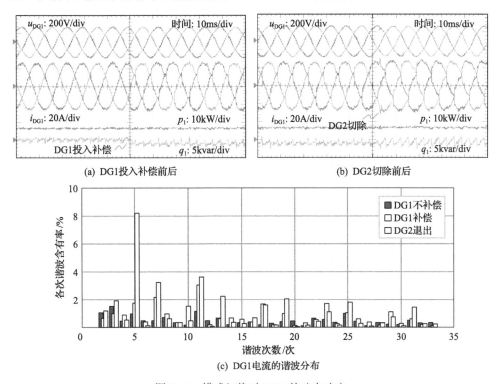

(a) DG1投入补偿前后　　　　　　　　　　(b) DG2切除前后

(c) DG1电流的谐波分布

图 5.15　模式切换时 DG1 的动态响应

　　DG2 切除前后，DG1 的动态响应，如图 5.15（b）所示。当 DG2 切除后，大量谐波电流流过 DG1 所在的并网点，在无互联通信线的情况下，DG1 检测到谐波电流增加后，根据闲置容量的大小，主动加强了对谐波电流的补偿，DG1 输出电流的 THD 进一步提高到 10.81%，功率因数也降低为 0.9807。

类似地，DG2 投入补偿前后以及被切除前后的动态响应，如图 5.16(a) 和 (b) 所示，动态切换过程非常平稳。为了补偿电气下游的谐波电流，DG2 在投入补偿后，主动输出谐波电流，DG2 输出电流的 THD 从 3.74% 升高到 10.54%，功率因数从 0.9999 降低至 0.9996。

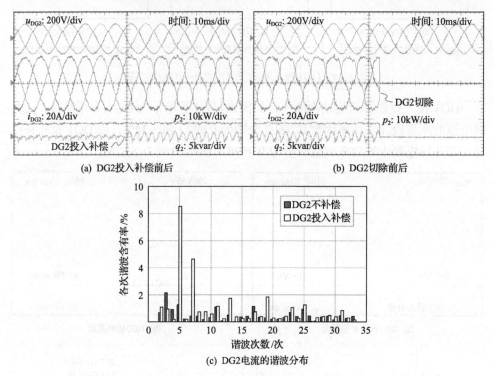

(a) DG2投入补偿前后　　　　　　　　　　(b) DG2切除前后

(c) DG2电流的谐波分布

图 5.16　模式切换时 DG2 的动态响应

稳态运行时，DG1 和 DG2 的电导电纳限幅控制特性，如图 5.17 所示。该协调控制方法能检测负荷的电导电纳，通过电导电纳限幅，保证无功和谐波电流在 DG 之间分摊。

基于电导电纳限幅控制，投入无功负荷和非线性负荷时的动态响应，如图 5.18 所示，暂态过程平滑，对微电网的冲击小。

综上，基于电导电纳限幅的控制策略，在无互联通信线的情况下，能协调多台柔性并网逆变器参与电能质量治理，并能适应柔性并网逆变器启停和负荷投切等复杂工况。但是，类似于瞬时值限幅控制，电导电纳限幅控制引入了非线性的限幅环节，会产生新的谐波电流。

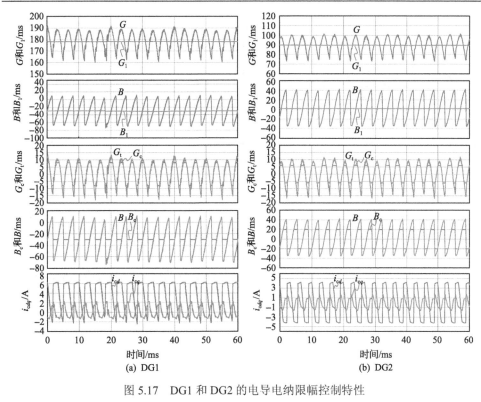

(a) DG1　　　　　　　　　　　(b) DG2

图 5.17　DG1 和 DG2 的电导电纳限幅控制特性

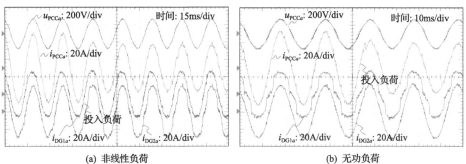

(a) 非线性负荷　　　　　　　　　(b) 无功负荷

图 5.18　投入非线性负荷和无功负荷时的动态响应

5.4　基于下垂的协调控制

5.4.1　方法原理

　　基于广泛采用的下垂控制思想，柔性并网逆变器的电路结构和控制框图，如图 5.19 所示[1]。在负荷电流检测方法的基础上，根据下垂控制，确定逆变器的补偿系数 α，进而得到补偿电流指令 $i_{cdq}=\alpha i_{tdq}$。

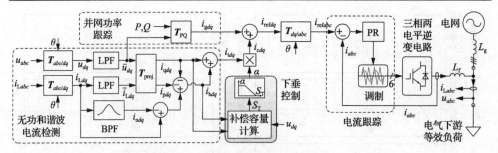

图 5.19　柔性并网逆变器的下垂控制

在图 5.20(a) 所示的下垂控制中，S_T 为柔性并网逆变器检测到的谐波电流和无功电流的容量，α 为柔性并网逆变器的补偿系数，S_{T0} 为补偿容量的转折值，S_{Tmax} 为补偿容量的最大值。根据柔性并网逆变器的闲置容量不同，下垂系数 k_{com1} 和 k_{com2} 也不同，从而保证谐波电流和无功电流在各逆变器间按闲置容量分摊。柔性并网逆变器投入的谐波电流和无功电流，与其检测到的待补偿电流成比例，补偿后剩余的谐波电流和无功电流与待补偿电流成比例。因此，柔性并网逆变器不会引入其他频率的谐波电流。

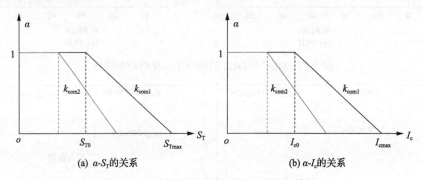

(a) α-S_T的关系　　　　　　　　(b) α-I_c的关系

图 5.20　柔性并网逆变器的下垂控制特性

图 5.20(a) 中的补偿容量 S_T 可表示为

$$S_T = \sqrt{S_h^2 + S_q^2} \tag{5.21}$$

式中，S_h 和 S_q 分别为负荷电流中的谐波容量和无功容量，即

$$S_h^2 = (U_d I_{hd} + U_q I_{hq})^2 + (U_q I_{hd} - U_d I_{hq})^2 \tag{5.22}$$

$$S_q^2 = (U_q I_{qd} - U_d I_{qq})^2 \tag{5.23}$$

式中，U_{dq}、I_{qdq} 和 I_{hdq} 分别为电网电压、无功电流和谐波电流在 $dq0$ 坐标系下的有效值，其计算公式为

$$I_{kw} = \sqrt{\frac{1}{T}\int_0^T i_{kw}^2(t)\mathrm{d}t} \quad (k=\mathrm{h},\mathrm{q}; w=d,q) \tag{5.24}$$

通常，要计算正弦量在一个工频周期 T 内的有效值，算法的响应时间为一个周期。然而，对于 $dq0$ 坐标系下的负荷电流，有效值计算可以得到简化。在理想电网电压条件下，u_{dq} 和 i_{qdq} 为常数，瞬时值与有效值相等。但是，图 5.20(a)所示的下垂控制策略，仍然难以在 DSP 上实现。其主要原因在于 S_h 包含了大量的平方和开方运算，难以在定点 DSP 上计算。下面将寻找一种近似的、简单的方法，来代替 S_h 的复杂计算。

谐波电流主要由二极管不控整流负荷产生，主要来源于变频调速、电解电源等一大类工业负荷。在理想情况下，三相对称且无畸变的电网电压可以表示为

$$\begin{cases} u_a = U_\mathrm{m}\sin(\varphi - \pi/6) \\ u_b = U_\mathrm{m}\sin(\varphi - \pi/6 - 2\pi/3) \\ u_c = U_\mathrm{m}\sin(\varphi - \pi/6 + 2\pi/3) \end{cases} \tag{5.25}$$

电网电压相位 $\varphi = \omega t$，那么线电压可表示为

$$\begin{cases} u_{ab} = \sqrt{3}U_\mathrm{m}\sin\varphi \\ u_{bc} = \sqrt{3}U_\mathrm{m}\sin(\varphi - 2\pi/3) \\ u_{ca} = \sqrt{3}U_\mathrm{m}\sin(\varphi + 2\pi/3) \end{cases} \tag{5.26}$$

三相不控整流负荷电流为

$$i_{La} = \begin{cases} 0, & \varphi \in \{D_1, D_4\} \\ u_{ab}/R_\mathrm{L}, & \varphi \in D_2 \\ u_{ac}/R_\mathrm{L}, & \varphi \in D_3 \\ u_{ab}/R_\mathrm{L}, & \varphi \in D_5 \\ u_{ac}/R_\mathrm{L}, & \varphi \in D_6 \end{cases}, \quad i_{Lb} = \begin{cases} u_{bc}/R_\mathrm{L}, & \varphi \in D_1 \\ u_{ba}/R_\mathrm{L}, & \varphi \in D_2 \\ 0, & \varphi \in \{D_3, D_6\} \\ u_{bc}/R_\mathrm{L}, & \varphi \in D_4 \\ u_{ba}/R_\mathrm{L}, & \varphi \in D_5 \end{cases}, \quad i_{Lc} = \begin{cases} u_{bc}/R_\mathrm{L}, & \varphi \in D_1 \\ u_{ba}/R_\mathrm{L}, & \varphi \in D_2 \\ 0, & \varphi \in \{D_3, D_6\} \\ u_{bc}/R_\mathrm{L}, & \varphi \in D_4 \\ u_{ba}/R_\mathrm{L}, & \varphi \in D_5 \end{cases} \tag{5.27}$$

式中，$D_1 = [0, \pi/3)$；$D_2 = [\pi/3, 2\pi/3)$；$D_3 = [2\pi/3, \pi)$；$D_4 = [\pi, 4\pi/3)$；$D_5 = [4\pi/3, 5\pi/3)$；$D_6 = [5\pi/3, 2\pi)$。选择恒功率 Park 变换，负荷电流可变换为

$$\begin{bmatrix} i_{Ld} \\ i_{Lq} \end{bmatrix} = \boldsymbol{T}_{abc/dq}\begin{bmatrix} i_{La} \\ i_{Lb} \\ i_{Lc} \end{bmatrix} = \begin{cases} i_{Ldq1}, & \varphi \in \{D_1, D_4\} \\ i_{Ldq2}, & \varphi \in \{D_2, D_5\} \\ i_{Ldq3}, & \varphi \in \{D_3, D_6\} \end{cases} \tag{5.28}$$

$$i_{Ldq1} = -\frac{\sqrt{6}U_m}{2R_L}\begin{bmatrix} \cos(\theta-\varphi-\pi/3)-\cos(\varphi+\theta+\pi/3) \\ \sin(\theta+\varphi+\pi/3)+\sin(\varphi+\pi/3-\theta) \end{bmatrix} \tag{5.29}$$

$$i_{Ldq2} = -\frac{\sqrt{6}U_m}{2R_L}\begin{bmatrix} -\sin(\theta+\varphi+\pi/6)-\sin(\varphi-\theta-\pi/6) \\ -\cos(\theta+\varphi+\pi/6)+\cos(\varphi-\theta-\pi/6) \end{bmatrix} \tag{5.30}$$

$$i_{Ldq3} = -\frac{\sqrt{6}U_m}{2R_L}\begin{bmatrix} \cos(-\theta+\varphi+\pi/3)+\cos(\varphi+\theta) \\ \sin(-\theta+\varphi+\pi/3)-\sin(\varphi+\theta) \end{bmatrix} \tag{5.31}$$

若按电网电压定向 $\theta=\varphi-\pi/6$，电网电压的 d、q 轴分量 u_d、u_q 可表示为

$$\begin{bmatrix} u_d \\ u_q \end{bmatrix} = \boldsymbol{T}_{abc/dq}\begin{bmatrix} u_a \\ u_b \\ u_c \end{bmatrix} = \frac{\sqrt{6}}{2}\begin{bmatrix} 0 \\ -U_m \end{bmatrix} \tag{5.32}$$

式 (5.29)～式 (5.31) 可化简为

$$i_{Ldq1} = -\frac{\sqrt{6}U_m}{2R_L}\begin{bmatrix} -\cos(2\varphi+\pi/6) \\ 1+\sin(2\varphi+\pi/6) \end{bmatrix} \tag{5.33}$$

$$i_{Ldq2} = -\frac{\sqrt{6}U_m}{2R_L}\begin{bmatrix} -\sin(2\varphi) \\ 1-\cos(2\varphi) \end{bmatrix} \tag{5.34}$$

$$i_{Ldq3} = -\frac{\sqrt{6}U_m}{2R_L}\begin{bmatrix} \cos(2\varphi-\pi/6) \\ 1-\sin(2\varphi-\pi/6) \end{bmatrix} \tag{5.35}$$

可见，负荷电流的 d、q 轴分量以 6 倍频脉动。负荷电流的平均值为

$$\overline{I}_{Ld} = \frac{1}{T}\int_0^T i_{Ld}(t)\mathrm{d}t = \frac{1}{2\pi}\int_0^{2\pi} i_{Ld}(\varphi)\mathrm{d}\varphi = -\frac{\sqrt{6}U_m}{2R_L}\frac{3}{\pi}\int_0^{\pi/3}\left[-\cos(2\varphi+\pi/6)\right]\mathrm{d}\varphi = 0 \tag{5.36}$$

$$\begin{aligned} \overline{I}_{Lq} &= \frac{1}{T}\int_0^T i_{Lq}(t)\mathrm{d}t = \frac{1}{2\pi}\int_0^{2\pi} i_{Lq}(\varphi)\mathrm{d}\varphi = \frac{3}{\pi}\int_0^{\pi/3}\left[1+\sin(2\varphi+\pi/6)\right]\mathrm{d}\varphi \\ &= -\frac{\sqrt{6}U_m}{2R_L}\left(1+\frac{3}{\pi}\frac{\sqrt{3}}{2}\right) \end{aligned} \tag{5.37}$$

同时，谐波电流 $i_{hdq} = i_{Ldq} - \overline{I}_{Ldq}$ 的最小值为

$$I_{hdmin} = -\frac{\sqrt{6}U_m}{2R_L}\cos(\pi/6), \quad I_{hqmin} = -\frac{\sqrt{6}U_m}{R_L} - \overline{I}_{Lq} \tag{5.38}$$

类似地，谐波电流的最大值为

$$I_{hd\max} = \frac{\sqrt{6}U_m}{2R_L}\cos(\pi/6)\ , \quad I_{hq\max} = -\frac{3\sqrt{6}U_m}{2R_L}\left[1+\sin(\pi/6)\right] - \overline{I}_{Lq} \quad (5.39)$$

此外，谐波电流的有效值为

$$\begin{aligned} I_{hd} &= \sqrt{\frac{1}{T}\int_0^T [i_{Ld}(t) - \overline{I}_{Ld}]^2\,dt} = \sqrt{\frac{1}{2\pi}\int_0^{2\pi} [i_{Ld}(\varphi) - \overline{I}_{Ld}]^2\,d\varphi} \\ &= \sqrt{\frac{6}{2\pi}\int_0^{\pi/3} [i_{Ld}(\varphi) - \overline{I}_{Ld}]^2\,d\varphi} = \frac{\sqrt{6}U_m}{2R_L}\sqrt{\frac{1}{2} - \frac{3}{\pi}\frac{\sqrt{3}}{8}} \end{aligned} \quad (5.40)$$

$$\begin{aligned} I_{hq} &= \sqrt{\frac{1}{T}\int_0^T [i_{Lq}(t) - \overline{I}_{Lq}]^2\,dt} = \sqrt{\frac{1}{2\pi}\int_0^{2\pi} [i_{Lq}(\varphi) - \overline{I}_{Lq}]^2\,d\varphi} \\ &= \sqrt{\frac{6}{2\pi}\int_0^{\pi/3} [i_{Lq}(\varphi) - \overline{I}_{Lq}]^2\,d\varphi} = \frac{\sqrt{6}U_m}{2R_L}\sqrt{\frac{5}{4} + \frac{3}{\pi}\left(\frac{\sqrt{3}}{8} - \frac{3}{2}\right)} \end{aligned} \quad (5.41)$$

以 U_m=155V、R_L=20Ω 为例，i_{hd} 和 i_{hq} 的有效值分别为 5.14A 和 1.48A，最大值 $I_{hd\max}$ 和 $I_{hq\max}$ 分别为 8.22A 和 3.10A，最小值 $I_{hd\min}$ 和 $I_{hq\min}$ 分别为–8.22A 和 –1.64A，理论计算结果和图 5.21(a)所示的实验结果基本一致。此外，谐波电流 i_{hdq} 以 6 倍频脉动，每隔 T/6 重复一次，其有效值可以根据其最大值计算得到，简化计算过程。此外，每隔 T/6 即可计算一次 S_T，从而提高系统的响应速度。

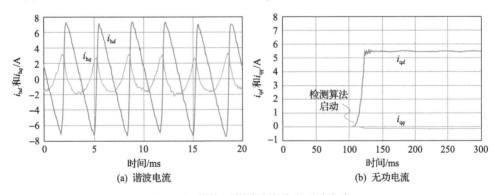

图 5.21　微电网的谐波电流和无功电流

定义电流的自相关波形系数为 d 轴和 q 轴非线性负荷电流的有效值与最大值之比。d 轴和 q 轴非线性负荷电流的自相关波形系数 k_d 和 k_q 分别为

$$\begin{cases} k_d = I_{hd}/I_{hd\max} \\ k_q = I_{hq}/I_{hq\max} \end{cases} \quad (5.42)$$

根据前述理论分析，不控整流负荷的自相关波形系数分别为 k_d=0.6253、k_q=0.4774，纯正弦电流的自相关波形系数为 $1/\sqrt{2}$ =0.707，由此可知谐波的自相关波形系数比纯正弦波小。

类似地，定义电流的互相关波形系数为 d 轴与 q 轴负荷电流最大值之比，即

$$k_{\mathrm{h}} = I_{hd\max}/I_{hq\max} \tag{5.43}$$

根据前述理论分析，不控整流负荷的互相关波形系数为 k_{h}=2.6516。对于不控整流负荷，电流的波形系数为常数，与负荷的大小无关。

对于无功负荷 10Ω+1000μF，负荷电流波形如图 5.21 (b) 所示，I_{qd}=0、I_{qq}=5.45A。由于电流的瞬时值为常数，电流的幅值和有效值相等，且自相关波形系数为 1，互相关波形系数为 0。

根据上述分析，谐波电流和无功电流的视在容量为

$$S_{\mathrm{T}} = \sqrt{S_{\mathrm{h}}^2 + S_{\mathrm{q}}^2} = \sqrt{[(U_d I_{hd} + U_q I_{hq})^2 + (U_q I_{hd} - U_d I_{hq})^2] + (U_q I_{qd} - U_d I_{qq})^2}$$
$$= \sqrt{P_{\mathrm{h}}^2 + Q_{\mathrm{h}}^2 + Q^2} \tag{5.44}$$

式中，P_{h} 和 Q_{h} 分别为谐波电流的有功功率和无功功率；Q 为基波电流的无功功率。

由于 U_d=0，式 (5.44) 可简化为

$$S_{\mathrm{T}} = \sqrt{P_{\mathrm{h}}^2 + Q_{\mathrm{h}}^2 + Q^2} = \sqrt{[(U_q I_{hq})^2 + (U_q I_{hd})^2] + (U_q I_{qd})^2} = -U_q \sqrt{I_{hd}^2 + I_{hq}^2 + I_{qd}^2} \tag{5.45}$$

根据自相关波形系数和互相关波形系数的定义，式 (5.45) 可进一步化简为

$$\begin{aligned} S_{\mathrm{T}} &= -U_q \sqrt{I_{hd}^2 + I_{hq}^2 + I_{qd}^2} = -U_q \sqrt{(k_d I_{hd\max})^2 + (k_q I_{hq\max})^2 + I_{qd}^2} \\ &= -U_q \sqrt{(k_d k_{\mathrm{h}} I_{hq\max})^2 + (k_q I_{hq\max})^2 + I_{qd}^2} = -U_q \sqrt{(k_d^2 k_{\mathrm{h}}^2 + k_q^2) I_{hq\max}^2 + I_{qd}^2} \\ &= -U_q \sqrt{2.7426 I_{hq\max}^2 + I_{qd}^2} \end{aligned} \tag{5.46}$$

可见，谐波电流和无功电流的容量由电流幅值决定。为了降低 DSP 运算负担，S_{T} 可近似表示为

$$S_{\mathrm{T}} \approx S_{\mathrm{T}}' = -\tau U_q (\sqrt{2.7426} I_{hq\max} + I_{qd}) = -U_q I_{\mathrm{c}} \tag{5.47}$$

式中，τ 为波形调整系数；I_{c} 为补偿电流的等效电流，即

$$I_c = \tau(\sqrt{2.7426}I_{hqmax} + I_{qd}) \tag{5.48}$$

在不同 I_{hqmax} 和 I_{qd} 条件下，图 5.22 (a) 给出了 S_T 和 S_T' 之间的差异。对比式 (5.46) 和式 (5.47)，S_T' 实际上是采用一个平面来近似真实的曲面 S_T，如图 5.22 (a) 所示。谐波电流和无功电流的比例影响两个平面之间的误差，无功电流越小，S_T 偏离 S_T' 越远，近似算法所带来的误差也就越大。近似算法的性能可通过系数 τ 来调整，优化后的 τ 可以使得两平面之间的误差 J_e 最小，即

$$J_e = \frac{1}{|\Omega_1||\Omega_2|} \sum_{\substack{I_{hqmax} \in \Omega_1 \\ I_{qd} \in \Omega_2}} (S_T - S_T')^2 \tag{5.49}$$

式中，Ω_1 和 Ω_2 分别为 I_{hqmax} 和 I_{qd} 取值范围；$|\cdot|$ 表示集合元素的个数。图 5.22 (b) 表明最优的调整系数 τ 应为 0.57。

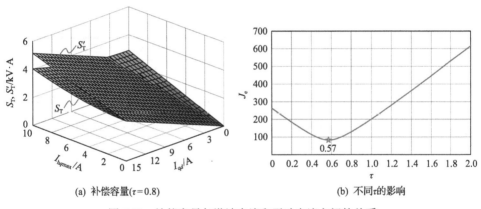

(a) 补偿容量($\tau=0.8$)　　　　　　(b) 不同τ的影响

图 5.22　补偿容量与谐波电流和无功电流之间的关系

综上，通过自相关波形系数和互相关波形系数、波形调整系数的定义，简化了无功电流和谐波电流容量的计算过程，降低了 DSP 的运算负担。

在图 5.20 (b) 所示的下垂控制中，补偿系数和补偿电流 I_c 之间的关系可以表示为

$$\alpha = \begin{cases} 1, & I_c \leqslant I_{c0} \\ 1 - k_{com}(I_c - I_{c0}), & I_c > I_{c0} \end{cases} \tag{5.50}$$

式中，I_{c0} 为 I_c 的转折值；k_{com} 为下垂系数，决定了柔性并网逆变器对无功电流和谐波电流的分摊能力。一般地，下垂系数 k_{com} 可选为

$$k_{\text{com}} = \frac{1}{I_{\text{cmax}} - I_{c0}} \tag{5.51}$$

式中，I_{cmax} 为柔性并网逆变器所能提供的最大补偿电流。如果一个 DG 的闲置容量为 S_g，那么 I_{cmax} 可以确定为 $I_{\text{cmax}} = S_g/U_q$。

基于前述分析的微电网，若 $\tau = 0.57$，当柔性并网逆变器不投入补偿功能时，微电网内所需补偿电流 I_c 为

$$I_c = \tau(\sqrt{2.7426}I_{hq\text{max}} + I_{qd\text{max}}) = 0.57(\sqrt{2.7426} \times 3.1 + 5.45) = 6.03\text{A} \tag{5.52}$$

柔性并网逆变器的下垂控制参数如表 5.1 所示，由于 DG1 的功率指令为 7kW/0var，所能投入的补偿容量稍大，取 $I_{\text{cmax}} = 15\text{A}$，$I_{c0} = 5\text{A}$，有

$$k_{\text{com1}} = \frac{1}{I_{\text{cmax}} - I_{c0}} = \frac{1}{15 - 5} = 0.1\text{A}^{-1} \tag{5.53}$$

表 5.1　柔性并网逆变器的下垂控制参数

DG	$S_n/\text{kV} \cdot \text{A}$	P/kW	Q/var	$S_g/\text{kV} \cdot \text{A}$	I_{cmax}/A	I_{c0}/A	$k_{\text{com}}/\text{A}^{-1}$
DG 1	10	7	0	3	15	5	0.1
DG 2	10	8	0	1.2	6	2	0.25

DG2 的功率指令为 8kW/0var，投入的补偿容量稍小，取 $I_{\text{cmax}} = 6\text{A}$，$I_{c0} = 2\text{A}$，有

$$k_{\text{com2}} = \frac{1}{I_{\text{cmax}} - I_{c0}} = \frac{1}{6 - 2} = 0.25\text{A}^{-1} \tag{5.54}$$

由图 5.19(b) 所示的电流指令计算方法，以及上述下垂控制策略，DG 实际投入的补偿电流为

$$\begin{cases} i_{cd} = \alpha i_{td} = \alpha(i_{hd} + i_{qd}) \\ i_{cq} = \alpha i_{tq} = \alpha(i_{hq} + i_{qq}) \end{cases} \tag{5.55}$$

5.4.2　实验结果

基于图 5.1 所示的微电网，DG1 和 DG2 的控制参数如表 5.1 所示。若 DG1 和 DG2 均不采取电能质量补偿控制，网侧的电压、电流以及功率波形如图 5.23(a) 所示，电压和电流的谐波分布如图 5.23(b) 所示。网侧电压和电流的 THD 分别为 3.98%、13.11%，功率因数为 0.9744。无功负荷和非线性负荷导致微电网的电能质量较差。

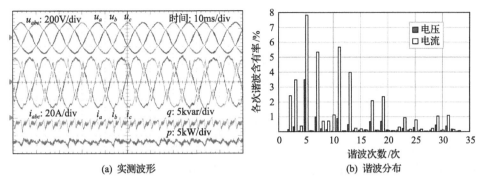

(a) 实测波形　　　　　　　　　　　　　(b) 谐波分布

图 5.23　柔性并网逆变器不补偿时微电网的电能质量

在 DG2 投入补偿的情况下，DG1 从不补偿到投入补偿时的动态响应，如图 5.24(a) 所示，DG2 切除前后的动态如图 5.24(b) 所示。DG1 投入补偿前后，网侧电流的谐波分布情况，如图 5.24(c) 所示。

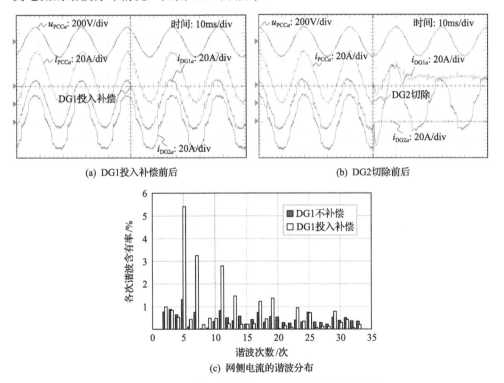

(a) DG1投入补偿前后　　　　　　　　　(b) DG2切除前后

(c) 网侧电流的谐波分布

图 5.24　DG1 投入补偿和 DG2 切除时的实验波形

DG1 投入运行，且不投入补偿功能时，网侧电流的 THD 和功率因数分别为 6.65% 和 0.9676。当 DG1 投入补偿功能后，网侧电流的 THD 降低为 6.34%，而功率因数提高为 0.9908。当 DG2 切除后，流过 DG1 的谐波电流和无功电流增大，在下垂控制的作用下，DG1 能自动地多分担微电网内的谐波电流，自治地参与微电网电能质量治理。

在 DG1 投入补偿功能前后，以及 DG2 切除前后，DG1 输出的电流和功率如图 5.25(a) 和 (b) 所示。DG1 投入补偿功能前后，DG1 输出电流的谐波分布，如图 5.25(c) 所示。为了补偿微电网的无功电流和谐波电流，DG1 投入补偿功能后，其并网电流的 THD 从 3.36% 提高到 9.13%，功率因数也从不补偿时的 0.9999 降低为 0.9825。DG2 切除后，DG1 自动地分担了更多的谐波电流和无功电流，并网电流的 THD 进一步提升为 15.45%，功率因数进一步降低为 0.9771。

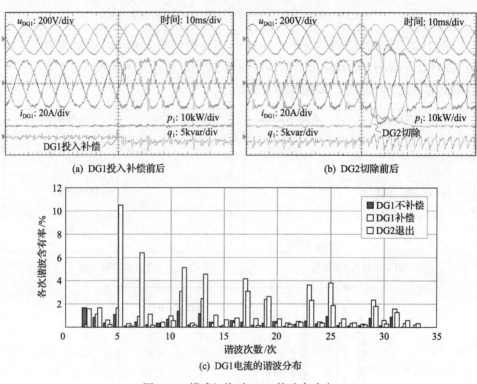

(a) DG1投入补偿前后　　　　　　(b) DG2切除前后

(c) DG1电流的谐波分布

图 5.25　模式切换时 DG1 的动态响应

类似地，DG2 的动态响应波形如图 5.26 所示。DG2 投入补偿功能后，其输出电流中含有谐波电流，电流的 THD 从 3.23% 升高为 13.89%，功率因数从 0.9998 降低为 0.9994。

如图 5.27(a) 所示，当 DG1 不投入补偿时，由于微电网存在无功电流和谐波电流，网侧电压-电流相轨迹为椭圆形且有褶皱。由于 DG1 只输出单位功率因数的纯正弦电流，电压-电流相轨迹为一条直线，如图 5.27(b) 所示。由于 DG2 部分补偿了本地的谐波电流，电压-电流相轨迹为折线，如图 5.27(c) 所示。

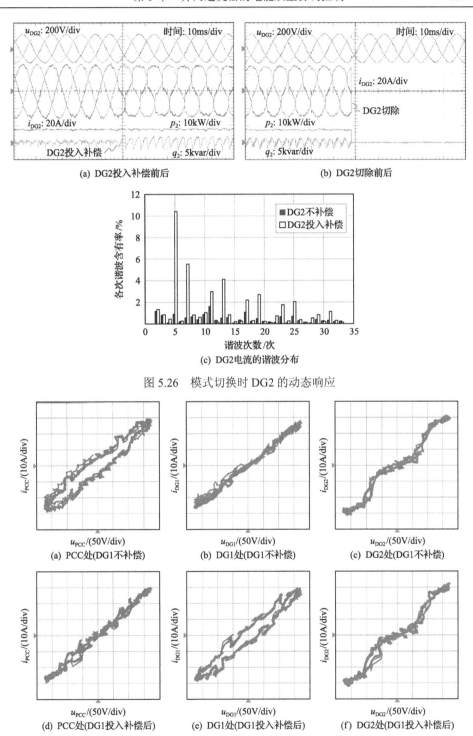

(a) DG2投入补偿前后

(b) DG2切除前后

(c) DG2电流的谐波分布

图 5.26　模式切换时 DG2 的动态响应

(a) PCC处(DG1不补偿)

(b) DG1处(DG1不补偿)

(c) DG2处(DG1不补偿)

(d) PCC处(DG1投入补偿后)

(e) DG1处(DG1投入补偿后)

(f) DG2处(DG1投入补偿后)

图 5.27　DG1 投入补偿前后的电压-电流相轨迹

如图 5.27(d)所示，当 DG1 投入补偿功能后，网侧电能质量得到了明显的改善，电压-电流相轨迹呈现直线。然而，由于 DG1 向微电网注入了无功电流和谐波电流，电压-电流相轨迹因无功电流呈现椭圆状，并因为谐波电流而出现曲折，如图 5.27(e)所示。

在稳态情况下，DG1 和 DG2 的下垂控制特性，如图 5.28 所示。基于无功电流容量和谐波电流容量的简化算法，柔性并网逆变器通过 I_{hqmax} 和 I_{qd} 计算补偿电流 I_c。DG1 和 DG2 的下垂系数不同，其补偿系数 α 并不一致，投入的补偿电流也不相同。

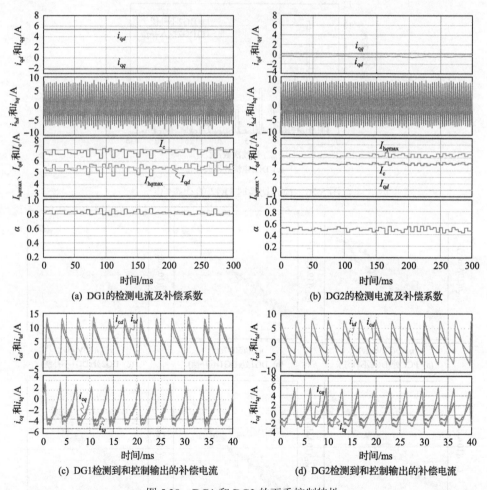

图 5.28　DG1 和 DG2 的下垂控制特性

基于下垂控制策略，非线性负荷和无功负荷投入时的动态响应，如图 5.29 所示。所提控制方法能很好地适应负荷的投入，动态过程比较平滑，没有大的暂态过程。

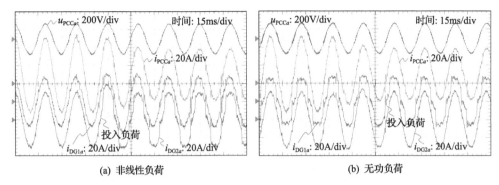

(a) 非线性负荷　　　　　　　　　(b) 无功负荷

图 5.29　投入非线性负荷和无功负荷时的动态响应

综上，基于下垂的柔性并网逆变器的协调控制策略，在无互联通信线的情况下，能确保柔性并网逆变器按闲置容量大小分摊无功电流和谐波电流，能满足微电网"即插即用""在线热插拔"的技术要求。

5.5　本章小结

本章介绍了多台柔性并网逆变器协同治理电能质量的控制技术。分析结果表明：相对于集中控制，分散控制消除了互联通信线的影响，更能适应负荷和柔性并网逆变器的频繁投切与扩容。此外，基于瞬时值限幅、电导电纳限幅和下垂的协调控制，本章详细给出了三种无互联线的协调控制方法。实验结果表明：三种方法都能利用柔性并网逆变器的局部信息，协同参与电网的电能质量治理，且对柔性并网逆变器和负荷投切的适应性较好。相对于限幅控制，基于下垂的协调控制方案虽然控制稍显复杂，但是不会给电网引入其他频率的谐波，对电网更加友好。

参 考 文 献

[1] 曾正, 邵伟华, 赵伟芳, 等. 多功能并网逆变器与并网微电网电能质量的分摊控制[J]. 中国电机工程学报, 2015, 35(19): 4947-4955.

[2] Mohd A, Ortjohann E, Morton D, et al. Review of control techniques for inverters parallel operation[J]. Electric Power Systems Research, 2010, 80(12): 1477-1487.

[3] Wu T F, Nien H S, Shen C L, et al. A single-phase inverter system for PV power injection and active power filtering with nonlinear inductor consideration[J]. IEEE Transactions on Industry Applications, 2005, 41(4): 1075-1083.

[4] 汤胜清, 曾正, 程冲, 等. 微电网中多功能并网逆变器的无线协调控制[J]. 电力系统自动化, 2015, 39(9): 200-207.

[5] Zeng Z, Zhao R, Yang H. Coordinated control of multi-functional grid-tied inverters using conductance and susceptance limitation[J]. IET Power Electronics, 2014, 7(7): 1821-1831.

[6] Depenbrock M. The FBD-method, a generally applicable tool for analyzing power relations[J]. IEEE Transactions on Power Systems, 1993, 8(2): 381-387.

[7] Akagi H, Watanabe E H, Aredes M. Instantaneous Power Theory and Applications to Power Conditioning[M]. New Jersey: John Wiley & Sons, 2007.

第6章 并网逆变器的虚拟同步发电机控制

相对于传统同步发电机，并网逆变器的控制策略更加灵活，但是也给电网带来了不小的挑战，其挑战主要体现在并网逆变器缺乏转动惯量和阻尼，且难以实现分散自治运行。如何实现并网逆变器与传统电网的兼容，具有重要的实际意义。传统同步发电机的机电暂态过程，由摇摆方程决定，动态时间长。并网逆变器的控制器带宽高，响应速度快，可以模拟同步发电机的机电特性。在非线性和线性化模型的基础上，本章将详细介绍虚拟同步发电机(VSG)的运行控制规律、参数整定方法、储能单元的配置方法、自适应转动惯量和阻尼控制方法，以及不平衡电网电压下的控制策略。

6.1 虚拟同步发电机的原理

6.1.1 数学模型

1. 二阶摇摆方程

并网逆变器和同步发电机之间、分布式发电单元和单机无穷大系统之间，存在对偶关系，如图 6.1 所示[1-5]。VSG 控制让并网逆变器模拟同步发电机的惯性、调频器和励磁控制器等特性。

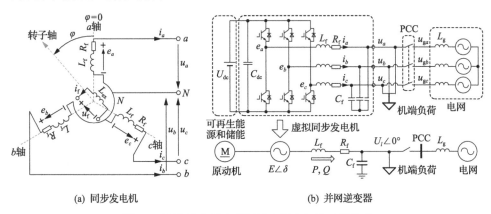

(a) 同步发电机   (b) 并网逆变器

图 6.1 同步发电机和并网逆变器之间的对偶关系

VSG 的虚拟功角 δ 和角频率 ω，满足同步发电机的二阶摇摆方程[5]：

$$\begin{cases} \dot{\delta} = \omega - \omega_0 \\ J\dot{\omega} = T_{\mathrm{m}} - T_{\mathrm{e}} - T_{\mathrm{d}} \end{cases} \tag{6.1}$$

式中，$T_{\mathrm{m}} = P_{\mathrm{ref}}/\omega$、$T_{\mathrm{e}} = P/\omega$ 和 $T_{\mathrm{d}} = D_{\mathrm{p}}(\omega - \omega_0)$ 分别为 VSG 的机械转矩、电磁转矩和阻尼转矩，P_{ref} 和 P 分别为 VSG 的有功指令和有功输出，阻尼 D_{p} 代表 VSG 抑制输出功率振荡的能力；转动惯量 J 表征 VSG 输出能量支撑电网稳定的能力。

通常，ω 变化不大，近似为 ω_0，式 (6.1) 可化简为

$$\begin{cases} \dot{\delta} = \omega - \omega_0 \\ J\omega_0\dot{\omega} = P_{\mathrm{ref}} - P - D_{\mathrm{p}}(\omega - \omega_0)\omega_0 \end{cases} \tag{6.2}$$

对 J 和 D_{p} 做标幺化处理，有

$$\begin{cases} H = \dfrac{J\omega_0^2}{S_{\mathrm{n}}} \\[3mm] D = \dfrac{D_{\mathrm{p}}\omega_0^2}{S_{\mathrm{n}}} \end{cases} \tag{6.3}$$

式中，H 和 D 分别为标幺后的惯性时间常数和阻尼系数；S_{n} 为 VSG 的额定容量。式 (6.2) 可以改写为

$$\begin{cases} \dot{\delta} = \omega_0\omega_{\mathrm{r}} \\ H\dot{\omega}_{\mathrm{r}} = P_{\mathrm{m}} - P_{\mathrm{e}} - D\omega_{\mathrm{r}} \end{cases} \tag{6.4}$$

式中，$\omega_{\mathrm{r}} = (\omega - \omega_0)/\omega_0$ 为角频率偏差的标幺值；$P_{\mathrm{m}} = P_{\mathrm{ref}}/S_{\mathrm{n}}$ 和 $P_{\mathrm{e}} = P/S_{\mathrm{n}}$ 分别为机械功率和电磁功率的标幺值。电网扰动过程中，VSG 提供的动能 E_{k} 可以表示为

$$E_{\mathrm{k}} = \frac{1}{2}J\omega^2 = \frac{HS_{\mathrm{n}}}{2\omega_0^2}\omega^2 \tag{6.5}$$

根据图 6.1，VSG 输出电流 (同步发电机的电枢电流) 的动态模型为

$$L_{\mathrm{f}}\dot{i}_{abc} = e_{abc} - u_{abc} - R_{\mathrm{f}}i_{abc} \tag{6.6}$$

式中，u_{abc} 为 VSG 的机端电压；L_{f} 和 R_{f} 分别为并网逆变器的滤波电感和寄生电阻，对应同步发电机的同步电感和电枢电阻；e_{abc} 为并网逆变器桥臂中点的平均电压，对应同步发电机的电势电压。

2. 模型参数摄动

VSG 控制器中的参数 L_{f} 和 R_{f} 往往与实际值不一致。在实际中，L_{f} 和 R_{f} 会随

着运行工况和环境温度的变化而变化，导致控制器中的整定值偏离其实际值，会影响 VSG 的输出功率。

根据图 6.1，VSG 输出电流还可以表示为

$$I = \frac{E\angle\delta - U_l\angle 0°}{R_f + j\omega L_f} \tag{6.7}$$

式中，E 为 e_{abc} 的线电压有效值；$\delta = \int(\omega - \omega_0)\mathrm{d}t = \varphi - \omega_0 t$，其中，$\varphi = \int\omega\mathrm{d}t$ 为 e_{abc} 的相位；U_l 为 u_{abc} 的线电压有效值。VSG 的视在功率 S 为

$$\begin{aligned}
S &= U_l\boldsymbol{I}^* = U_l\frac{E\angle(-\delta) - U_l}{R_f - j\omega L_f} = \frac{EU_l\angle(-\delta) - U_l^2}{Z\angle(-\alpha)} = \frac{EU_l}{Z}\angle(\alpha - \delta) - \frac{U_l^2}{Z}\angle\alpha \\
&= \frac{EU_l}{Z}\cos(\alpha - \delta) + j\frac{EU_l}{Z}\sin(\alpha - \delta) - \frac{U_l^2}{Z}\cos\alpha - j\frac{U_l^2}{Z}\sin\alpha \\
&= P + jQ
\end{aligned} \tag{6.8}$$

式中，滤波器的阻抗 Z 和阻抗角 α 分别为

$$\begin{cases}
Z = \sqrt{(\omega L_f)^2 + R_f^2} \\
\alpha = \arctan(\omega L_f / R_f)
\end{cases} \tag{6.9}$$

根据式 (6.8)，VSG 输出的有功和无功功率分别为

$$\begin{cases}
P = \dfrac{EU_l}{Z}\cos(\alpha - \delta) - \dfrac{U_l^2}{Z}\cos\alpha \\
Q = \dfrac{EU_l}{Z}\sin(\alpha - \delta) - \dfrac{U_l^2}{Z}\sin\alpha
\end{cases} \tag{6.10}$$

当有功指令和无功指令分别为 P_{ref} 和 Q_{ref} 时，L_f 和 R_f 参数摄动导致的输出功率偏差为

$$\begin{cases}
\Delta P = \Delta L_f\dfrac{\partial P}{\partial L_f}\Big|_{P=P_{ref},Q=Q_{ref}} + \Delta R_f\dfrac{\partial P}{\partial R_f}\Big|_{P=P_{ref},Q=Q_{ref}} \\
\Delta Q = \Delta L_f\dfrac{\partial Q}{\partial L_f}\Big|_{P=P_{ref},Q=Q_{ref}} + \Delta R_f\dfrac{\partial Q}{\partial R_f}\Big|_{P=P_{ref},Q=Q_{ref}}
\end{cases} \tag{6.11}$$

式中，ΔL_f 和 ΔR_f 为 L_f 和 R_f 的变化量影响系数；其他量如下

$$\begin{cases} \dfrac{\partial P}{\partial L_f} = \dfrac{\omega}{Z^3}[-L_f E U_l \cos(\alpha - \delta) - R_f E U_l \sin(\alpha - \delta) + L_f U_l^2 \cos\alpha + R_f U_l^2 \sin\alpha] \\[2mm] \dfrac{\partial P}{\partial R_f} = \dfrac{1}{Z^3}[-R_f E U_l \cos(\alpha - \delta) + \omega L_f E U_l \sin(\alpha - \delta) - R_f U_l^2 \cos\alpha - \omega L_f U_l^2 \sin\alpha] \\[2mm] \dfrac{\partial Q}{\partial L_f} = \dfrac{\omega}{Z^3}[-L_f E U_l \sin(\alpha - \delta) + R_f E U_l \cos(\alpha - \delta) + L_f U_l^2 \sin\alpha - R_f U_l^2 \cos\alpha] \\[2mm] \dfrac{\partial Q}{\partial R_f} = \dfrac{1}{Z^3}[-R_f E U_l \sin(\alpha - \delta) - \omega L_f E U_l \cos(\alpha - \delta) + R_f U_l^2 \sin\alpha + \omega L_f U_l^2 \cos\alpha] \end{cases}$$

$$(6.12)$$

在不同的 P_{ref} 和 Q_{ref} 情况下，根据式 (6.10) 可解得 δ 和 E 的稳态值 δ_0 和 E_0，有

$$\begin{cases} \delta_0 = \alpha - \arctan\left(\dfrac{ZQ_{ref} + U_l^2 \sin\alpha}{ZP_{ref} + U_l^2 \cos\alpha}\right) \\[3mm] E_0 = \dfrac{Q_{ref} Z + U_l^2 \sin\alpha}{U_l \sin(\alpha - \delta_0)} \end{cases}$$

$$(6.13)$$

根据表 6.1 所示的 VSG 典型参数，式 (6.12) 所示系数的定量结果，如图 6.2 所示。为了便于分析和比较，所有系数均为标幺值，其表示在特定 P_{ref} 和 Q_{ref} 下，L_f 或 R_f 增加一倍后，实际输出功率相对于功率指令增加的比例系数。

表 6.1　VSG 的典型参数

参数	S_n	L_f	R_f	C_f	E_0	U_{ref}
取值	50kV·A	1mH	0.24Ω	30μF	155V	190V
参数	U_l	ω_0	H	D	k_q	k_v
取值	190V	314rad/s	0.1s	5	7×10^{-3}	3.5×10^{-2}

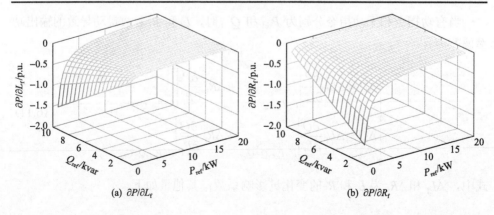

(a) $\partial P/\partial L_f$　　　　　　　　　(b) $\partial P/\partial R_f$

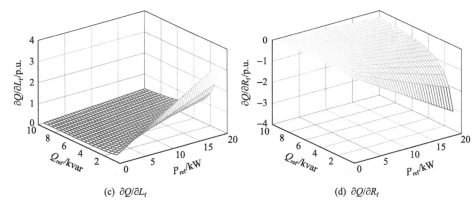

图 6.2　模型参数摄动对输出功率的影响

根据图 6.2，L_f 和 R_f 参数摄动的影响与功率指令有关。以 L_f 摄动对有功输出的影响为例，若 L_f 变化 10%，根据图 6.2(a)，有功输出的偏差约为 20%。此外，L_f 和 R_f 变化越小，输出功率的控制精度越高。

3. 自动频率调节器

通过自动频率调节器，同步发电机可以对电网频率偏差做出响应。类似地，通过虚拟的自动频率调节器，VSG 可以参与电网的频率响应，输出的转矩指令 ΔT_m 可以表示为

$$\Delta T_m = -k_f(\omega - \omega_0) \tag{6.14}$$

式中，k_f 为调频系数。阻尼转矩 $T_d = D_p(\omega - \omega_0)$ 和自动频率调节器的功能相似。

基于自动频率调节器，VSG 的功率控制不同于并网逆变器的恒功率控制，在功率跟踪的基础上，VSG 能针对电网频率异常做出有功调节响应，提升电网的频率稳定性。

4. 励磁调节器

通过励磁调节器，同步发电机可以调节机端电压及无功输出。类似地，通过虚拟的励磁调节器，VSG 可以调节虚拟电势和无功输出。虚拟电势主要包括额定电势 E_0、无功调节量 ΔE_Q、机端电压调节量 ΔE_U 三部分。ΔE_Q 可表示为

$$\Delta E_Q = k_q \int (Q_{ref} - Q) \tag{6.15}$$

式中，k_q 为无功调节系数。ΔE_U 等效为同步发电机励磁调节器的输出，采用最简单的励磁调节器模型，ΔE_U 可以表示为

$$\Delta E_U = k_v(U_{ref} - U_l) \tag{6.16}$$

式中，k_v 为电压调节系数；U_{ref} 和 U_l 分别为 VSG 机端电压的额定值和实际值。因此，VSG 的电势可以表示为 $E_m = E_0 + \Delta E_Q + \Delta E_U$，电势电压可以表示为

$$E = \begin{bmatrix} e_a \\ e_b \\ e_c \end{bmatrix} = \begin{bmatrix} E_m \sin(\varphi) \\ E_m \sin(\varphi - 2\pi/3) \\ E_m \sin(\varphi + 2\pi/3) \end{bmatrix} \tag{6.17}$$

式中，E_m 为相电压幅值。

不同于并网逆变器的恒功率控制，VSG 在保证无功功率跟踪的同时，还能参与电网的电压调节，根据电压偏差向电网提供必要的无功支撑。

综上，VSG 的数学模型主要包括机电暂态、频率调节器和励磁调节器几部分。虽然 VSG 可分为电压控制型和电流控制型两大类，但是它们的数学模型基本是一致的，只是输出受控量不同。以电流控制型 VSG 为例，其控制框图如图 6.3 所示，系统的典型参数如表 6.1 所示。

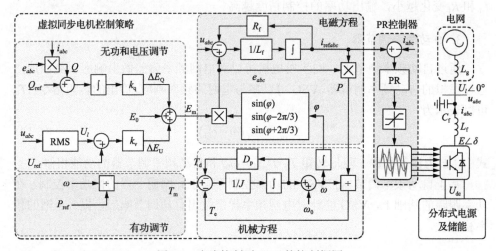

图 6.3　电流控制型 VSG 的控制框图

6.1.2　参数整定方法

同步发电机的惯性与其尺寸有关，随着电机额定功率的增加而增加。一般地，采用惯性时间常数 H，来衡量同步发电机的转动惯量。H 的物理意义为在额定转矩下，同步发电机从静止到额定转速所需要的时间[6, 7]。

大型同步发电机的 H 通常为 2~9s，VSG 的 H 是一个和虚拟转动惯量 J 有关的常数，选择更加灵活，可以突破同步发电机的取值范围，使得电网的时间尺度更加多样。

VSG 的参数 H 应该匹配直流电源的响应时间，譬如，风力发电机的动态时间

为秒级，光伏电池的动态时间为毫秒级，超级电容、锂电池、铅酸电池、燃料电池等其他电源的动态时间又各不相同。储能单元的配置也与参数 H 紧密相关，并将在 6.2 节详细讨论。

借鉴同步发电机的小信号模型，建立 VSG 的小信号模型，如图 6.4 所示。P_m 与 P_e 之间是典型的二阶传递函数

$$G_{\text{VSG}}(s) = \frac{P_e(s)}{P_m(s)} = \frac{\omega_0 S_E/H}{s^2 + (D/H)s + \omega_0 S_E/H} = \frac{\omega_n^2}{s^2 + 2\xi\omega_n s + \omega_n^2} \tag{6.18}$$

式中，S_E 为同步功率的标幺值，其为

$$S_E = \frac{1}{S_n}\frac{\partial P}{\partial \delta}\bigg|_{\delta=\delta_0, E=E_0} = \frac{E_0 U_l}{S_n Z}\sin(\alpha - \delta_0) \tag{6.19}$$

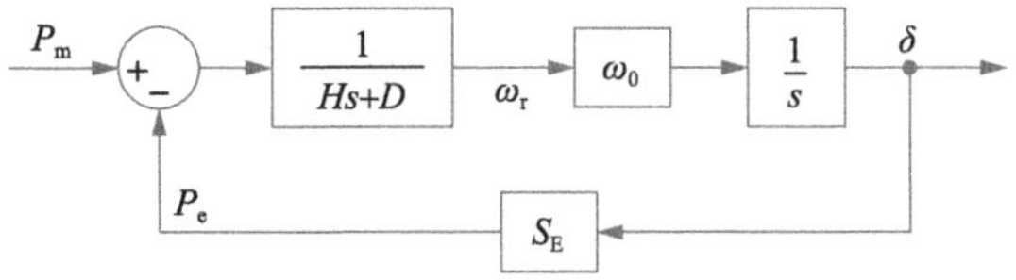

图 6.4　VSG 的小信号框图模型

对于给定的功率指令，S_E 为常数，式(6.18)的自然振荡角频率 ω_n 和阻尼比 ξ 分别为

$$\begin{cases} \omega_n = \sqrt{\dfrac{\omega_0 S_E}{H}} \\ \xi = 0.5D\sqrt{\dfrac{1}{\omega_0 S_E H}} \end{cases} \tag{6.20}$$

进一步，可以写为

$$\omega_n = \sqrt{\frac{E_0 U_l \sin(\alpha - \delta)}{J\omega_0 Z}} \tag{6.21}$$

通常，VSG 的滤波器的阻抗呈感性，$\alpha \approx 90°$，且 VSG 的功角较小 $\delta_0 \approx 0°$，式(6-21)近似有

$$\omega_n = \sqrt{\frac{E_0 U_l \cos\delta}{J\omega_0 Z}} \approx \sqrt{\frac{E_0 U_l}{J\omega_0 Z}} \tag{6.22}$$

可见，通过改变 VSG 的转动惯量 J，可以改变其输出功率的振荡角频率，转

动惯量越大，振荡角频率越低。考虑阻尼后的振荡角频率 ω_d 为

$$\omega_d = \omega_n \sqrt{1-\xi^2} \tag{6.23}$$

进一步，ξ 可以写为

$$\xi \approx \frac{D_p}{2} \sqrt{\frac{\omega_0 Z}{J E_0 U_l}} \tag{6.24}$$

可见，VSG 对功率振荡的阻尼比与 D_p 近似成正比。

当 VSG 的阻尼比较小时，$G_{VSG}(s)$ 为欠阻尼二阶系统，$0<\xi<1$，其动态响应时间 t_s 为

$$t_s = \frac{\pi-\theta}{\omega_n \sqrt{1-\xi^2}} \tag{6.25}$$

$$\theta = \arctan\left(\frac{\sqrt{1-\xi^2}}{\xi}\right) \tag{6.26}$$

此时，可以采用最优二阶系统的方法，选择系统的最佳阻尼比 $\xi=0.707$，以获得较快的动态响应和较小的超调，最终确定参数 D 的取值为

$$D = \sqrt{2\omega_0 S_E H} \tag{6.27}$$

基于表 6.1 中的参数，当 $P_{ref}=5\text{kW}$ 和 $Q_{ref}=0\text{var}$ 时，VSG 的稳态平衡点为 $(\delta_0, E_0)=(0.0419\text{rad}, 197\text{V})$，此时 $S_E=1.4593\text{p.u.}$。参数 J 和 D_p 取不同值时，VSG 的动态响应如图 6.5 所示，其中，$D_p=15.25$ 为依据式 (6.27) 得到的最优阻尼。根据式 (6.20) 和图 6.5，可以发现，J 主要决定动态响应的振荡频率，而 D_p 主要决定振荡的衰减速率。

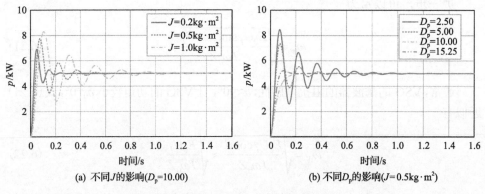

(a) 不同 J 的影响 (D_p=10.00)　　　　　　(b) 不同 D_p 的影响 (J=0.5kg·m²)

图 6.5　不同 J 和 D_p 下 VSG 的动态响应

在动态过程中，VSG 的输出功率响应类似于同步发电机，可增强可再生能源并网发电系统的转动惯量和阻尼，能降低可再生能源随机性给电网带来的不利影响。但是，类似于同步发电机，VSG 也可能存在低频振荡，影响电网稳定[8, 9]。当 $D=0$ 时，VSG 的小信号模型可表示为

$$\begin{bmatrix} \Delta\dot{\delta} \\ \Delta\dot{\omega}_{\mathrm{r}} \end{bmatrix} = \begin{bmatrix} 0 & \omega_0 \\ -\dfrac{S_{\mathrm{E}}}{H} & 0 \end{bmatrix} \begin{bmatrix} \Delta\delta \\ \Delta\omega_{\mathrm{r}} \end{bmatrix} \tag{6.28}$$

式中，$\Delta\delta=\delta-\delta_0$ 和 $\Delta\omega_{\mathrm{r}}=\omega_{\mathrm{r}}$ 分别为功角和角频率的偏差。式 (6.28) 的特征根为

$$p_{1,2} = \pm\sqrt{\dfrac{-\omega_0 S_{\mathrm{E}}}{H}} \tag{6.29}$$

当 H 恒定时，系统稳定的判据为 $S_{\mathrm{E}}>0$。由于 H 始终为正，$S_{\mathrm{E}}>0$ 对应 δ 有一个稳定域，如图 6.6 所示。一般地，对于隐极式同步发电机，稳定域为 $[0, \pi/2)$，对于凸极式同步发电机，这个区域略有增加。当输出功率改变等小扰动发生后，VSG 沿着图 6.6 所示的某条 P-δ 曲线运动。当电网故障等大扰动发生后，VSG 沿着图 6.6 所示的 P-δ 曲线簇运动。

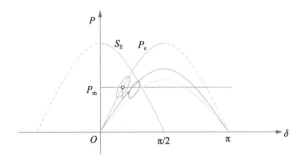

图 6.6　VSG 受到扰动后的运行轨迹

在同步发电机的运动轨迹中，若 $S_{\mathrm{E}}<0$，同步发电机将失去稳定。但是，不同于同步发电机，VSG 的惯性时间常数 H 可以实时改变。当 $S_{\mathrm{E}}<0$ 时，VSG 可以使 H 为负，扩展 VSG 的稳定域，使 VSG 超越同步发电机的基本性能，为电网的安全稳定提供更多的控制自由度。

此外，根据式 (6.29)，当 $D=0$ 时，特征根 $p_{1,2}$ 是一对共轭复数。在扰动后，VSG 的功率、功角、角频率等将出现等幅振荡，这对于电网的稳定是不利的。在电力系统中，同步发电机的低频振荡频率 $f_{\mathrm{os}}=\sqrt{-\omega_0 S_{\mathrm{E}}/H}\big/(2\pi)$ 为 0.1~2.5Hz，VSG 也可能会出现类似的振荡现象。

当 $D \neq 0$ 时，式 (6.28) 改写为

$$
\begin{bmatrix} \Delta \dot{\delta} \\ \Delta \dot{\omega}_{\mathrm{r}} \end{bmatrix} = \begin{bmatrix} 0 & \omega_0 \\ -\dfrac{S_{\mathrm{E}}}{H} & -\dfrac{D}{H} \end{bmatrix} \begin{bmatrix} \Delta \delta \\ \Delta \omega_{\mathrm{r}} \end{bmatrix}
\tag{6.30}
$$

此时，系统的特征根为

$$
p_{1,2} = -\frac{\omega_0 D}{2H} \pm \sqrt{\left(\frac{\omega_0 D}{2H} \right)^2 - \frac{\omega_0 S_{\mathrm{E}}}{H}}
\tag{6.31}
$$

可见，D 使 VSG 的振荡频率发生偏移，$\omega_0 D/(2H)$ 可以抑制功率振荡的出现。一般地，由于缺乏阻尼，电力系统可能会出现欠阻尼、负阻尼情况，在受到扰动后，电网出现长时间，甚至是发散的低频振荡，在严重情况下，可能导致电网解列。VSG 的参数 D 可以在控制器中灵活设置，当电网欠阻尼或负阻尼时，VSG 可以自适应地增大 D，从而提高电网抑制低频振荡的能力。

综上，在物理模型和数学模型方面，VSG 控制是将并网逆变器等效为同步发电机的桥梁。通过灵活设置参数 H 和 D，VSG 能为电网提供更多的控制自由度，给电网的运行和稳定带来崭新的机遇。

6.2　储能的优化配置

6.2.1　优化配置方法

VSG 的参数 H 和 D 可以灵活设置，可以提供更多的控制自由度，对并网逆变器和电网都大有裨益。如图 6.1 所示，VSG 是分布式电源、储能单元和并网逆变器三大部分组成的有机整体，参数 H 和 D 与储能单元的配置密切相关。在能量密度、功率密度和响应时间方面，各种储能单元的性能差异较大，在优化配置 VSG 的储能单元时，应结合参数 H 和 D，给出能量、功率和响应时间三个方面的需求指标[10]。

VSG 的小信号模型是一个典型的二阶系统，当功率指令阶跃时，VSG 的响应为

$$
\Delta P_{\mathrm{e}}(s) = G_{\mathrm{VSG}}(s) \Delta P_{\mathrm{m}}(s) = \frac{\omega_{\mathrm{n}}^2}{s^2 + 2\xi \omega_{\mathrm{n}} s + \omega_{\mathrm{n}}^2} \frac{\Delta P_{\mathrm{m}}}{s}
\tag{6.32}
$$

式中，ΔP_{m} 为扰动功率。不考虑负阻尼 ($\xi<0$) 和零阻尼 ($\xi=0$) 的情况，依据阻尼比 ξ 的大小，分三种情况讨论式 (6.32) 的解析解[11]。

1. 过阻尼

当 $\xi > 1$ 时，式(6.32)有两个实数特征根：

$$p_{1,2} = \left(\xi \pm \sqrt{\xi^2 - 1} \right) \omega_n \qquad (6.33)$$

式中，$p_1 < p_2$。式(6.18)可写为

$$G_{VSG}(s) = \frac{1}{(T_{V1}s + 1)(T_{V2}s + 1)} \qquad (6.34)$$

式中，$T_{V1} = 1/p_1$；$T_{V2} = 1/p_2$。

当 ξ 远大于 1 时，忽略远离虚轴的极点 p_2，式(6.34)可简化为一阶系统

$$G_{VSG}(s) \approx \frac{1}{T_{V1}s + 1} \qquad (6.35)$$

阶跃扰动后，VSG 在 $(3 \sim 4)T_{V1}$ 时间后，可达到稳态值的 95%～98%。因此，在过阻尼情况下，VSG 的调节时间，是储能单元的响应时间，其为

$$t_s \approx (3 \sim 4)T_{V1} = \frac{(3 \sim 4)\left(\xi + \sqrt{\xi^2 - 1} \right)}{\omega_n} \approx \frac{(6 \sim 8)\xi}{\omega_n} \qquad (6.36)$$

此外，式(6.32)的解析解为

$$\Delta P_e(t) = \Delta P_m \left[1 - \frac{\omega_n}{2\sqrt{\xi^2 - 1}} \left(\frac{e^{-p_1 t}}{p_1} - \frac{e^{-p_2 t}}{p_2} \right) \right] \qquad (6.37)$$

典型响应曲线如图 6.7 所示，ΔP_m 为 VSG 可再生能源出力的扰动功率，$\Delta P_e(t)$ 为 VSG 实际注入电网的功率，曲线 ΔP_m 和 $\Delta P_e(t)$ 之间阴影部分的面积，是储能单元所需要吸收的能量。那么，储能单元吸收能量随时间变化的关系可以表示为

$$E_{ES}(t) = \int_0^t \left[\Delta P_m - \Delta P_e(\tau) \right] d\tau = \frac{\omega_n \Delta P_m}{2\sqrt{\xi^2 - 1}} \left[\left(-\frac{e^{-p_1 t}}{p_1^2} + \frac{e^{-p_2 t}}{p_2^2} \right) + \left(\frac{1}{p_1^2} - \frac{1}{p_2^2} \right) \right] \qquad (6.38)$$

当 $t \to \infty$ 时，储能单元所需要吸收的总能量，即图 6.7 所示阴影部分的面积为

$$E_{ES}(\infty) = \frac{\omega_n \Delta P_m}{2\sqrt{\xi^2 - 1}} \left(\frac{1}{p_1^2} - \frac{1}{p_2^2} \right) = \frac{2\xi}{\omega_n} \Delta P_m \qquad (6.39)$$

$E_{ES}(\infty)$ 是储能单元所需要配置的最小能量。

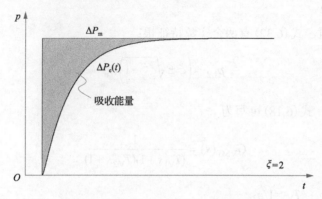

图 6.7　过阻尼时 VSG 的有功阶跃响应

对式 (6.38) 求导，储能单元能量的变化率，即储能单元所需要的功率为

$$P_s(t) = \frac{\mathrm{d}E_{ES}(t)}{\mathrm{d}t} = \Delta P_m - \Delta P_e(t) = \frac{\omega_n \Delta P_m}{2\sqrt{\xi^2 - 1}} \left(\frac{\mathrm{e}^{-p_1 t}}{p_1} - \frac{\mathrm{e}^{-p_2 t}}{p_2} \right) \tag{6.40}$$

对 $P_s(t)$ 求导，并令其导数为零，有

$$\frac{\mathrm{d}P_s(t)}{\mathrm{d}t} = \frac{\omega_n \Delta P_m}{2\sqrt{\xi^2 - 1}} \left(\mathrm{e}^{-p_2 t} - \mathrm{e}^{-p_1 t} \right) = 0 \tag{6.41}$$

当 $t=0$ 时，$P_s(t)$ 取得最大值

$$P_{smax} = P_s(0) = \frac{\omega_n (p_2 - p_1)}{2 p_1 p_2 \sqrt{\xi^2 - 1}} \Delta P_m = \Delta P_m \tag{6.42}$$

在阶跃扰动的初始时刻，储能单元向 VSG 直流母线注入的功率最大，最大值 P_{smax} 即储能单元至少需要配置的功率。

2. 欠阻尼

当 $0 < \xi < 1$ 时，式 (6.32) 有两个互补的特征根：

$$p_{1,2} = -\left(\xi \pm \mathrm{j}\sqrt{1 - \xi^2} \right) \omega_n \tag{6.43}$$

VSG 输出功率 $\Delta P_e(t)$ 的动态响应为

$$\Delta P_{\mathrm{e}}(t) = \Delta P_{\mathrm{m}} - \frac{1}{\sqrt{1-\xi^2}} \Delta P_{\mathrm{m}} \mathrm{e}^{-\xi\omega_{\mathrm{n}}t} \sin(\omega_{\mathrm{d}}t + \theta_{\mathrm{d}}) \tag{6.44}$$

式中，θ_{d} 为与 ξ 有关的相角，且有

$$\begin{cases} \omega_{\mathrm{d}} = \sqrt{1-\xi^2}\,\omega_{\mathrm{n}} \\ \theta_{\mathrm{d}} = \arctan\left(\sqrt{1-\xi^2}\big/\xi\right) \end{cases} \tag{6.45}$$

对 $\Delta P_{\mathrm{e}}(t)$ 求导，令其导数为零，解得 $\Delta P_{\mathrm{e}}(t)$ 的最大值为

$$\Delta P_{\mathrm{emax}} = \Delta P_{\mathrm{m}} \left(1 + \mathrm{e}^{-\xi\pi/\sqrt{1-\xi^2}} \right) \tag{6.46}$$

$\Delta P_{\mathrm{e}}(t)$ 第一次达到稳态值的时刻为

$$t_{\mathrm{r}} = \frac{\pi - \theta_{\mathrm{d}}}{\omega_{\mathrm{n}}\sqrt{1-\xi^2}} = \frac{\pi - \theta_{\mathrm{d}}}{\omega_{\mathrm{d}}} \tag{6.47}$$

调节时间为

$$t_{\mathrm{s}}(5\%) \approx \frac{3 \sim 4}{\xi\omega_{\mathrm{n}}}, \quad 0 < \xi < 0.9 \tag{6.48}$$

为储能单元所允许的最长响应时间。

在图 6.8 所示的响应曲线中，当 $\Delta P_{\mathrm{m}} > \Delta P_{\mathrm{e}}(t)$ 时，储能单元吸收能量，当 $\Delta P_{\mathrm{m}} < \Delta P_{\mathrm{e}}(t)$ 时，储能单元释放能量。储能单元吸收或释放能量的实时值为

$$E_{\mathrm{ES}}(t) = \int_0^t \left[\Delta P_{\mathrm{m}} - \Delta P_{\mathrm{e}}(\tau)\right]\mathrm{d}\tau = \frac{\Delta P_{\mathrm{m}}}{\omega_{\mathrm{n}}\sqrt{1-\xi^2}} \left[\sin(2\theta_{\mathrm{d}}) - \mathrm{e}^{-\xi\omega_{\mathrm{n}}t}\sin(\omega_{\mathrm{d}}t + 2\theta_{\mathrm{d}})\right] \tag{6.49}$$

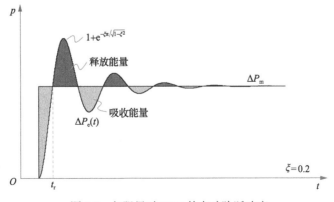

图 6.8　欠阻尼时 VSG 的有功阶跃响应

曲线 $\Delta P_e(t)$ 与 ΔP_m 上下阴影部分的面积差为 $E(\infty)=2\xi\Delta P_m/\omega_n$，即储能单元在整个阶跃动态过程中吸收的能量。储能单元最少所需配置的能量为 $0\sim t_r$ 时间段吸收的能量，也即

$$E_{ES}(t_r) = \frac{\Delta P_m}{\omega_n\sqrt{1-\xi^2}}\left[\sin(2\theta_d) - e^{-\frac{\xi(\pi-\theta_d)}{\sqrt{1-\xi^2}}}\sin(\pi+\theta_d)\right] \tag{6.50}$$

对式(6.49)求导，储能单元所需的功率为

$$P_s(t) = \frac{\mathrm{d}E_{ES}(t)}{\mathrm{d}t} = \frac{1}{\sqrt{1-\xi^2}}\Delta P_m e^{-\xi\omega_n t}\sin(\omega_d t + \theta_d) \tag{6.51}$$

求 $P_s(t)$ 的导数，有

$$\frac{\mathrm{d}P_s(t)}{\mathrm{d}t} = \frac{-\omega_n e^{-\xi\omega_n t}}{\sqrt{1-\xi^2}}\Delta P_m\sin(\omega_d t) \tag{6.52}$$

令 $\mathrm{d}P_s(t)/\mathrm{d}t=0$，可知，当 $t=0$ 时，储能需要向 VSG 提供的最大功率为

$$P_{smax} = \frac{1}{\sqrt{1-\xi^2}}\Delta P_m\sin\theta_d = \Delta P_m \tag{6.53}$$

储能单元最优配置的功率为 $\Delta P_{emax} - \Delta P_m$ 和 P_{smax} 两者中的较大值。$\Delta P_{emax} - \Delta P_m = \Delta P_m e^{-\xi\pi/\sqrt{1-\xi^2}} < \Delta P_m$，因此储能单元所需配置的最小功率为 ΔP_m。

3. 临界阻尼

当 $\xi=1$ 时，式(6.32)有两个相等的实数特征根：

$$p_{1,2} = \omega_n \tag{6.54}$$

VSG 的传递函数为

$$G_{VSG}(s) = \left(\frac{1}{T_V s + 1}\right)^2 \tag{6.55}$$

式中，$T_V=1/\omega_n$，类似于过阻尼的情况，此时 VSG 的调节时间 $t_s=(3\sim4)T_V=(3\sim4)/\omega_n$，即储能单元所允许的最长响应时间。输出功率 $\Delta P_e(t)$ 的响应如图 6.9 所示，其解析解为

$$\Delta P_{e}(t)=1-\mathrm{e}^{-\omega_{n}t}(1+\omega_{n}t) \tag{6.56}$$

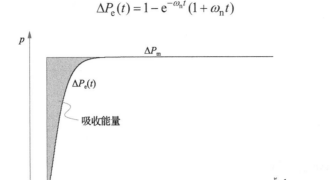

图 6.9　临界阻尼时 VSG 的有功阶跃响应

如图 6.9 所示，储能吸收或释放能量的实时值为

$$\begin{aligned} E_{\mathrm{ES}}(t)&=\int_{0}^{t}\left[\Delta P_{\mathrm{m}}-\Delta P_{\mathrm{e}}(\tau)\right]\mathrm{d}\tau=\int_{0}^{t}\Delta P_{\mathrm{m}}\mathrm{e}^{-\omega_{n}\tau}(1+\omega_{n}\tau)\mathrm{d}\tau\\ &=\frac{1}{\omega_{n}}\Delta P_{\mathrm{m}}(1-\mathrm{e}^{-\omega_{n}t})+\frac{1}{\omega_{n}}\Delta P_{\mathrm{m}}\left[1-(\omega_{n}t+1)\mathrm{e}^{-\omega_{n}t}\right] \end{aligned} \tag{6.57}$$

当 $t\to\infty$ 时，图 6.9 阴影部分的面积为 $E(\infty)=2\Delta P_{\mathrm{m}}/\omega_{n}$，即储能单元所需要的最小能量。

储能单元吸收或释放能量的功率为

$$P_{\mathrm{s}}(t)=\frac{\mathrm{d}E_{\mathrm{ES}}(t)}{\mathrm{d}t}=\Delta P_{\mathrm{m}}\frac{\mathrm{d}}{\mathrm{d}t}\left(\frac{2}{\omega_{n}}-\frac{2}{\omega_{n}}\mathrm{e}^{-\omega_{n}t}-\omega_{n}t\mathrm{e}^{-\omega_{n}t}\right)=\Delta P_{\mathrm{m}}(\omega_{n}t+1)\mathrm{e}^{-\omega_{n}t} \tag{6.58}$$

对 $P_{\mathrm{s}}(t)$ 求导，有

$$\frac{\mathrm{d}P_{\mathrm{s}}(t)}{\mathrm{d}t}=\frac{\mathrm{d}}{\mathrm{d}t}\left[\Delta P_{\mathrm{m}}(\omega_{n}t+1)\mathrm{e}^{-\omega_{n}t}\right]=-\Delta P_{\mathrm{m}}\omega_{n}^{2}t\mathrm{e}^{-\omega_{n}t} \tag{6.59}$$

当 $t=0$ 时，$P_{\mathrm{s}}(t)$ 取得最大值 $P_{\mathrm{smax}}=P_{\mathrm{s}}(0)=\Delta P_{\mathrm{m}}$，为配置储能单元的最小功率。

综上，对于不同的阻尼比 ξ，储能单元的优化配置参数如表 6.2 所示。虽然不同的参数 H 和 D 决定了不同的阻尼比 ξ，但是储能单元所需配置的最小功率一致，即均为扰动功率 ΔP_{m} 的大小。以前述分析结果为例，$S_{E}=1.4593\mathrm{p.u.}$，若 $H=0.1\mathrm{s}$、$D=5$、$\xi=0.36$ 为欠阻尼的情况，为了使 VSG 能应对 $\Delta P_{\mathrm{m}}=10\mathrm{kW}$，所需储能单元的最小能量为 $E_{\min}=166\mathrm{J}$，最小功率为 $10\mathrm{kW}$，响应时间要求小于 $t_{\mathrm{s}}=0.12\mathrm{s}$。

表 6.2　VSG 储能系统能量和功率配置

	$\xi = 0.5D\sqrt{1/\omega_0 S_E H}$	$\omega_n = \sqrt{\omega_0 S_E / H}$	
阻尼	能量	功率	响应时间
欠阻尼 $(0<\xi<1)$	式(6.50)	ΔP_m	$(3\sim4)/(\xi\omega_n)$
临界阻尼 $(\xi=1)$	$2\xi\Delta P_m/\omega_n$	ΔP_m	$(3\sim4)/(\xi\omega_n)$
过阻尼 $(\xi>1)$	$2\xi\Delta P_m/\omega_n$	ΔP_m	$(6\sim8)\xi/\omega_n$

6.2.2　仿真与实验结果

在 PSCAD/EMTDC 中搭建了如图 6.10 所示的微电网仿真模型,包含两台 VSG 和一台恒功率控制的常规并网逆变器。同时,在 PCC 处接有感性无功负荷,额定有功 P_n 和无功 Q_n 分别为 24kW、3kvar,其电压/频率特性满足

$$\begin{cases} P_L = P_n (U_l/U_{ref})^{n_p}[1+\lambda_p(f_0-f)/f_0] \\ Q_L = Q_n (U_l/U_{ref})^{n_q}[1+\lambda_q(f_0-f)/f_0] \end{cases} \tag{6.60}$$

式中,$n_p=n_q=2$ 为负荷的电压偏差影响因子;$\lambda_p=\lambda_q=1$ 为负荷的频率偏差影响因子;f_0 和 f 分别为电网频率的额定值和实际值。

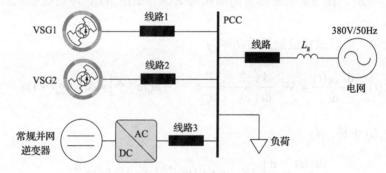

图 6.10　包含两台 VSG 的微电网

线路 1～线路 3 的长度分别为 100m、50m 和 100m,网侧线路的长度为 200m,电网阻抗为 1mH。VSG 的滤波电感为 L_f=2mH、R_f=0.3Ω,惯性时间常数分别为 H_1=0.50s 和 H_2=0.25s,阻尼系数分别为 D_1=10 和 D_2=6,电压调节系数为 k_{v1}=0.1 和 k_{v2}=0.5。

电网频率在 1s 时从 50.0Hz 阶跃到 50.2Hz,电网相电压幅值在 2s 时从 311V 跌落到 300V。图 6.11(a) 给出了 VSG 和电网的角频率,可以看出 VSG 自动与电网保持同步,响应速度和超调受参数 H 和 D 影响。VSG 电势 E_m 和电网电压 U_m

的动态响应如图 6.11(b) 所示, 当电网电压跌落后, VSG 依据不同的参数 k_v, 增大电势, 向微电网注入无功功率。

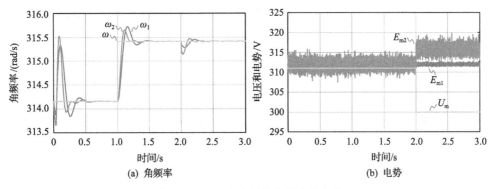

(a) 角频率　　　　　　　　　　　(b) 电势

图 6.11　VSG 和电网的角频率和电势

　　VSG 输出的有功功率和无功功率, 如图 6.12 所示。当电网电压的幅值和频率出现扰动后, VSG 通过调压和调频控制, 改变注入电网的有功功率和无功功率, 支持电网稳定。当 VSG 感知到电网频率偏高后, 在阻尼转矩的作用下, 自动降低有功功率输出, 确保有功功率供需平衡。类似地, 当电网电压幅值偏低后, VSG 感知到电网的运行态势, 自动注入更多的无功功率, 满足无功功率供需平衡。

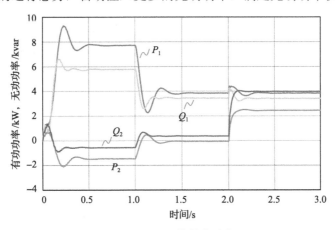

图 6.12　VSG 的输出功率

　　基于一台 VSG 样机, 参数如表 6.1 所示, 在不同 H 和 D 的情况下, 图 6.13 给出了 VSG 的动态实验结果。VSG 开机时从 0kW 阶跃到 5kW, P_{ref} 在 1s 后从 5kW 阶跃到 6kW, Q_{ref} 再在 1s 后从 0var 阶跃到 2kvar。基于图 6.13 的实验波形, VSG 的详细特征参数如图 6.14(a) 和图 6.14(b) 所示。根据图 6.13 (a) ～ (c) 和图 6.14 (a), 当 H 不变时, D 越大, 输出电流包络线 (或有功功率) 的振幅越小, 调节时间越短。譬如，当 $D=2.5$ 时，VSG 需要 3 摆才能进入稳态；当 $D=5.0$ 时，VSG 需要 2 摆才能进入稳态；当 $D=10.0$ 时，VSG 只需 1 摆即可进入稳态。根据图 6.13(b)～(e)和图 6.14(b)，当 D 不变时，H 越小，功率振荡的阻尼比 $\zeta = 0.5D\sqrt{1/(\omega_0 S_E H)}$ 越大。

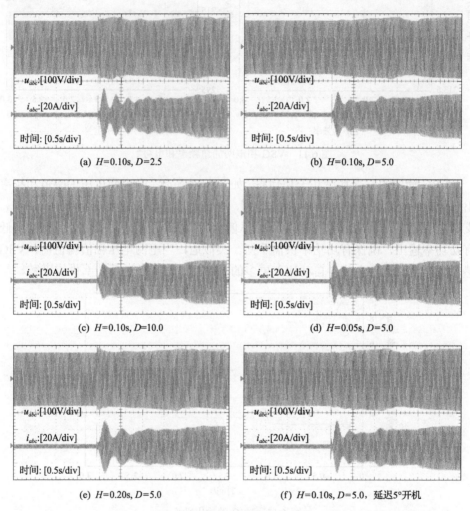

(a) $H=0.10\text{s}, D=2.5$　　　　　　　　　(b) $H=0.10\text{s}, D=5.0$

(c) $H=0.10\text{s}, D=10.0$　　　　　　　　(d) $H=0.05\text{s}, D=5.0$

(e) $H=0.20\text{s}, D=5.0$　　　　　　　　(f) $H=0.10\text{s}, D=5.0$，延迟5°开机

图 6.13　VSG 的动态实验结果

当控制器中的参数 R_f 变化时，VSG 的动态响应如图 6.14(c)所示。根据式(6.6)，在并网电流一定的情况下，R_f 越大，E_m 越高，对其他变量的影响不大。

为了保证 VSG 的安全启动，类似于同步发电机，VSG 需要协调 VSG 机端电压和电网电压，当两者的幅值、相位和频率相差不大时，才能并网。VSG 的 δ 初始值不同时，VSG 的动态响应如图 6.13(b)和(f)以及图 6.14(d)所示。

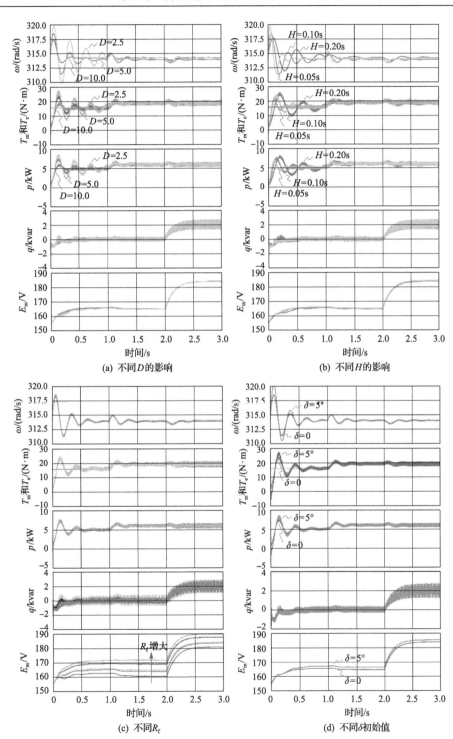

(a) 不同D的影响

(b) 不同H的影响

(c) 不同R_f

(d) 不同δ初始值

图 6.14　不同控制参数下 VSG 的动态响应

当控制器参数为 H=0.10s 和 D=5.0 并网时，VSG 的 δ 初始值为 0 和 5° 的实验波形，如图 6.13（b）和（f）所示。图 6.15 给出了实验波形的局部放大结果。根据图 6.14（d）所示的转矩波形，当 δ 初始值为 5° 时，并网瞬间，电磁转矩 T_e<0，电网将 VSG 牵入同步。

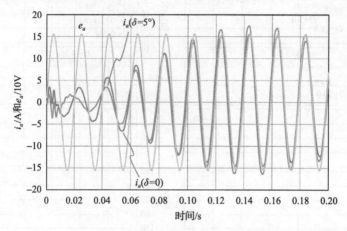

图 6.15　并网时 δ 初始值对 VSG 的影响

6.3　参数自适应控制

6.3.1　控制原理

根据式（6.1），VSG 的角频率变化率与转动惯量成反比。若 VSG 的参数 J 比较小，则角频率的变化会比较快，不利于系统稳定。相反，若 J 选得比较大，VSG 虽然可以降低角频率变化率，但是仍然可能导致系统不稳定。基于图 6.16 所示的有功-功角曲线，当有功指令改变时，VSG 的功角也会随之发生变化。当有功指令从 P_{ref1} 增加到 P_{ref2} 时，VSG 的平衡点从 a 迁移到 b，并伴随一个振荡过程。一个典型的振荡周期可以分为四个区间，每个区间内的有功和功角变化规律不同[12, 13]。

在区间①，VSG 的有功指令从 P_{ref1} 增加到 P_{ref2}，功率指令大于功率输出，$d\omega/dt$>0，VSG 的角频率增加，并大于电网的角频率，ω>ω_0。此时，VSG 宜采用较大的转动惯量，约束角频率的增加，防止过大的角频率超调。

在区间②，VSG 的角频率仍然大于电网的角频率，功角也大于平衡点 b 处的稳态值，功率指令小于功率输出，$d\omega/dt$<0，VSG 的角频率减小。此时，VSG 宜采用较小的转动惯量，加快角频率减小，使振荡尽快结束于边界点 c，防止功角超出 $\pi/2$ 而进入不稳定区。同理，对于区间③和④，也需要不同的转动惯量。

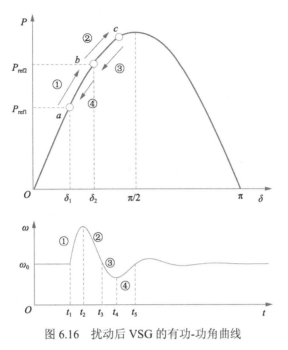

图 6.16　扰动后 VSG 的有功-功角曲线

综上，VSG 对转动惯量大小的需求，由 $\mathrm{d}\omega/\mathrm{d}t$ 和 $\omega-\omega_0$ 共同决定，变化规律如表 6.3 所示。

表 6.3　转动惯量的动态需求规律

区间	角频率	角频率变化率	转动惯量需求
①	$\omega-\omega_0>0$	$\mathrm{d}\omega/\mathrm{d}t>0$	增大
②	$\omega-\omega_0>0$	$\mathrm{d}\omega/\mathrm{d}t<0$	减小
③	$\omega-\omega_0<0$	$\mathrm{d}\omega/\mathrm{d}t<0$	增大
④	$\omega-\omega_0<0$	$\mathrm{d}\omega/\mathrm{d}t>0$	减小

在确保稳定的前提下，为了使 VSG 更快地跟随有功指令的变化，结合表 6.3 的规律，一种典型的自适应转动惯量的控制方法可以表示为

$$J = \begin{cases} J_0, & \left|\mathrm{d}\omega/\mathrm{d}t\right| \leqslant C_{\max} \\ J_0 + \mu_{\mathrm{J}} \dfrac{\left|\omega-\omega_0\right|}{\omega-\omega_0} \dfrac{\mathrm{d}\omega}{\mathrm{d}t}, & \left|\mathrm{d}\omega/\mathrm{d}t\right| > C_{\max} \end{cases} \tag{6.61}$$

式中，J_0 为转动惯量的初始值；μ_{J} 为转动惯量控制系数；$C_{\max}$ 为 $\left|\mathrm{d}\omega/\mathrm{d}t\right|$ 的阈值。当 $\left|\mathrm{d}\omega/\mathrm{d}t\right| \leqslant C_{\max}$ 时，转动惯量为 J_0，当 $\left|\mathrm{d}\omega/\mathrm{d}t\right| > C_{\max}$ 时，自适应改变 J 的取值。参数 $C_{\max}$ 用于构造死区，避免随机噪声或细微偏差导致 J 频繁变化。

根据式(6.10)，忽略 R_f，且 δ 很小，VSG 输出的有功功率为

$$P \approx \frac{EU_l}{X_f}\sin\delta \approx \frac{EU_l}{X_f}\delta \tag{6.62}$$

式中，$X_f = \omega L_f$，可以得到 VSG 的有功功率传递模型，如图 6.17 所示。VSG 有功指令和有功输出之间的传递函数可表示为

$$\frac{P}{P_{\text{ref}}} = \frac{EU_l}{JX_f\omega_0 s^2 + D_p X_f\omega_0 s + EU_l} \tag{6.63}$$

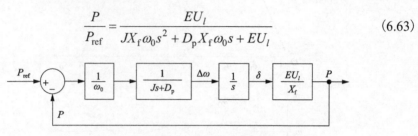

图 6.17　VSG 的有功功率传递模型

类似于式(6.31)，式(6.1)所示 VSG 的小信号模型可表示为

$$\begin{bmatrix} \Delta\dot{\delta} \\ \Delta\dot{\omega} \end{bmatrix} = \begin{bmatrix} 0 & 1 \\ -\dfrac{EU_l}{JX_f\omega_0} & -\dfrac{D_p}{J} \end{bmatrix} \begin{bmatrix} \Delta\delta \\ \Delta\omega \end{bmatrix} \tag{6.64}$$

式中，$\Delta\omega = \omega - \omega_0$，模型的特征根为

$$p_{1,2} = -\frac{D_p}{2J} \pm \sqrt{\left(\frac{D_p}{2J}\right)^2 - \frac{EU_l}{JX_f\omega_0}} \tag{6.65}$$

在 D_p 不做自适应变化的情况下，为了保证系统稳定，自适应转动惯量控制过程中应保证 $J \geq 0$。根据式(6.61)，J 的最小值为

$$J_{\min} = J_0 - \mu_J C_{\max} \tag{6.66}$$

可见，参数 J_0 与 μ_J 的取值需要在动态性能和稳定性能之间折中。较大的 μ_J 可以有效改变 VSG 的转动惯量大小，有助于减小暂态过程的超调量，但可能会使得 $J < 0$，导致系统失稳。增大 J_0，可以选择较大的 μ_J，使 J 的取值整体增大，但是 J 取值过大，会使系统的阻尼比变小，系统的振荡幅值和振荡时间也增大。

6.3.2　仿真结果

本节基于 PSCAD/EMTDC 仿真软件，搭建了如图 6.18 所示的仿真模型，DG1 采用 VSG 控制，参数如表 6.4 所示，DG2 采用恒功率控制。

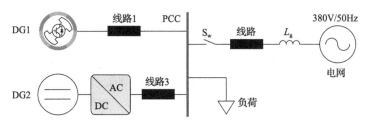

图 6.18　含 VSG 的分布式发电系统

表 6.4　DG1 的主要参数

参数	L_f/ mH	R_f/Ω	U_{ref}/V	f_0/Hz	D_p
取值	2	0.3	381	50	10

参数	k_v	k_q	J_0/(kg·m²)	μ_J/(kg·m²·s³/rad²)	C_{max}/(rad/s)
取值	$3.5×10^{-2}$	$3.5×10^{-3}$	0.2	60	0.01

1. 并网运行

在 0.06s 时，VSG 有功指令从 0 阶跃到 6kW，无功指令为 2kvar。在 0.80s 时，有功指令从 6kW 阶跃到 8kW。负荷的功率为 10kW 和 2kvar，DG2 的有功和无功指令为 3kW 和 0var。

不同转动惯量控制策略下，VSG 有功功率、角频率和转动惯量的动态响应，如图 6.19 所示。其中，J_1 和 J_2 分别为固定转动惯量控制策略，J_1=0.16kg·m²、J_2=0.40kg·m²，J 为自适应转动惯量控制策略。类似于恒功率控制，VSG 能跟踪有功和无功指令。但是，在功率指令发生变化时，由于转动惯量的存在，VSG 的动态响应具有一定缓冲，可降低对电网的冲击。对于固定转动惯量控制 J_1，由于转动惯量较小，有功超调也较小，但是角频率超调较大。对于固定转动惯量控制 J_2，由于转动惯量较大，有功超调较大，但是角频率超调较小。如图 6.19 所示，采用自适应转动惯量控制，可以同时减小有功超调和角频率超调。

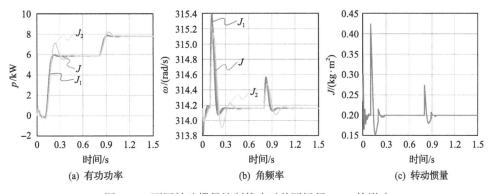

图 6.19　不同转动惯量控制策略对并网运行 VSG 的影响

2. 离网运行

类似于同步发电机,VSG 既能并网运行,也能离网运行。0.6s 时,断开静态开关 S_w,VSG 进入离网运行模式,1.0s 时,本地负荷的功率从 10kW 减小为 7.5kW。

不同转动惯量控制策略下,VSG 输出转动功率、角频率和转动惯量的动态响应,如图 6.20 所示。DG2 采用恒功率控制方式,输出功率维持不变。离网运行时,VSG 作为孤岛电网的电压源,支撑电网的电压和频率稳定,通过自动频率调节器,减少输出有功功率。此外,由于惯量的存在,VSG 输出有功功率呈现出明显的动态过程。自适应转动惯量控制的角频率和功率超调更小,暂态性能更好,图 6.20 (c) 给出了了自适应转动惯量的动态响应。

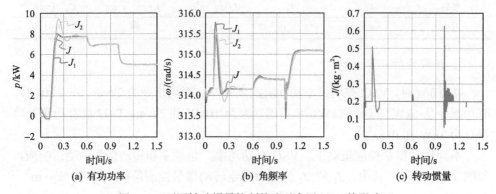

(a) 有功功率   (b) 角频率   (c) 转动惯量

图 6.20 不同转动惯量控制策略对离网 VSG 的影响

VSG 的机端电压如图 6.21 所示,并网运行时,VSG 的机端电压为电网电压,离网运行时,VSG 支撑孤岛电网的电压稳定,向负荷提供必要的无功功率,机端电压略有抬升。

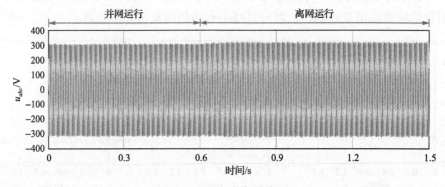

图 6.21 VSG 的机端电压

6.4　转动惯量和阻尼的识别

6.4.1　识别方法

从并网逆变器的角度来看，基于先进的控制策略，VSG 能够向电网提供一定的转动惯量和阻尼。但是，从电网的角度来看，VSG 实际转动惯量和阻尼的大小，却难以量化和评估。在型式试验和入网检测环节，急需 VSG 转动惯量和阻尼的识别方法，作为性能评估的依据。此外，在辅助服务市场的背景下，急需辨识出 VSG 的转动惯量和阻尼大小，作为辅助服务定价的依据[13]。

基于前述分析，在给定的平衡点附近，VSG 可以近似等效为一个二阶系统，其传递函数模型为

$$G_{VSG}(s) = \frac{\Delta P_e(s)}{\Delta P_m(s)} = \frac{\omega_0 S_E / H}{s^2 + (D/H)s + \omega_0 S_E / H} = \frac{a}{s^2 + bs + a} \quad (6.67)$$

式中，参数 a 和 b 分别为

$$\begin{cases} a = \dfrac{\omega_0 S_E}{H} \\ b = \dfrac{D}{H} \end{cases} \quad (6.68)$$

基于 VSG 的在线运行数据，如果能辨识出模型参数 a 和 b，就可以反解出 H 和 D，即

$$\begin{cases} H = \dfrac{\omega_0 S_E}{a} \\ D = bH \end{cases} \quad (6.69)$$

进而，可以得到实际的转动惯量和阻尼

$$\begin{cases} J = \dfrac{H S_n}{\omega_0^2} \\ D_p = \dfrac{D S_n}{\omega_0^2} \end{cases} \quad (6.70)$$

该方法存在两个方面的误差：一是 VSG 线性化模型和非线性模型之间的差异；二是线性化模型在扰动前后的平衡点发生了变化。

线性化模型引入的误差，可以利用平衡点的偏移来表征。假设 (E_0', δ_0') 为

$(P_{ref}+\Delta P_m S_n, Q_{ref})$ 决定的平衡点。为了确保线性化模型的有效性，线性化模型的解和非线性模型的解应相差不大，可利用功率来衡量，即要求 $P_{ref}+\Delta P_m S_n$ 和 $P_{ref}+S_E\Delta\delta S_n$ 相差不大，定义

$$\left| S_E\Delta\delta - \Delta P_m \right| < 10\% \left(P_{ref}/S_n + \Delta P_m \right) \tag{6.71}$$

也即线性化模型引起的偏差，不应超过非线性模型的 10%。进而，可以求得特定功率指令 P_{ref} 下，为了保证线性化模型有效，扰动功率的大小应满足

$$\frac{S_E(\delta_0, P_{ref})\Delta\delta - 0.1 P_{ref}/S_n}{1.1} \leqslant \Delta P_m \leqslant \frac{S_E(\delta_0, P_{ref})\Delta\delta + 0.1 P_{ref}/S_n}{0.9} \tag{6.72}$$

以 $50\text{kV}\cdot\text{A}$ 的 VSG 为例，不同功率指令条件下，线性化模型的适用区域，即所允许扰动功率的范围，如图 6.22 所示。随着功率指令的增加，所允许的扰动功率大小也会有所拓展。此外，正向扰动和负向扰动对应的有效区域并不对称。

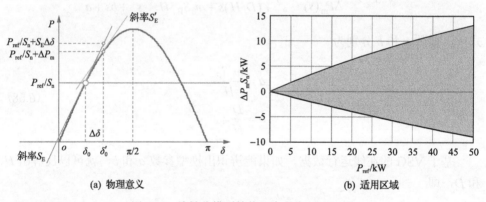

(a) 物理意义　　　　　　　　　　(b) 适用区域

图 6.22　线性化模型的物理意义和适用区域

此外，由于扰动发生后，VSG 的平衡点会发生偏移，参数 S_E 也会发生变化，这也可能导致辨识结果产生误差。由前述分析可知

$$\begin{cases} J = \dfrac{HS_n}{\omega_0^2} = \dfrac{\omega_0 S_E S_n}{a\omega_0^2} = \dfrac{S_E S_n}{a\omega_0} \\[3mm] D_p = \dfrac{DS_n}{\omega_0^2} = \dfrac{b\omega_0 S_E S_n}{a\omega_0^2} = \dfrac{bS_E S_n}{a\omega_0} \end{cases} \tag{6.73}$$

已知阶跃扰动的响应曲线，该方法可辨识出模型参数 a 和 b 为常数。但是，转动惯量和阻尼的辨识结果与参数 $\Delta S_E = S_E - S_E'$ 的变化有关，其中，S_E' 为扰动后的同步功率标幺值，那么辨识结果的误差可表示为

$$\begin{cases} \Delta J = \dfrac{S_n}{a\omega_0}\Delta S_E \\[4mm] \Delta D_p = \dfrac{bS_n}{a\omega_0}\Delta S_E \end{cases} \tag{6.74}$$

误差率可以表示为

$$\eta = \frac{\Delta J}{J} = \frac{\Delta D_p}{D_p} = \frac{\Delta S_E}{S_E} \tag{6.75}$$

注意到 ΔS_E 是由扰动前后的平衡点差异引起，因此

$$\Delta S_E = \frac{\partial S_E}{\partial E}\Delta E + \frac{\partial S_E}{\partial \delta}\Delta \delta = \frac{\partial S_E}{\partial E}(E_0' - E_0) + \frac{\partial S_E}{\partial \delta}(\delta_0' - \delta_0) \tag{6.76}$$

根据式(6.19)，可知

$$\frac{\partial S_E}{\partial E} = \frac{U}{ZS_n}\sin(\alpha - \delta_0) \tag{6.77}$$

$$\frac{\partial S_E}{\partial \delta} = \frac{Q_{ref}Z + U_l^2\sin\alpha}{ZS_n}\cot(\alpha - \delta_0) - \frac{E_0 U_l}{ZS_n}\cos(\alpha - \delta_0) \tag{6.78}$$

在不同阻抗角 α 情况下，误差率的分布规律，如图 6.23 所示。可见，阻性线路产生的误差稍大，感性线路产生的误差较小，但是总体都在 5%以内，因此线性化模型用于转动惯量和阻尼的辨识是可行的。

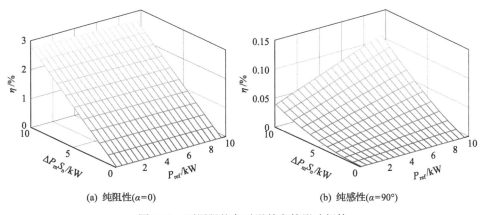

(a) 纯阻性($\alpha=0$)　　　　　　　　　　(b) 纯感性($\alpha=90°$)

图 6.23　不同阻抗角对误差率的影响规律

基于以上 $50\mathrm{kV\cdot A}$ 的 VSG，有功指令为 5kW，当有功指令正向阶跃 5%后，线性化模型和非线性模型的响应结果如图 6.24 所示。可见，当满足上述降阶模型

有效性条件时，小信号模型具有足够的精度。

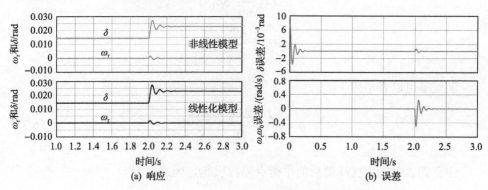

图 6.24　线性化模型和非线性模型的响应结果

对于式 (6.67)，采用后向差分，对线性化模型做离散化处理，有

$$s = \frac{1 - z^{-1}}{T_s} \tag{6.79}$$

式中，T_s 为采样时间，这里定义后向差分格式为

$$\nabla f(k) = f(k) - f(k-1) \tag{6.80}$$

式 (6.67) 可转换为

$$G_{\text{VSG}}(z) = \frac{\Delta P_e(z)}{\Delta P_m(z)} = \frac{aT_s^2}{(1 + bT_s + aT_s^2) - (2 + bT_s)z^{-1} + z^{-2}} \tag{6.81}$$

可化简为

$$G_{\text{VSG}}(z) = \frac{\Delta P_e(z)}{\Delta P_m(z)} = \frac{A_0}{1 + B_1 z^{-1} + B_2 z^{-2}} \tag{6.82}$$

式中

$$\begin{cases} A_0 = \dfrac{aT_s^2}{\varDelta} \\[2mm] B_1 = -\dfrac{2 + bT_s}{\varDelta} \\[2mm] B_2 = \dfrac{1}{\varDelta} \\[2mm] \varDelta = 1 + bT_s + aT_s^2 \end{cases} \tag{6.83}$$

即 VSG 当前时刻的输出功率，可以表示为指令功率和历史时刻输出功率的线性组合

$$\Delta P_{\mathrm{e}}(k) = A_0 \Delta P_{\mathrm{m}}(k) - B_1 \Delta P_{\mathrm{e}}(k-1) - B_2 \Delta P_{\mathrm{e}}(k-2) \tag{6.84}$$

因此，可以采用有功指令阶跃扰动，激励出 VSG 的输出功率振荡，然后利用式(6.84)，采用最小二乘法，辨识出 VSG 的 H 和 D。若激励得到的输出功率时间序列为 $\Delta P_{\mathrm{e}}(k)$，$k=1, 2,\cdots, N$，N 为数据长度，则有

$$\begin{bmatrix} \Delta P_{\mathrm{e}}(3) \\ \Delta P_{\mathrm{e}}(4) \\ \vdots \\ \Delta P_{\mathrm{e}}(N) \end{bmatrix} = \begin{bmatrix} \Delta P_{\mathrm{m}} & -\Delta P_{\mathrm{e}}(2) & \cdots & -\Delta P_{\mathrm{e}}(1) \\ \Delta P_{\mathrm{m}} & -\Delta P_{\mathrm{e}}(3) & \cdots & -\Delta P_{\mathrm{e}}(2) \\ \vdots & \vdots & & \vdots \\ \Delta P_{\mathrm{m}} & \Delta P_{\mathrm{e}}(N-1) & \cdots & -\Delta P_{\mathrm{e}}(N-2) \end{bmatrix} \begin{bmatrix} A_0 \\ B_1 \\ B_2 \end{bmatrix} \tag{6.85}$$

写为矩阵形式：

$$\Delta \boldsymbol{P}_{\mathrm{e}} = \boldsymbol{M}\boldsymbol{\Theta} \tag{6.86}$$

式中

$$\Delta \boldsymbol{P}_{\mathrm{e}} = \begin{bmatrix} \Delta P_{\mathrm{e}}(3) \\ \Delta P_{\mathrm{e}}(4) \\ \vdots \\ \Delta P_{\mathrm{e}}(N) \end{bmatrix}; \boldsymbol{M} = \begin{bmatrix} \Delta P_{\mathrm{m}} & -\Delta P_{\mathrm{e}}(2) & \cdots & -\Delta P_{\mathrm{e}}(1) \\ \Delta P_{\mathrm{m}} & -\Delta P_{\mathrm{e}}(3) & \cdots & -\Delta P_{\mathrm{e}}(2) \\ \vdots & \vdots & & \vdots \\ \Delta P_{\mathrm{m}} & -\Delta P_{\mathrm{e}}(N-1) & \cdots & -\Delta P_{\mathrm{e}}(N-2) \end{bmatrix}; \boldsymbol{\Theta} = \begin{bmatrix} A_0 \\ B_1 \\ B_2 \end{bmatrix} \tag{6.87}$$

假定输出功率的估计值为

$$\Delta \hat{\boldsymbol{P}}_{\mathrm{e}} = \boldsymbol{M}\hat{\boldsymbol{\Theta}} \tag{6.88}$$

式中，$\hat{\boldsymbol{\Theta}} = \begin{bmatrix} \hat{A}_0 & \hat{B}_1 & \hat{B}_2 \end{bmatrix}^{\mathrm{T}}$ 为模型参数的估计值。以估计曲线 $\Delta \hat{\boldsymbol{P}}_{\mathrm{e}}$ 与实际曲线 $\Delta \boldsymbol{P}_{\mathrm{e}}$ 之间的残差 $e=\Delta \hat{\boldsymbol{P}}_{\mathrm{e}} - \Delta \boldsymbol{P}_{\mathrm{e}}$ 的二次方指标 J_{VSG} 最小为目标，确定系统的估计参数 $\hat{\boldsymbol{\Theta}}$，即

$$J_{\mathrm{VSG}} = e^{\mathrm{T}}e = (\Delta \hat{\boldsymbol{P}}_{\mathrm{e}} - \Delta \boldsymbol{P}_{\mathrm{e}})^{\mathrm{T}}(\Delta \hat{\boldsymbol{P}}_{\mathrm{e}} - \Delta \boldsymbol{P}_{\mathrm{e}}) \tag{6.89}$$

式(6.87)为超定方程组，可求取出最小二乘意义解

$$\hat{\boldsymbol{\Theta}} = (\boldsymbol{M}^{\mathrm{T}}\boldsymbol{M})\boldsymbol{M}^{\mathrm{T}}\Delta \boldsymbol{P}_{\mathrm{e}} \tag{6.90}$$

进而，可以估计出 VSG 的参数 $\hat{H}$ 和 $\hat{D}$，即

$$\begin{bmatrix} \hat{H} \\ \hat{D} \end{bmatrix} = \begin{bmatrix} \hat{A}_0 / \hat{B}_2 & 0 \\ 1 - 1 / \hat{B}_2 & T_s \\ 2 + \hat{B}_1 / \hat{B}_2 & T_s \end{bmatrix}^{-1} \begin{bmatrix} \omega_0 S_E T_s^2 \\ -\omega_0 S_E T_s^2 \\ 0 \end{bmatrix} \tag{6.91}$$

因此，可以估计出 VSG 的转动惯量 $\hat{J}$ 和阻尼 $\hat{D}_p$ 分别为

$$\begin{cases} \hat{J} = \dfrac{\hat{H} S_n}{\omega_0^2} \\ \hat{D}_p = \dfrac{\hat{D} S_n}{\omega_0^2} \end{cases} \tag{6.92}$$

针对上述 VSG 转动惯量和阻尼的识别算法，这里给出一个算例。以式(6.67)所示的传递函数模型为例，其中参数分别为 $H=0.3\text{s}$、$D=10$、$S_E=1.4593\text{p.u.}$、$S_n=50\text{kV}\cdot\text{A}$、$\omega_0=100\pi\text{rad/s}$，扰动功率设定为 $\Delta P_m=0.1\text{p.u.}$。系统的输出功率 ΔP_e 和辨识算法得到的功率 $\Delta \hat{P}_e$，如图 6.25 所示。基于上述方法，辨识得到 $\hat{H}=0.2999$、$\hat{D}=9.9944$。可见，所提的辨识方法可以很好地从系统的扰动信号中识别出 VSG 的关键参数。

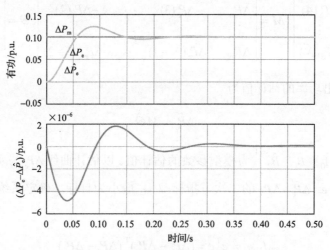

图 6.25　转动惯量和阻尼辨识算例

6.4.2　仿真与实验结果

本节基于 PLECS 仿真软件，分别搭建常规并网逆变器和 VSG 的仿真模型。并网逆变器的仿真参数，如表 6.5 所示。采用有功指令的阶跃扰动，来辨识并网逆变器可能蕴含的转动惯量和阻尼，逆变器的指令功率初始值为 10kW，在 0.1s

时阶跃到 11kW，扰动功率为 $\Delta P_mS_n=1$kW，并网逆变器在扰动过程中的电压、电流和有功功率，如图 6.26(a) 所示。将有功功率作为分析对象，可以辨识出并网逆变器的等效转动惯量和阻尼，其分别为 $\hat{J}=5.7\times10^{-4}$kg·m^2、$\hat{D}_p=0.008$。可见常规并网逆变器的转动惯量非常小，这也验证了"常规并网逆变器没有惯性"这一共识。而并网逆变器还是存在一定的阻尼，帮助平抑输出功率，防止输出功率过冲。

表 6.5　并网逆变器的仿真参数

参数	取值
电网	线电压有效值 $U_l=380$V，角频率 $\omega_0=100\pi$rad/s
额定容量	$S_n=50$kV·A
直流母线	$U_{dc}=700$V，$C_{dc}=3000\mu$F
滤波器	LC 滤波器 $L_f=2$mH、$C_f=10\mu$F
常规并网逆变器	$K_p=2$、$K_i=400$
VSG	转动惯量 $J=0.4$kg·m^2、阻尼 $D_p=5$

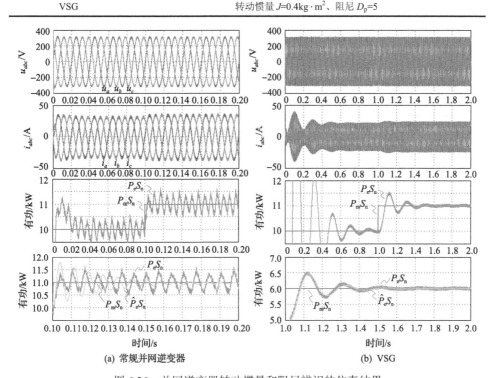

图 6.26　并网逆变器转动惯量和阻尼辨识的仿真结果

通常认为，并网逆变器采用 VSG 控制后，可以向电网提供转动惯量和阻尼，支撑电网稳定，这里定量验证 VSG 输出转动惯量和阻尼的能力。在 PLECS 仿真软件中搭建了 VSG 控制模型，参数如表 6.5 所示，0s 开机启动时，指令功率为 10kW，在 1s 时指令功率阶跃到 11kW，扰动功率为 $\Delta P_mS_n=1$kW。

图 6.26(b) 给出了 VSG 输出功率扰动后,电压、电流和有功功率的动态过程。利用有功功率的时间序列,可以辨识出 VSG 向电网实际输出的转动惯量和阻尼分别为 $\hat{J}$=0.35kg·m^2、$\hat{D}_\mathrm{p}$=5.36。对比控制算法中的设定值 J=0.40kg·m^2、D_p=5.00,可以发现,辨识得到的转动惯量和阻尼与真实值相差不大。基于线性化模型的辨识方法是一种简单易行的转动惯量和阻尼识别方案。

针对表 6.6 所示的并网逆变器样机参数,基于辨识模型和仿真分析,图 6.27(a) 给出了常规并网逆变器在有功扰动前后的实验波形。为了克服噪声的影响,采用截止频率为 50Hz 的二阶低通滤波器,对功率曲线滤波,所辨识出的转动惯量和

表 6.6　并网逆变器的样机参数

参数	取值
电网	线电压有效值 U_f=190V,角频率 ω_0=100πrad/s
额定容量	S_n=50kV·A
直流母线	U_dc=350V,C_dc=3300μF
滤波器	LC 滤波器 L_f=1mH、C_f=20μF
控制频率	采样频率 10kHz,开关频率 10kHz
常规并网逆变器	K_p=2、K_i=400
VSG	转动惯量 J=4.5kg·m^2、阻尼 D_p=20

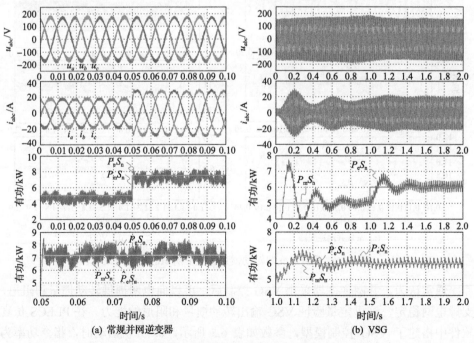

(a) 常规并网逆变器　　　　　　　　　　　(b) VSG

图 6.27　并网逆变器转动惯量和阻尼辨识的实验结果

阻尼分别为 $\hat{J}$=7.76×10^{-6}kg·m^2、$\hat{D}_\text{p}$=0.09。与仿真结果相类似，常规并网逆变器的控制目标在于，实现较高的响应速度和对电流指令和功率的及时跟踪，从实验结果也可以看出，电流和输出功率能够快速跟踪指令，但是丧失了对电网转动惯量和阻尼的补偿。

对于 VSG 控制的并网逆变器，在有功扰动前后的实验波形，如图 6.27(b)所示。为了克服噪声的影响，采用截止频率为 5Hz 的二阶低通滤波器，对功率曲线滤波，辨识出的转动惯量和阻尼分别为 $\hat{J}$=4.28kg·m^2、$\hat{D}_\text{p}$=19.48。相对于常规并网逆变器，采用 VSG 控制之后，可以明显提升并网逆变器向电网注入的转动惯量和阻尼。辨识出的转动惯量和阻尼参数与控制器设定值之间相差不大。

6.5 不平衡电压控制

6.5.1 控制策略

类似于传统同步发电机,现有 VSG 的控制策略只控制正序电压和正序电流,VSG 等效的正负序阻抗相等,如图 6.28 所示，使得 VSG 带不平衡负荷的能力较差[14, 15]。

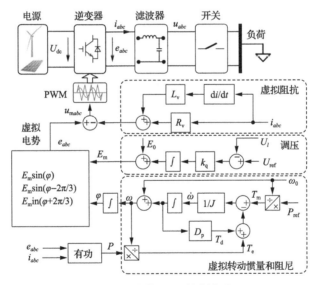

图 6.28 传统 VSG 控制策略

如图 6.28 所示，为了改善 VSG 的输出特性，在 VSG 控制策略中，往往会引入虚拟电感 L_v 和虚拟电阻 R_v，在式(6.17)的基础上，VSG 的调制信号 u_mabc 为

$$u_\text{mabc} = e_{abc} + L_\text{v}\dot{i}_{abc} + R_\text{v}i_{abc} \tag{6.93}$$

若不引入虚拟电感和虚拟电阻，则 $u_\text{mabc}=e_{abc}$。

由于电压角频率和幅值开环控制，VSG 会存在角频率偏差 $\Delta\omega$ 和电压幅值静差 ΔU，有

$$\begin{cases} \Delta\omega = \dfrac{P_{\mathrm{m}} - P_{\mathrm{e}}}{D_{\mathrm{p}}} \\ \Delta U = |Z_{\mathrm{sum}} I| \end{cases} \tag{6.94}$$

式中，I 为输出电流相量；Z_{sum} 为 VSG 滤波器的阻抗和虚拟阻抗，$Z_{\mathrm{sum}}=(R_{\mathrm{f}}+R_{\mathrm{v}})+\mathrm{j}\omega(L_{\mathrm{f}}+L_{\mathrm{v}})$。当 VSG 指令功率和负荷功率不匹配时，参数 D_{p} 决定了角频率偏差的大小。通常，VSG 可以再引入类似于电力系统中的自动发电控制，闭环调节 VSG 的指令功率，确保电网的角频率在负荷扰动后回到额定值。此外，负荷电流流过 VSG 的阻抗之后，会产生电压降落，从而导致 VSG 在带载时机端电压偏低，这可以通过励磁调节来控制。

电网中存在大量的单相负荷，三相系统不对称，传统 VSG 对不平衡的控制能力较差，有功功率和无功功率会出现二倍频脉动。在 VSG 控制策略中引入低通滤波器，抑制这些二倍频分量，可以减轻不平衡对 VSG 的影响。但是，不平衡问题仍然存在，传统 VSG 控制策略存在一定的缺陷。

基于对称分量法，三相电压或电流可以分解为正序、负序、零序分量之和。考虑负荷阻抗不对称，VSG 的机端电压可以进一步表示为

$$\begin{bmatrix} u_a \\ u_b \\ u_c \end{bmatrix} = \begin{bmatrix} Z_{Laa} & Z_{Lab} & Z_{Lac} \\ Z_{Lba} & Z_{Lbb} & Z_{Lbc} \\ Z_{Lca} & Z_{Lcb} & Z_{Lcc} \end{bmatrix} \begin{bmatrix} i_a \\ i_b \\ i_c \end{bmatrix} \tag{6.95}$$

式中，Z_{Lxy} 为 x 相与 y 相（$x, y=a, b, c$）之间的负荷阻抗，式(6.95)可以简写为 $U_{abc}=ZI_{abc}$。对式(6.95)应用 120 坐标变换 $T_{abc/120}$，有

$$\begin{bmatrix} u_1 \\ u_2 \\ u_0 \end{bmatrix} = \begin{bmatrix} Z_{L11} & Z_{L12} & Z_{L10} \\ Z_{L21} & Z_{L22} & Z_{L20} \\ Z_{L01} & Z_{L02} & Z_{L00} \end{bmatrix} \begin{bmatrix} i_1 \\ i_2 \\ i_0 \end{bmatrix} \tag{6.96}$$

式中

$$T_{abc/120} = \frac{1}{\sqrt{3}} \begin{bmatrix} 1 & 1 & 1 \\ \mathrm{e}^{\mathrm{j}4\pi/3} & \mathrm{e}^{\mathrm{j}2\pi/3} & 1 \\ \mathrm{e}^{\mathrm{j}2\pi/3} & \mathrm{e}^{\mathrm{j}4\pi/3} & 1 \end{bmatrix}$$

Z_{Lmn} 表示 m 序和 n 序（$m, n=1, 2, 0$）之间的耦合阻抗，即

$$U_{120} = T_{abc/120} Z I_{120} \tag{6.97}$$

类似地，对于 VSG，有

$$\begin{bmatrix} e_1 - u_1 \\ e_2 - u_2 \\ e_0 - u_0 \end{bmatrix} = \begin{bmatrix} Z_{G11} & 0 & 0 \\ 0 & Z_{G22} & 0 \\ 0 & 0 & Z_{G00} \end{bmatrix} \begin{bmatrix} i_1 \\ i_2 \\ i_0 \end{bmatrix} \tag{6.98}$$

即

$$\boldsymbol{E}_{120} - \boldsymbol{U}_{120} = \boldsymbol{Z}_{\mathrm{G}} \boldsymbol{I}_{120} \tag{6.99}$$

式中，$\boldsymbol{Z}_{\mathrm{G}}$ 为 VSG 的网络阻抗，对于传统 VSG 控制策略，忽略 VSG 的暂态电势，并假设 d 轴和 q 轴阻抗相等。与同步发电机类似，VSG 的正序阻抗 Z_{G11} 和负序阻抗 Z_{G22} 相等，均为阻抗 Z，即

$$Z_{G11} = Z_{G22} = Z \tag{6.100}$$

如图 6.29 所示，VSG 机端电压的正负序分量(U_1 和 U_2)，与负荷电流的正负序分量(I_1 和 I_2)有关，即

$$\begin{cases} U_1 = E - Z_{G11}I_1 = Z_{L11}I_1 + Z_{L12}I_2 \\ U_2 = -Z_{G22}I_2 = Z_{L21}I_1 + Z_{L22}I_2 \end{cases} \tag{6.101}$$

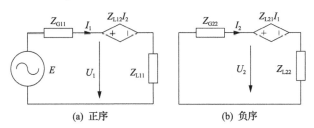

(a) 正序   (b) 负序

图 6.29   VSG 的正序和负序电路模型

定义机端电压不平衡度：

$$\mathrm{UVF} = \frac{|U_2|}{|U_1|} = \frac{|Z_{L21}I_1 + Z_{L22}I_2|}{|Z_{L11}I_1 + Z_{L12}I_2|} = \frac{|-Z_{G22}I_2|}{|E - Z_{G11}I_1|} \tag{6.102}$$

可见，VSG 输出电压的不平衡度与负荷电流有关，当 I_2 为零时，UVF=0，因此，传统 VSG 带平衡负荷的能力较强。但是，当 VSG 带不平衡负荷时，负荷不平衡度越大，负荷越重，VSG 输出电压不平衡度越高。此外，电压不平衡度还与 VSG 的负序阻抗有关，在不改变 Z_{G11} 的情况下，如果能控制 $Z_{G22}=0$，同样能够保证 UVF=0。因此，如果能实现 VSG 正序和负序阻抗的解耦控制，在不影响正序阻抗的情况下，将负序阻抗控制为零，能提升 VSG 带不平衡负荷的能力，改善电网的供电品质。

在 $\alpha\beta 0$ 坐标系下完成 VSG 的阻抗解耦控制,如图 6.30 所示,虚拟电势为

$$\boldsymbol{E} = e_\alpha + \mathrm{j}e_\beta \tag{6.103}$$

式中

$$\begin{bmatrix} e_\alpha \\ e_\beta \end{bmatrix} = \begin{bmatrix} E\cos\varphi \\ E\sin\varphi \end{bmatrix} \tag{6.104}$$

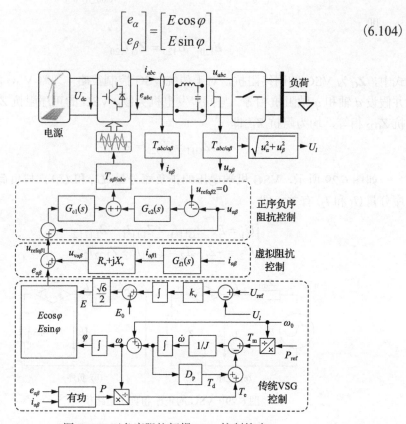

图 6.30　正负序阻抗解耦 VSG 控制策略

虚拟阻抗 $Z_\mathrm{v}=R_\mathrm{v}+\mathrm{j}X_\mathrm{v}=R_\mathrm{v}+\mathrm{j}\omega L_\mathrm{v}$,对应的正序电压指令为

$$\boldsymbol{U}_\mathrm{v} = \boldsymbol{Z}_\mathrm{v}\boldsymbol{I}_1 = (R_\mathrm{v} + \mathrm{j}X_\mathrm{v})(i_{\alpha 1} + \mathrm{j}i_{\beta 1}) = (R_\mathrm{v}i_{\alpha 1} - X_\mathrm{v}i_{\beta 1}) + \mathrm{j}(R_\mathrm{v}i_{\beta 1} + X_\mathrm{v}i_{\alpha 1}) \tag{6.105}$$

总的正序电压指令为 VSG 的电势电压 $\boldsymbol{E}$ 与虚拟阻抗电压 $\boldsymbol{U}_\mathrm{v}$ 之和,可以表示为

$$\boldsymbol{U}_{\mathrm{ref}1} = \boldsymbol{E} + \boldsymbol{U}_\mathrm{v} = (e_\alpha + R_\mathrm{v}i_{\alpha 1} - X_\mathrm{v}i_{\beta 1}) + \mathrm{j}(e_\beta + R_\mathrm{v}i_{\beta 1} + X_\mathrm{v}i_{\alpha 1}) = u_{\mathrm{ref}\alpha 1} + \mathrm{j}u_{\mathrm{ref}\beta 1} \tag{6.106}$$

为了分离正序和负序电流分量,采用复系数滤波器[16, 17]:

$$G_{\mathrm{f}1}(s) = \frac{\omega_\mathrm{b}}{s - \mathrm{j}\omega_0 + \omega_\mathrm{b}}, \quad G_{\mathrm{f}2}(s) = \frac{\omega_\mathrm{b}}{s + \mathrm{j}\omega_0 + \omega_\mathrm{b}} \tag{6.107}$$

式中，$G_{f1}(s)$ 和 $G_{f2}(s)$ 分别为正序滤波函数和负序滤波函数；ω_b 为带通滤波器的剪切角频率。复系数滤波器的 Bode 图，如图 6.31 所示。ω_b 越大，幅频特性越扁平，通带越宽。VSG 的角频率越偏离额定值，VSG 的适应能力越强，但是相位偏差也越大。

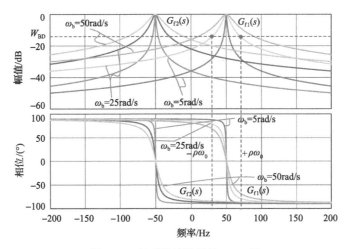

图 6.31　复系数滤波器的 Bode 图

复系数滤波器的幅频特性为

$$20\lg\left|\frac{\omega_b}{s - j\omega_0 + \omega_b}\right| = W_{BD} \tag{6.108}$$

式中，W_{BD} 为滤波器的幅值，单位为 dB，解得幅值为 W_{BD} 时的角频率上限和下限分别为

$$\omega_{\max} = \omega_0 + \sqrt{\frac{1 - \lambda_{BD}^2}{\lambda_{BD}^2}}\omega_b, \quad \omega_{\min} = \omega_0 - \sqrt{\frac{1 - \lambda_{BD}^2}{\lambda_{BD}^2}}\omega_b \tag{6.109}$$

式中，$\lambda_{BD} = 10^{\frac{W_{BD}}{20}}$，那么幅值为 W_{BD} 时，对应的带宽为

$$\omega_{bw} = \omega_{\max} - \omega_{\min} = 2\sqrt{\frac{1 - \lambda_{BD}^2}{\lambda_{BD}^2}}\omega_b \tag{6.110}$$

对于特定的 W_{BD} 值，若将带宽控制为额定角频率的 ρ 倍，即 $\omega_{bw}=\rho\omega_0$，该参数表征了 VSG 所允许的频率偏差范围为 $\pm0.5\%\rho$ 倍额定值，那么，参数 ω_b 为

$$\omega_b = \frac{\rho}{2}\sqrt{\frac{\lambda_{BD}^2}{1 - \lambda_{BD}^2}}\omega_0 \tag{6.111}$$

以–3dB 点为例，W_{BD}=–3dB、λ_{BD}=0.707，若 ρ=0.2，即允许 VSG 的运行频率偏离其额定值±10%，则复系数滤波器的剪切角频率选择为 ω_b=44rad/s。

复系数滤波器可以通过实数域的计算得到，便于在数字控制器中实现。以正序电流的识别为例，$G_{f1}(s)$ 的实现框图，如图 6.32 所示。对于负序的情况，仅需将图 6.32 中的 ω 改为–ω 即可。

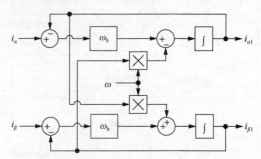

图 6.32　复系数滤波器 $G_{f1}(s)$ 的实现框图

以正序分量的识别为例，在 $\alpha\beta0$ 坐标系下，电气量 f_{abc} 经过复系数滤波器之后，输出为

$$
\begin{bmatrix} f_{\alpha 1} \\ f_{\beta 1} \end{bmatrix} = \begin{bmatrix} \dfrac{\omega_b}{s - j\omega + \omega_b} \\ \dfrac{\omega_b}{s - j\omega + \omega_b} \end{bmatrix} \boldsymbol{T}_{abc/\alpha\beta} \begin{bmatrix} f_a \\ f_b \\ f_c \end{bmatrix} = \begin{bmatrix} \dfrac{\omega_b}{s - j\omega + \omega_b} \\ \dfrac{\omega_b}{s - j\omega + \omega_b} \end{bmatrix} \begin{bmatrix} f_\alpha \\ f_\beta \end{bmatrix} \tag{6.112}
$$

应用 Clarke 反变换，得到 f_{abc} 的正序分量为

$$
\begin{bmatrix} f_{a1} \\ f_{b1} \\ f_{c1} \end{bmatrix} = \boldsymbol{T}_{\alpha\beta/abc} \begin{bmatrix} \dfrac{\omega_b}{s - j\omega + \omega_b} \\ \dfrac{\omega_b}{s - j\omega + \omega_b} \end{bmatrix} \boldsymbol{T}_{abc/\alpha\beta} \begin{bmatrix} f_a \\ f_b \\ f_c \end{bmatrix} \tag{6.113}
$$

化简后，有

$$
\begin{cases} f_{a1} = \dfrac{\omega_b}{s - j\omega + \omega_b}(f_{a1} + f_{a2}) \\[2mm] f_{b1} = \dfrac{\omega_b}{s - j\omega + \omega_b}(f_{b1} + f_{b2}) \\[2mm] f_{c1} = \dfrac{\omega_b}{s - j\omega + \omega_b}(f_{c1} + f_{c2}) \end{cases} \tag{6.114}
$$

　　基于频率选通作用，复系数滤波器可以实现正序分量的检测。基于以上分析，以正序电流的提取为例，图 6.33 给出了一个典型的算例分析，考虑正序、负序和 5 次谐波分量，幅值分别为 1p.u.、0.2p.u.和 0.1p.u.。根据图 6.33(a)，复系数滤波器具有很好的选频特性，能有效提取电流中的正序分量，同时避免 5 次谐波的干扰。由图 6.33(b)可知，复系数滤波器对电网频率的适应性取决于参数 ω_b，ω_b 越大，抗干扰能力越强，响应速度越快，但是稳定性越差。

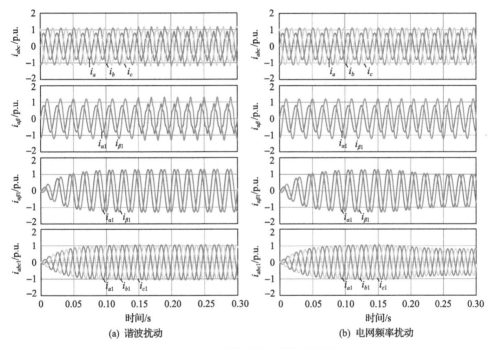

图 6.33　复系数滤波器的仿真结果

　　在电压控制方面，可以采用复系数的比例谐振控制器，图 6.30 所示正负序电压的控制器为

$$G_{c1}(s) = K_p + \frac{K_r \omega_b}{s - j\omega_0 + \omega_b}, \quad G_{c2}(s) = K_p + \frac{K_r \omega_b}{s + j\omega_0 + \omega_b} \tag{6.115}$$

式中，K_p 和 K_r 分别为比例系数和积分系数。只需将式(6.115)中拉普拉斯算子 s 进行替换，令 $s' = s - j\omega_0$ 或 $s' = s + j\omega_0$，复系数的比例谐振控制器就能转化为带低通滤波的比例积分控制器，两者的区别在于，在复频域坐标系下，沿虚轴存在 $j\omega_0$ 的位移。但是，这并不改变对控制算法稳定性的分析，参数 K_p 和 K_r 仍然可以依据现有 PI 控制器的整定方法进行选择。

以正序为例，复系数的比例谐振控制器的实现框图，如图 6.34 所示。其中，$u_{e\alpha\beta} = u_{\text{ref}\alpha\beta1} - u_{\alpha\beta}$ 为控制器的输入误差；$u_{\text{ref}\alpha\beta1}$ 为正序电压的指令值；$u_{m\alpha\beta}$ 为控制器输出的调制信号。

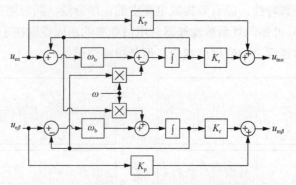

图 6.34　复系数的比例谐振控制器的实现框图

若正序阻抗和负序阻抗完全解耦，则正序电压和负序电压也完全解耦。通过正序电压和负序电压的解耦控制，即可实现正序阻抗和负序阻抗的解耦控制。则简化后的 VSG 控制框图，如图 6.35 所示，被控对象的传递函数模型为

$$\begin{cases} G_{p1}(s) = \dfrac{(R_f C_f s + 1)Z_{L11}}{(R_f + Z_{L11})L_f C_f s^2 + (R_f C_f Z_{L11} + L_f)s + Z_{L11}} \\ G_{p2}(s) = \dfrac{(R_f C_f s + 1)Z_{L22}}{(R_f + Z_{L22})L_f C_f s^2 + (R_f C_f Z_{L22} + L_f)s + Z_{L22}} \end{cases} \tag{6.116}$$

式中，R_f 为 LC 滤波器的阻尼电阻。以正序阻抗为例，图 6.36 给出了其设计结果。可以发现，当 $Z_{L11}=20+j31.4\Omega$ 时，复系数的比例谐振控制器在设定的频率点处具有谐振峰，对频率具有筛选功能，同时能够提升谐振峰处的增益。基于正负序阻抗的解耦控制，将负序电压的指令值 $u_{\text{ref}\alpha\beta2}$ 设置为零，能增强 VSG 对不平衡电压的抑制能力。

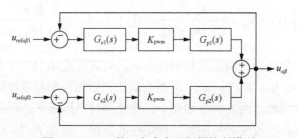

图 6.35　VSG 的正负序电压解耦控制模型

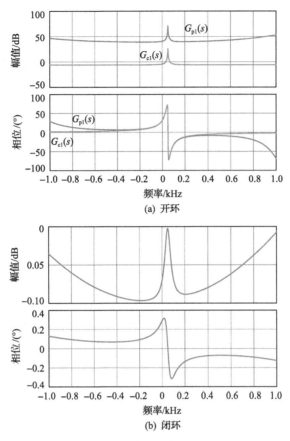

图 6.36　VSG 正序电压控制的 Bode 图

6.5.2　实验结果

本节基于一台 VSG 实验样机, 验证上述控制方法的有效性, 样机参数如表 6.7 所示。

表 6.7　VSG 样机的关键参数

项目	参数
直流母线	U_{dc}=380V、C_{dc}=3300μF
滤波器	L_f=2mH、C_f=20μF
控制器	K_p=0.5、K_r=20、ω_b=50rad/s, 开关频率 f_s=10kHz
转动惯量和阻尼	惯性时间常数 H=5ms, 阻尼系数 D=50
虚拟阻抗	L_v=1mH, R_v=0.1Ω
不平衡负荷	A、C 相之间跨接电阻负荷 R_L=20Ω

基于传统 VSG 的控制策略,图 6.37 给出了 VSG 带不平衡负荷的动态响应。当不平衡负荷投入后,VSG 的机端电压 UVF 上升到 5%左右,不能满足相关电网标准的要求。不平衡负荷切除后,电网电压恢复正常,UVF 降低到 1%左右。

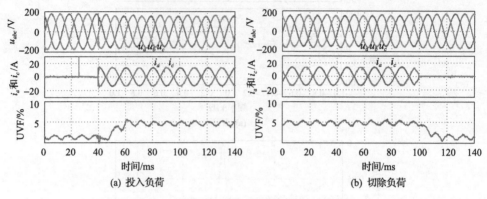

(a) 投入负荷　　　　　　　　　　　　(b) 切除负荷

图 6.37　传统 VSG 带不平衡负荷的动态响应

基于正负序阻抗解耦控制,VSG 带不平衡负荷的实验波形,如图 6.38 所示。VSG 的机端电压对负荷投切更加鲁棒,负荷投切过程中,电压幅值基本保持不变,电网电压 UVF 始终控制在 1%左右,能够满足相关电网标准的要求。

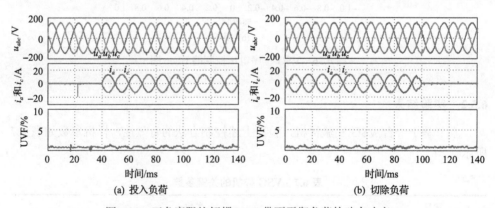

(a) 投入负荷　　　　　　　　　　　　(b) 切除负荷

图 6.38　正负序阻抗解耦 VSG 带不平衡负荷的动态响应

基于正负序阻抗解耦控制,在负荷投切过程中,VSG 功率输出和角频率的响应,如图 6.39 所示。其中,无功输出主要由 LC 滤波器的滤波电容产生,当负荷投入时,VSG 的角频率略微降低,当负荷切除后,能恢复到额定值。

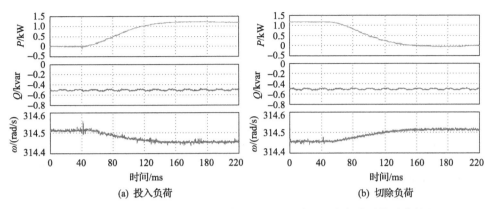

图 6.39　正负序阻抗解耦 VSG 控制在投入和切除不平衡负荷时的动态特征

6.6　本　章　小　结

本章介绍了柔性并网逆变器的 VSG 控制技术。首先，建立 VSG 的数学模型，分析了模型参数的影响规律，结果表明：并网逆变器和同步发电机在物理电路上存在对偶性，并网逆变器能够模拟同步发电机的电磁暂态过程。其次，提出了 VSG 储能单元的优化配置方法，从模型参数过阻尼、欠阻尼和临界阻尼的角度，给出了储能单元对功率、能量和响应时间的参数需求，结果表明：储能单元的配置和 VSG 的控制参数有关，且可解析表征。再次，基于最小二乘法，给出了识别 VSG 输出转动惯量和阻尼的方法，结果表明：VSG 的输出转动惯量和控制器设置基本一致。最后，介绍了 VSG 在不平衡电网条件下的增强控制，通过独立控制并网逆变器的正序阻抗和负序阻抗，可以提高并网逆变器对电网不平衡工况的适应能力。

参 考 文 献

[1] 张兴, 朱德斌, 徐海珍. 分布式发电中的虚拟同步发电机技术[J]. 电源学报, 2012, (3): 1-6.

[2] 吕志鹏, 盛万兴, 钟庆昌, 等. 虚拟同步发电机及其在微电网中的应用[J]. 中国电机工程学报, 2014, 34(16): 2591-2603.

[3] Zhong Q C, Weiss G. Synchronverters: Inverters that mimic synchronous generators[J]. IEEE Transactions on Industrial Electronics, 2011, 58(4): 1259-1267.

[4] Liu J, Miura Y, Ise T. Comparison of dynamic characteristics between virtual synchronous generator and droop control in inverter-based distributed generators[J]. IEEE Transactions on Power Electronics, 2016, 31(5): 3600-3611.

[5] 曾正, 邵伟华. 基于线性化模型的虚拟同步发电机惯性和阻尼辨识[J]. 电力系统自动化, 2017, 41(10): 37-43.

[6] 何仰赞, 温增银. 电力系统分析[M]. 武汉: 华中科技大学出版社, 2002.

[7] 陈慈萱. 电气工程基础[M]. 北京: 中国电力出版社, 2003.

[8] 倪以信, 陈寿孙, 张宝霖. 动态电力系统的理论和分析[M]. 北京: 清华大学, 2002.

[9] Kundur P. Power System Stability and Control[M]. New York: McGraw-Hill, 1994.

[10] 曾正, 邵伟华, 冉立, 等. 虚拟同步发电机的模型及储能单元优化配置[J]. 电力系统自动化, 2015, 39(13): 22-31.

[11] 梅晓榕. 自动控制原理[M]. 北京: 科学出版社, 2002.

[12] Alipoor J, Miura Y, Ise T. Power system stabilization using virtual synchronous generator with alternating moment of inertia[J]. IEEE Journal of Emerging and Selected Topics in Power Electronics, 2015, 3(2): 451-458.

[13] 程冲, 杨欢, 曾正, 等. 虚拟同步发电机的转子惯量自适应控制方法[J]. 电力系统自动化, 2015, 39(19): 82-89.

[14] 曾正, 邵伟华, 李辉, 等. 孤岛微网中虚拟同步发电机不平衡电压控制[J]. 中国电机工程学报, 2017, 37(2): 372-380.

[15] 陈天一, 陈来军, 汪雨辰, 等. 考虑不平衡电网电压的虚拟同步发电机平衡电流控制方法[J]. 电网技术, 2016, 40(3): 904-909.

[16] Guo X, Wu W, Chen Z. Multiple-complex coefficient-filter-based phase-locked loop and synchronization technique for three-phase grid-interfaced converters in distributed utility networks[J]. IEEE Transactions on Industrial Electronics, 2011, 58(4): 1194-1204.

[17] Wang F, Benhabib M C, Duarte J L, et al. High performance stationary frame filters for symmetrical sequences or harmonics separation under a variety of grid conditions[C]. IEEE Applied Power Electronics Conference and Exposition, Washington, 2009: 1570-1576.

第7章 并网逆变器的谐波谐振控制

随着可再生能源并网逆变器渗透率的不断提高，多台并网逆变器并联的稳定性问题越来越严重，尤其是高次谐波谐振问题十分突出，迫切需要分析并网逆变器之间的稳定机理、影响因素和应对措施。本章将介绍多台并网逆变器并联的稳定性分析模型，揭示逆变器、负荷和电网参数对稳定性的影响规律，最后给出逆变器阻抗重塑的谐波谐振抑制方法。

7.1 多台并网逆变器谐波谐振的机理

工业现场的经验表明，虽然单台并网逆变器的性能可以满足电网标准的要求，但是多台并网逆变器与电网之间存在电气耦合，所形成的谐波谐振会影响系统稳定性，在严重情况下，还会导致并网逆变器跳闸[1-3]。

如图 7.1 所示，以含有 m 台并网逆变器的分布式发电系统为例，每台 DG 都通过线路连接到 PCC 处，负荷 1 和负荷 2 连接在 PCC 处，电网阻抗为 Z_g。

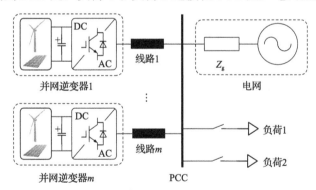

图 7.1 含多台并网逆变器的分布式发电系统

7.1.1 单台并网逆变器的谐波谐振分析

为了不失一般性，并网逆变器均采用如图 7.2 所示的 LCL 滤波器，u_o 为并网逆变器的输出电压，u 为 PCC 处的电压。第 3 章已经分析了单台 LCL 滤波并网逆变器的谐振峰，及其对并网逆变器稳定性的影响。图 7.2(a) 所示的 LCL 滤波器为 Y 型电路，可以变换为 △型电路，如图 7.2(b) 所示[4]。

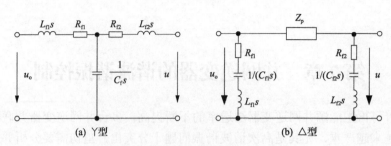

图 7.2　LCL 滤波器的电路网络

根据图 7.2(b)，滤波器串并联谐振支路的阻抗分别为

$$Z_{s1}(s) = sL_{f1} + R_{f1} + 1/(C_{f1}s) \tag{7.1}$$

$$Z_{s2}(s) = sL_{f2} + R_{f2} + 1/(C_{f2}s) \tag{7.2}$$

$$Z_p(s) = (L_{f1}s + R_{f1})(L_{f2}s + R_{f2})C_fs + (L_{f1} + L_{f2})s + (R_{f1} + R_{f2}) \tag{7.3}$$

式中，Z_{s1} 和 Z_{s2} 构成串联谐振；Z_p 构成并联谐振；串联谐振支路的等效电容 C_{f1} 和 C_{f2} 分别为

$$\begin{cases} C_{f1} = \dfrac{C_f}{1 + k_L} \\ C_{f2} = \dfrac{k_L C_f}{1 + k_L} \end{cases} \tag{7.4}$$

式中，$k_L = (L_{f1}s + R_{f1})/(L_{f2}s + R_{f2}) \approx L_{f1}/L_{f2}$ 为并网逆变器侧和电网侧滤波电感之比。串联谐振和并联谐振的谐振角频率分别为

$$\begin{cases} \omega_{s1} = \sqrt{1 - \xi_{s1}^2}\sqrt{\dfrac{1 + k_L}{L_{f1}C_f}} \\ \omega_{s2} = \sqrt{1 - \xi_{s2}^2}\sqrt{\dfrac{1 + k_L}{k_L L_{f2}C_f}} \end{cases} \tag{7.5}$$

$$\omega_p = \sqrt{1 - \xi_p^2}\sqrt{\dfrac{1 + k_L}{L_{f1}C_f}} \tag{7.6}$$

忽略阻尼因素($\xi_{s1} = \xi_{s2} = \xi_p = 0$)，串并联谐振的角频率相等，即 $\omega_{s1} = \omega_{s2} = \omega_p$。通常，采用传递函数模型，分析 LCL 滤波并网逆变器的谐振特性，该方法忽略了电感和电容支路的串联耦合，只能得到式(7.6)所示的并联谐振角频率 ω_p。此外，串

联谐振和并联谐振角频率 ω_{s1}、ω_{s2} 和 ω_p 均与谐振回路的阻尼比 ξ_{s1}、ξ_{s2} 和 ξ_p 有关。同时，阻尼比还与谐振回路的振幅有关，阻尼比越大，振幅越小。阻尼比的大小取决于回路的电阻，定量关系为

$$\begin{cases} \xi_{s1} = 0.5R_{f1}\sqrt{\dfrac{C_f}{L_{f1}(1+k_L)}} \\[3mm] \xi_{s2} = 0.5R_{f2}\sqrt{\dfrac{k_L C_f}{L_{f2}(1+k_L)}} \end{cases} \tag{7.7}$$

$$\xi_p = 0.5(R_{f1} + k_L R_{f2})\sqrt{\dfrac{C_f}{L_{f1}(1+k_L)}} \tag{7.8}$$

可见，电阻 R_{f1} 和 R_{f2} 不仅能抑制各自所在串联回路的谐振，还能抑制并联谐振回路的谐振。

7.1.2　多台并网逆变器谐波谐振的开环模型

基于式(3.12)和图 3.2，并网逆变器的开环等效电路，如图 7.3(a)所示。对于含有 $m(m>1)$ 台并网逆变器的分布式发电系统，其开环等效电路，如图 7.3(b)所示，假设所有并网逆变器的参数都一致，如表 7.1 所示。对于任意一台并网逆变器，其电流 i_2 与桥臂电压 u_o 之间的传递函数为[4, 5]

$$\begin{aligned} I_2(s) &= \dfrac{1}{\dfrac{\Delta}{Z_c} + \dfrac{1}{m-1}\dfrac{\Delta}{Z_1+Z_c} / / \dfrac{\Delta}{Z_1} / / Z_L / / Z_g} \cdot \dfrac{\Delta/Z_1}{\dfrac{\Delta}{Z_1} + \dfrac{1}{m-1}\dfrac{\Delta}{Z_1+Z_c} / / Z_L / / Z_g} U_o(s) \\ &= N_a(s)U_o(s) \end{aligned} \tag{7.9}$$

式中，$N_a(s)$ 为系统的等效导纳；Z_L 为负荷阻抗；Z_g 为电网阻抗。

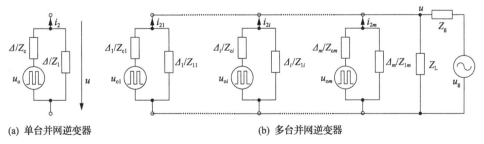

(a) 单台并网逆变器　　　　　　　　　　　　　(b) 多台并网逆变器

图 7.3　并网逆变器的开环等效电路模型

表 7.1　一个分布式发电系统的参数

变量	取值
电网	线电压 380V、频率 50Hz、L_g=2mH、R_g=0.1Ω
LCL 滤波器	L_{f1}=1mH、R_{f1}=0.3Ω、L_{f2}=0.5mH、R_{f2}=0.1Ω、C_f=20μF、R_f=4Ω
PR 控制器	K_p=2、K_r=20、ω=314rad/s、ω_c=5rad/s
负荷	负荷 1：Z_L=R_L=40Ω；负荷 2：Z_L=R_L=25Ω

并网逆变器并联数 m 对 $N_a(s)$ 的影响，如图 7.4(a) 所示，多台并网逆变器并联后，在单台并网逆变器谐振频率的两侧出现了两个谐振峰，使得网络的谐波谐振变得更加复杂。此外，以 m=2 为例，负荷电阻对 $N_a(s)$ 的影响，如图 7.4(b) 所示，负荷越重，负荷电阻越小，对谐振的抑制能力越强。当然，并网逆变器的输出电流总是受控的，电压 u_o 总是和控制器耦合在一起，$N_a(s)$ 还受到控制器的影响，有必要进一步分析并网逆变器的闭环等效电路。

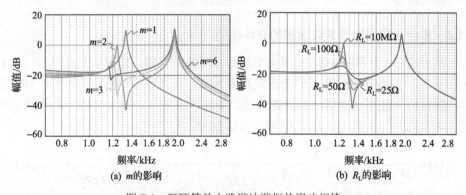

(a) m 的影响　　　　　　　　(b) R_L 的影响

图 7.4　开环等效电路谐波谐振的影响规律

7.1.3　多台并网逆变器谐波谐振的闭环模型

并网逆变器的闭环模型中，并网电流控制采用式 (3.80) 所示的 PR 控制器。采用网侧电流反馈控制，根据图 3.20(a) 和式 (3.55)，并网逆变器的增益 K 和导纳 N 分别被定义为

$$\begin{cases} K = \dfrac{G_{PR}(s)K_{pwm}G_3(s)}{\Lambda} \\ N = \dfrac{G_4(s)}{\Lambda} \end{cases} \tag{7.10}$$

图 7.3(a) 所示并网逆变器的戴维南等效电路模型，可以简化为图 7.5(a) 所示的诺顿等效电路。进而，多台并网逆变器的闭环等效电路，如图 7.5(b) 所示，

$N_L=1/Z_L$ 为负荷导纳，u_g 为电网电压。

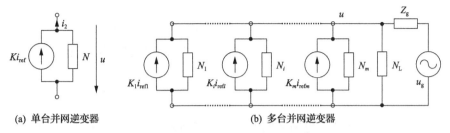

(a) 单台并网逆变器　　　　　　　　　　　**(b) 多台并网逆变器**

图 7.5　并网逆变器的闭环等效电路模型

在图 7.5(b)中，根据节点电压方程，PCC 处的电压 u 为

$$\left(\sum_{i=1}^{m} N_i + N_L + N_g\right) U(s) = \sum_{i=1}^{m} K_i i_{\text{ref}i} + N_g U_g(s) \tag{7.11}$$

式中，$N_g=1/Z_g$ 为电网阻抗对应的导纳，解得

$$U(s) = \frac{1}{\varGamma}\left[\sum_{i=1}^{m} K_i i_{\text{ref}i}(s) + N_g U_g(s)\right] \tag{7.12}$$

式中，$\varGamma = \sum_{i=1}^{m} N_i + N_L + N_g$ 为系统的总导纳。第 i 台逆变器的网侧电流可以表示为

$$I_{2i}(s) = K_i I_{\text{ref}i}(s) - N_i U(s) = \left[K_i - N_i \frac{K_i}{\varGamma}\right] I_{\text{ref}i}(s) - N_i \sum_{j=1,\,j\neq i}^{m} \frac{K_j I_{\text{ref}j}(s)}{\varGamma} - N_i \frac{N_g}{\varGamma} U_g(s)$$

$$= \alpha_{ii}(s) I_{\text{ref}i}(s) - \sum_{j=1,\,j\neq i}^{m} \alpha_{ij}(s) I_{\text{ref}i}(s) - \beta_i(s) U_g(s)$$

$$\tag{7.13}$$

式中，$\alpha_{ii}(s)$ 为交互耦合对并网逆变器 i 电流指令的影响；$\alpha_{ij}(s)$ 为并网逆变器 j 电流指令对并网逆变器 i 的影响；$\beta_i(s)$ 为电网对并网逆变器 i 的影响，即

$$\begin{cases} \alpha_{ii}(s) = \dfrac{K_i - N_i K_i}{\varGamma} \\[2mm] \alpha_{ij}(s) = \dfrac{N_i K_j}{\varGamma} \\[2mm] \beta_i(s) = \dfrac{N_i N_g}{\varGamma} \end{cases} \tag{7.14}$$

式(7.13)可以写为矩阵形式

$$
\begin{bmatrix} I_1(s) \\ I_2(s) \\ \vdots \\ I_m(s) \end{bmatrix} = \begin{bmatrix} \alpha_{11} & \alpha_{12} & \cdots & \alpha_{1m} \\ \alpha_{21} & \alpha_{22} & \cdots & \alpha_{2m} \\ \vdots & \vdots & & \vdots \\ \alpha_{m1} & \alpha_{m2} & \cdots & \alpha_{mm} \end{bmatrix} \begin{bmatrix} I_{ref1}(s) \\ I_{ref2}(s) \\ \vdots \\ I_{refm}(s) \end{bmatrix} - \begin{bmatrix} \beta_1 \\ \beta_2 \\ \vdots \\ \beta_m \end{bmatrix} U_g(s) \tag{7.15}
$$

综上，并网逆变器与电网之间通过阻抗网络耦合在一起。对于刚性电网，电网阻抗趋于零($Z_g \to 0$，$N_g \to \infty$)，或负载非常重($Z_L \to 0$，$N_L \to \infty$)，式(7.15)所示矩阵的非对角元素为零，即 $\alpha_{ij}=0$ ($i \neq j$)，各台并网逆变器的电流之间完全解耦，且与电网电压 U_g 无关，$\beta_i=0$。

若各台并网逆变器的参数一致，如表 7.1 所示，并网逆变器并联数对耦合参数的影响，如图 7.6 所示。在闭环模型中，多台并网逆变器并联系统仍然存在两个谐振频率。相对于开环模型，对比图 7.4(a)和图 7.6(a)，闭环模型中的 PR 控制器对谐振峰具有一定的抑制能力。此外，如图 7.6 所示，随着并网逆变器并联数的增大，幅频和相频特性曲线逐渐趋于不变。

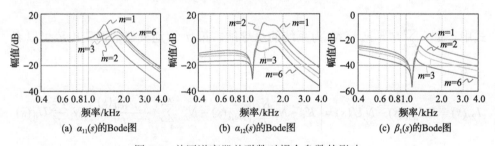

(a) $\alpha_{11}(s)$的Bode图   (b) $\alpha_{12}(s)$的Bode图   (c) $\beta_1(s)$的Bode图

图 7.6   并网逆变器并联数对耦合参数的影响

以两台并网逆变器并联($m=2$)为例，针对 $\alpha_{11}(s)$，分析滤波电感 L_{f1} 串联电阻 R_{f1} 和电容 C_f 串联电阻 R_f 的影响，如图 7.7(a)和(b)所示。小的串联电阻不但不能抑制谐振峰，反而会激发更严重的谐波谐振；增大串联电阻，能够明显抑制谐波谐振；但是，串联电阻越大，低频段的衰减也越大，基波电流的跟踪性能越差。针对 $\alpha_{11}(s)$，分析滤波电感 L_{f1} 并联电阻 R_{p1} 和电容 C_f 并联电阻 R_{pf} 的影响，如图 7.7(c)和(d)所示。并联电阻越小，对谐振峰的抑制能力越强，当并联电阻过大时，谐波谐振问题变得更加难以控制。但是，并联电阻越小，对低频段的影响也越大。

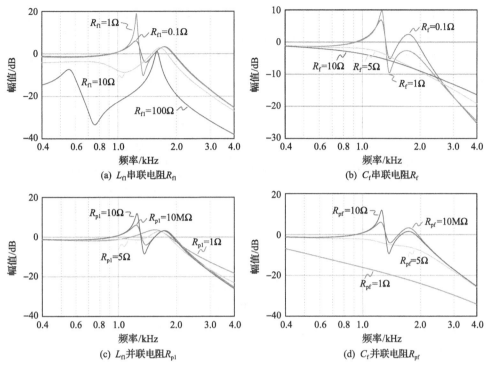

(a) L_{f1}串联电阻R_{f1}　　　　　　　　(b) C_f串联电阻R_f

(c) L_{f1}并联电阻R_{p1}　　　　　　　　(d) C_f并联电阻R_{pf}

图 7.7　滤波器参数对谐波谐振的影响

7.2　并网逆变器的输出阻抗重塑

7.2.1　理论分析

前述分析表明：在滤波电感 L_{f1} 和电容 C_f 支路上，串联或并联一定的电阻，能够重塑并网逆变器的输出阻抗，抑制可能出现的谐波谐振，如图 7.8 所示。但是，若采用无源电阻，该方法会增加损耗，降低并网逆变器的效率。此外，电感 L_{f1} 串联电阻 R_{f1}，或电容 C_f 并联电阻 R_{pf}，都会改变并网逆变器对基波电流指令的跟踪性能。

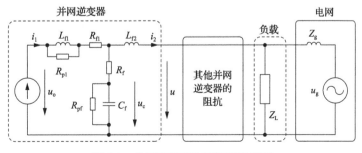

图 7.8　并网逆变器的网络阻抗重塑

　　并网逆变器的控制带宽高，相对于传统同步发电机，控制自由度多且灵活性高。图 7.9 所示的并网逆变器控制策略中，u_{ch} 为 u_c 的谐波电压，在反馈支路中，增加串联虚拟电阻 R_{fl} 和并联电阻 R_{pf}，在不引入额外损耗的前提下，不但能够重塑并网逆变器的输出阻抗，而且还能改变电网的网络阻抗。

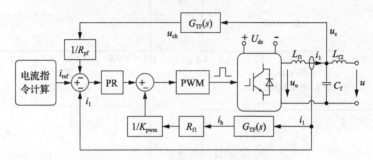

图 7.9　并网逆变器的阻抗重塑控制策略

　　以两台并网逆变器并联 ($m=2$) 为例，L_{fl} 串联电阻 R_{fl} 和 C_f 并联电阻 R_{pf} 对系统特征根的影响，如图 7.10 所示。过小的 R_{fl} 和过大的 R_{pf} 都会导致系统不稳定，当 $R_{fl}<0.95\Omega$ 时，在右半平面，存在一对共轭特征根，系统不稳定；当 $R_{pf}>65.51\Omega$ 时，特征根进入右半平面，系统不稳定。

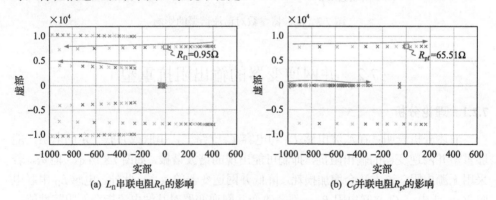

(a) L_{fl} 串联电阻 R_{fl} 的影响　　　　　　　(b) C_f 并联电阻 R_{pf} 的影响

图 7.10　串联和并联电阻对系统特征根的影响

　　不同于无源电阻，虚拟电阻可以避免额外的损耗。但是，引入虚拟电阻，在抑制谐波谐振的同时，也会衰减低频段的幅频特性，影响并网电流的控制精度。因此，借鉴叠加原理的思想，将阻抗网络按频率加以区分，虚拟电阻只在工频外的频率处起作用。采用图 7.9 所示的陷波器 $G_{TF}(s)$，其传递函数为

$$G_{TF}(s)=1-\frac{K_{TF}\omega s}{s^2+K_{TF}\omega s+\omega^2}=\frac{s^2+\omega^2}{s^2+K_{TF}\omega s+\omega^2} \tag{7.16}$$

式中，K_{TF} 为滤波参数。$G_{TF}(s)$ 的 Bode 图如图 7.11 所示。K_{TF} 越大，$G_{TF}(s)$ 的尖峰越宽，对电网频率波动的适应能力越强，但是在工频附近的陷波效果越差。对于正弦输入量 $x_{in}=x_m\sin(\omega t)$，陷波器的输出为

$$y_{out}(t) = L^{-1}\left[G_{TF}(s)\frac{x_m\omega}{s^2+\omega^2}\right] = \frac{1}{\sqrt{1-0.25K_{TF}^2}}e^{-0.5K_{TF}\omega t}x_m\sin\left(\sqrt{1-0.25K_{TF}^2}\,\omega t\right)$$

$$(7.17)$$

因此，出于稳定性考虑，K_{TF} 应该满足 $1-0.25K_{TF}^2>0$，即 $K_{TF}<2$。根据式(7.17)，动态响应的调节时间为

$$t_s = \frac{10}{K_{TF}\omega} \tag{7.18}$$

可见，$K_{TF}>0$，且 K_{TF} 越小，系统的响应速度越慢。为了获得好的响应速度和超调性能，按最优二次系统的方法，取 $K_{TF}=\sqrt{2}$。

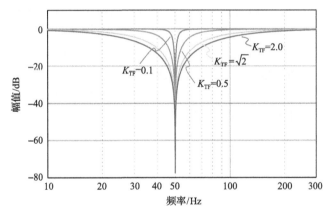

图 7.11　陷波器的 Bode 图

并网逆变器和电网之间的谐波谐振，本质上源于电网阻抗。但是，电网阻抗随着电力系统运行方式的改变而改变，难以建模、测量或估计。考虑两台并网逆变器并联的情况，虚拟电阻分别为 $R_{fl}=100\Omega$ 和 $R_{pf}=20\Omega$ 时，电网阻抗对 $\alpha_{11}(s)$ 的影响，如图 7.12 所示。在 L_g 大幅变化范围内，R_{fl} 对谐波谐振的抑制能力变化不大，谐振峰都能得到很好的抑制。相反，R_{pf} 对谐波谐振的抑制能力，受电网阻抗的影响较大。

综上，采用虚拟电阻控制，能够重塑并网逆变器的输出阻抗，改变电网的网络阻抗，增强电网的阻性分量，抑制谐波谐振现象。

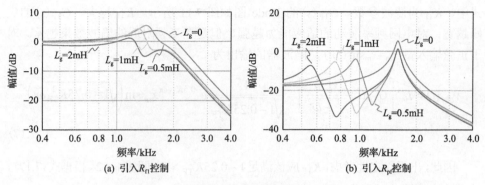

图 7.12　电网阻抗对阻抗重塑控制的影响

7.2.2　仿真与实验结果

针对图 7.1 所示的分布式发电系统，在 PSCAD/EMTDC 中搭建仿真模型，包含两台 DG，系统参数如表 7.1 所示。线路 1、线路 2 的长度分别为 0.1km 和 0.2km，对于低压线路，单位长度的感抗和电阻分别为 X_{line}=83mΩ/km、R_{line}=64.2mΩ/km。

仿真开始时，DG 和负荷 1 均断开，电网向负荷 2 供电。0.05s 时，两台 DG 并网运行，且不投入输出阻抗重塑控制，DG1 和 DG2 的并网有功指令和无功指令分别为 6kW/0var、7kW/0var。0.10s 时，投入负荷 1；0.15s 时切除负荷 1，验证负荷对谐波谐振的抑制能力；0.20s 时，DG1 投入输出阻抗控制，引入 20Ω 的并联虚拟电阻；0.25s 时，DG1 再引入 80Ω 的串联虚拟电阻；0.30s 时，DG2 投入输出阻抗控制，引入 100Ω 的串联虚拟电阻。

PCC 处的电压及其 THD，如图 7.13 所示。当 DG 并网运行后，谐波谐振被激发出来，PCC 处的电压出现高频振荡。阻性负荷 1 投入后，和负荷 2 一起，使谐波谐振得到有效抑制。当负荷 1 切除后，仅依靠负荷 2，不足以抑制谐波谐振现象。当 DG1 投入并联虚拟电阻控制后，PCC 处电压的谐振再次得到抑制，电压 THD 明显降低。当 DG1 投入串联虚拟电阻控制后，谐振得到进一步抑制，电压 THD 也进一步降低。当 DG2 投入串联虚拟电阻控制后，控制效果接近极限，THD 没有进一步下降。

网侧电流和功率的波形，如图 7.14 所示。DG 开机前，电网向负荷供电，网侧有功功率为负，电流波形畸变小，无功功率由滤波电容产生。DG 开机后，两台 DG 的输出功率大于负荷功率，过剩的功率返送到电网，网侧功率为正。同时，谐波谐振导致网侧电流畸变和功率振荡。投入负荷 1 后，网侧电流和功率的幅值减小，网侧电流和功率的谐振得到明显抑制。DG 投入输出阻抗控制后，谐振现象也能得到有效抑制，从而保证电网的稳定和供电品质。

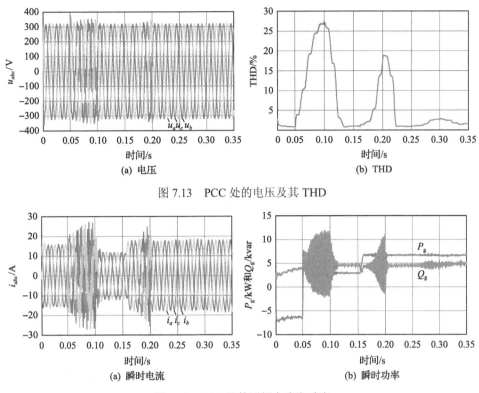

(a) 电压　　　　　　　　　　　　　　　(b) THD

图 7.13　PCC 处的电压及其 THD

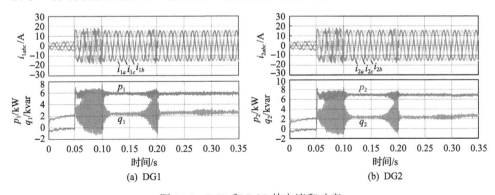

(a) 瞬时电流　　　　　　　　　　　　(b) 瞬时功率

图 7.14　PCC 处的网侧电流和功率

　　DG1 和 DG2 的输出电流及功率，如图 7.15 所示。两台 DG 与电网之间存在耦合，谐波谐振在整个电网中传播。投入电阻负荷，或引入虚拟阻抗控制，均能有效抑制谐波谐振，提升电流波形质量。并网逆变器电流波形的 THD，如图 7.16 所示，抑制谐波谐振后，电网的供电质量得到明显提升。

(a) DG1　　　　　　　　　　　　　　(b) DG2

图 7.15　DG1 和 DG2 的电流和功率

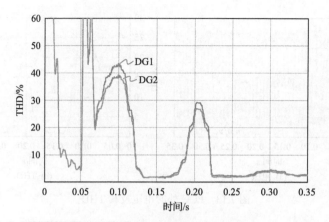

图 7.16 并网逆变器电流波形的 THD

在一个微电网实验平台上，验证并网逆变器的输出阻抗重塑控制，实验接线如图 7.17 所示。电网的线电压有效值和额定频率分别为 190V 和 50Hz，电网电感 L_g=3mH，DG 的滤波电感和电容分别为 L_f=0.5mH 和 C_f=20μF。

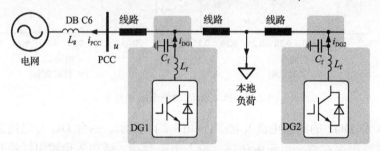

图 7.17 微电网的实验接线图

DG1 和 DG2 的有功功率指令和无功功率指令分别为 6kW/0var、4kW/0var，本地负荷为 4kW 的电阻负荷。在 DG 不投入和投入阻抗重塑控制的两种情况下，PCC 处的电压、电流波形分别如图 7.18(a) 和图 7.19(a) 所示。并联和串联虚拟电阻分别为 R_{pf}=100Ω 和 R_{fl}=20Ω，DG 投入阻抗重塑控制后，向电网注入了足够的电阻，使得谐波谐振得到明显抑制。

无阻抗重塑控制时，谐波谐振导致 PCC 处电压和电流的 THD 分别为 3.89% 和 13.65%，各次谐波分布如图 7.18(b) 所示，在 26 次谐波频率附近，存在明显的谐波谐振。采用阻抗重塑控制后，虚拟电阻抑制了可能出现的谐波谐振，PCC 处电压和电流的 THD 分别降低为 1.86% 和 4.70%，各次谐波分布如图 7.19(b) 所示。

综上，多台并网逆变器之间具有复杂的阻抗耦合机制，存在谐波谐振的可能，不利于电网稳定。基于并网逆变器的阻抗重塑控制，可以定向改变电网的网络阻抗，向电网注入必要的虚拟电阻，能有效抑制可能出现的谐波谐振。

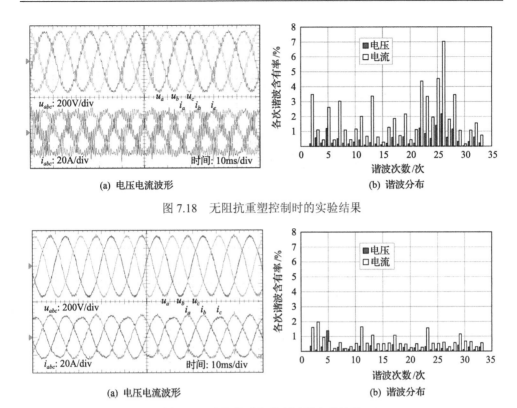

(a) 电压电流波形　　　　　　　　　　　　(b) 谐波分布

图 7.18　无阻抗重塑控制时的实验结果

(a) 电压电流波形　　　　　　　　　　　　(b) 谐波分布

图 7.19　有阻抗重塑控制时的实验结果

7.3　并网逆变器的有源阻尼控制

7.3.1　理论分析

　　在并网逆变器中，采用输出阻抗控制，可以有效抑制谐波谐振。但是，并网逆变器的安装位置存在限制，缺乏灵活性。借鉴传统有源电力滤波器，新兴发展的有源阻尼器是一种小容量的并网逆变器，可以输出特定的高频电流，消除电网的谐波谐振。有源阻尼器只治理谐振电压和电流，其容量比有源滤波器小得多[6-8]。

　　有源阻尼器的接线图和控制框图，如图 7.20 所示。有源阻尼器采用三相两电平电路和 LCL 滤波器。控制器中，使用恒功率 Park 变换，采用无锁相环的电网同步技术，相位 $\theta=\int\omega_0\mathrm{d}t$。有功指令 P 用于维持直流母线电压恒定为 U_{refdc}，无功指令 Q 设置为 0。在得到 u_{dq} 之后，计算出电流指令 i_{refdq}，进而获得电流指令 i_{refabc}，再经电流跟踪控制器和调制策略，最终得到并网逆变器所需的控制脉冲。

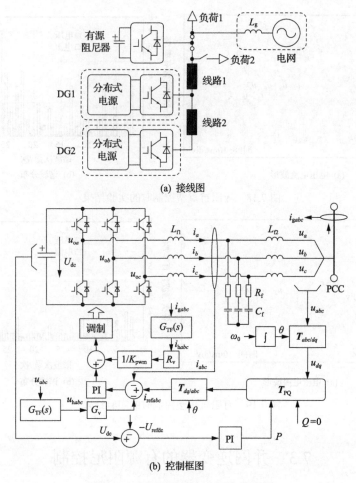

(a) 接线图

(b) 控制框图

图 7.20　有源阻尼器在电网中的应用

　　如图 7.20 所示，为了输出虚拟电阻，抑制电网谐波谐振，有源阻尼器检测其电气上游的电流 i_{gabc}，经陷波器 $G_{TF}(s)$ 滤除基波分量后，谐波电流 i_{habc} 乘以虚拟电阻 R_v 后，加入 PR 控制器的输出，考虑到并网逆变电路的放大作用，这里需要乘以系数 $1/K_{pwm}$。类似地，有源阻尼器检测电网电压 u_{abc}，经过 $G_{TF}(s)$ 滤除基波分量后，引入虚拟电导 G_v，加入电流指令。

　　考虑有源阻尼器，图 7.20(a) 所示系统的等效电路如图 7.21(a) 所示。Z_1 和 Z_2 分别为 DG1 和 DG2 的输出阻抗，$\sum I_{1h}$ 和 $\sum I_{2h}$ 分别为 DG 的输出电流，U_1，$\cdots$，U_h 为电网电压基波和 h 次谐波相量，Z_L 为负荷阻抗。

　　根据电路的叠加原理，除去基波频率的电路网络，假设虚拟电阻和电导远大于线路和并网逆变器的输出阻抗，图 7.21(a) 的电路网络可以化简为图 7.21(b)。那么，DG 谐波电流、电网谐波电压与网侧谐波电流的关系为

$$I_{gh} = \frac{1}{G_v R_v + 1}\left(\sum I_{1h} + \sum I_{2h}\right) - \frac{G_v}{G_v R_v + 1}\sum U_h = G_{a1}\left(\sum I_{1h} + \sum I_{2h}\right) - G_{a2}\sum U_h$$

$$(7.19)$$

式中，G_{a1} 和 G_{a2} 分别为 DG 谐波电流、电网谐波电压对网侧谐波电流的增益。

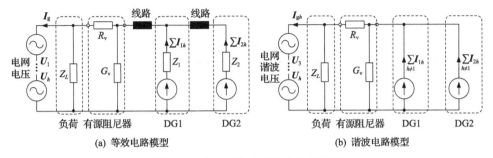

图 7.21　分布式发电系统的电路模型

不同虚拟电阻和虚拟电导对 G_{a1} 和 G_{a2} 的影响，如图 7.22 所示。R_v 和 G_v 之间存在耦合，G_{a1} 由 R_v 和 G_v 的乘积决定。$R_v G_v$ 越大，并网逆变器的谐波电流衰减越大。相反，若 $R_v G_v = 0$，在没有虚拟电阻或者虚拟电导时，并网逆变器的谐波电流无衰减地注入电网。当 $R_v = 0$ 时，图 7.21(b) 所示谐波电压对于电流源短路，G_v 被短接，谐波电流可以自由地注入电网。当 $G_v = 0$ 时，图 7.21(b) 所示虚拟电导支路开路，谐波电流也可以自由地注入电网。

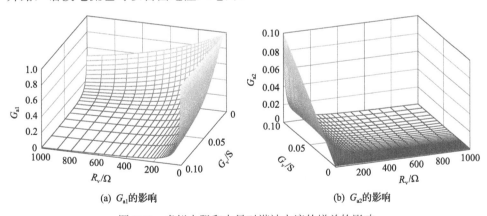

图 7.22　虚拟电阻和电导对谐波电流的增益的影响

在选择虚拟电阻和电导参数时，为了抑制并网逆变器的谐波电流，可以将 G_{a1} 控制为 5%，也就是 $1/(R_v G_v + 1) = 0.05$，即 $R_v G_v + 1 = 20$。此外，为了抑制电网的谐波电压，可以将 G_{a2} 控制为 0.2%，即 $G_v/(R_v G_v + 1) = 0.002$。最终确定虚拟电阻和电导参数 $R_v = 475\Omega$ 和 $G_v = 0.04S$。

7.3.2 仿真结果

针对图 7.20 所示的分布式发电系统，在 PSCAD/EMTDC 中建立仿真模型，参数如表 7.2 所示。DG1 和 DG2 的功率指令分别为 6kW/0var、8kW/0var。仿真过程中，0.1s 时切除 40Ω 的电阻负荷 2，激发谐波谐振；0.2s 时，有源阻尼器投入虚拟电阻和电导控制。

表 7.2　仿真分布式发电系统的参数

关键部件	关键参数及取值
有源阻尼器	LCL 滤波器：L_{f1}=1mH、L_{f2}=0.5mH、C_f=20μF、R_f=4Ω，直流母线电压 U_{refdc}=700V；直流电压 PI 控制器：K_p=0.8、K_i=100；交流电流 PR 控制器：K_p=0.6、K_r=0.01，开关频率 10kHz
电网	电感 L_g=3mH，线电压有效值 380V，额定频率 50Hz
线路	线路 1 和 2 的长度分别为 0.1km、0.2km
DG	LCL 滤波器：L_{f1}=1mH、L_{f2}=0.6mH、C_f=20μF、R_f=4Ω，直流母线电压 U_{dc}=700V，开关频率 10kHz
负荷	负荷 1：电阻 25Ω；负荷 2：电阻 40Ω

DG1 和 DG2 的输出电流及 THD，如图 7.23 所示。当负荷切除后，系统缺少对谐波谐振的抑制能力，激发了系统的谐振模态。DG1 和 DG2 的输出电流产生了大量谐波，其 THD 远远超出了相关标准的要求。有源阻尼器投入虚拟阻抗控制后，谐波谐振得到了有效抑制，DG 的输出电流质量提升，THD 大幅降低。

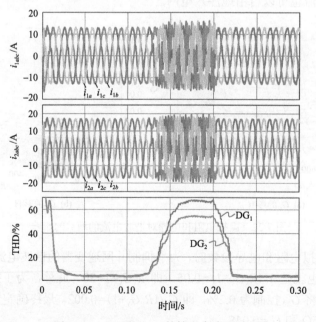

图 7.23　DG1 和 DG2 的输出电流及 THD

电网电压的波形及 THD，如图 7.24 所示。在缺乏谐振阻尼时，多台并网逆变器并联容易产生谐波谐振，有源阻尼器投入虚拟阻抗控制前，电网电压会出现严重畸变，有源阻尼器投入虚拟阻抗控制后，电网的供电品质得到改善。

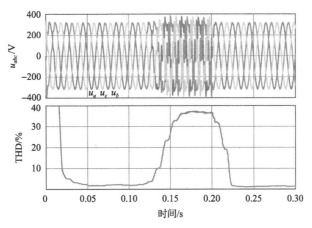

图 7.24　电网电压及 THD

网侧电流和功率的波形，如图 7.25 所示。有源阻尼器激活谐振阻尼功能前，谐波谐振使网侧电流畸变增大，网侧功率出现高频振荡。有源阻尼器激活谐振阻尼功能后，网侧电流的电能质量得到改善，降低了可再生能源并网对电网的冲击和不利影响。

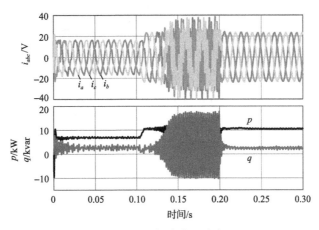

图 7.25　网侧电流和功率

有源阻尼器直流母线电压控制的效果，如图 7.26 所示。启动后，有源阻尼器类似于 PWM 整流器，电网向直流母线充电，直流母线电压稳定在 700V。谐波谐振发生后，有源阻尼器受到影响，直流母线电压略有抬升，从电网取用更多的有功。当有源阻尼器投入虚拟阻抗控制后，直流母线电压能较好地稳定在给定值。

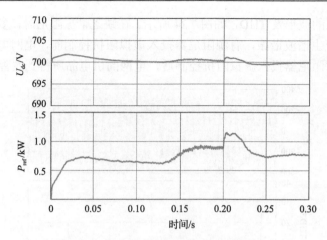

图 7.26　有源阻尼器的直流母线电压控制

　　综上，该方法在不改变并网逆变器控制策略的基础上，通过小容量的有源阻尼器，向电网提供必要的虚拟电阻和电导，也能抑制可能出现的谐波谐振，提升可再生能源并网发电系统的安全稳定性和供电质量。

7.4　本　章　小　结

　　本章介绍了具有谐波谐振抑制能力的柔性并网逆变器控制技术。首先，建立了 LCL 滤波器的串联和并联谐振模型。其次，从开环的戴维南等效电路和闭环的诺顿等效电路角度，揭示了多台并网逆变器之间的耦合规律。结果表明：由于电网阻抗的存在，多台并网逆变器之间存在不可避免的耦合效应，不合适的并网逆变器控制策略，会加剧弱电网的谐波谐振问题。然后，介绍了柔性并网逆变器的输出阻抗重塑控制技术，通过增加网络阻抗中的阻性分量，抑制潜在的谐波谐振问题。最后，介绍了有源阻尼器的控制策略，利用小容量的并网逆变器，精准抑制谐波谐振。

参 考 文 献

[1] Enslin J H R, Heskes P J M. Harmonic interaction between a large number of distributed power inverters and the distribution network[J]. IEEE Transactions on Power Electronics, 2004, 19(6): 1586-1593.

[2] Li Y W, He J. Distribution system harmonic compensation methods: An overview of DG-interfacing inverters[J]. IEEE Industrial Electronics Magazine, 2014, 8(4): 18-31.

[3] Sun J. Impedance-based stability criterion for grid-connected inverters[J]. IEEE Transactions on Power Electronics, 2011, 26(11): 3075-3078.

[4] 曾正, 赵荣祥, 吕志鹏, 等. 光伏并网逆变器的阻抗重塑与谐波谐振抑制[J]. 中国电机工程学报, 2014, 34(27): 4547-4558.

[5] He J, Li Y W, Bosnjak D, et al. Investigation and active damping of multiple resonances in a parallel-inverter-based microgrid[J]. IEEE Transactions on Power Electronics, 2013, 28(1): 234-246.

[6] 曾正, 徐盛友, 冉立, 等. 应用于交流微电网谐振抑制的有源阻尼器及控制[J]. 电力自动化设备, 2016, 36(3): 15-20.

[7] Pogaku N, Green T C. Harmonic mitigation throughout a distribution system: A distributed-generator-based solution[J]. IET Proceedings-Generation, Transmission and Distribution, 2006, 153(3): 350-358.

[8] Wang X, Blaabjerg F, Liserre M, et al. An active damper for stabilizing power-electronics-based AC systems[J]. IEEE Transactions on Power Electronics, 2014, 29(7): 3318-3329.